普通高等院校电工电子实验“十四五”规划教材

电工电子技术基础实验

DIANGONG DIANZI JISHU JICHU SHIYAN

主编◎操长茂　胡小波　副主编◎吴幼芬　周俊

華中科技大学出版社
http://www.hustp.com
中国·武汉

内 容 简 介

本书共 3 篇:第 1 篇介绍电路电工实验;第 2 篇介绍模拟电子基本技能实验、综合设计实验和研究创新实验;第 3 篇介绍数字电子基本技能实验、综合设计实验和研究创新实验。

本书既可作为高等学校电气信息类各专业学生的实验教材,也可作为其他理工科学生理解和掌握电工电子技术知识和实验系统的教材或教学参考书,同时也可供相关领域的科技工作者参考。

图书在版编目(CIP)数据

电工电子技术基础实验/操长茂,胡小波主编. —武汉:华中科技大学出版社,2020.12 (2022.8 重印)
ISBN 978-7-5680-6768-3

Ⅰ. ①电… Ⅱ. ①操… ②胡… Ⅲ. ①电工技术-实验-高等学校-教材 ②电工技术-课程设计-高等学校-教材 ③电子技术-实验-高等学校-教材 ④电子技术-课程设计-高等学校-教材 Ⅳ. ①TM ②TN

中国版本图书馆 CIP 数据核字(2020)第 239529 号

电工电子技术基础实验
Diangong Dianzi Jishu Jichu Shiyan

操长茂 胡小波 主编

策划编辑:张 毅
责任编辑:张 毅
封面设计:廖亚萍
责任监印:朱 玢

出版发行:华中科技大学出版社(中国·武汉) 电话:(027)81321913
武汉市东湖新技术开发区华工科技园 邮编:430223
录 排:华中科技大学惠友文印中心
印 刷:武汉市首壹印务有限公司
开 本:787mm×1092mm 1/16
印 张:15.5
字 数:397 千字
版 次:2022 年 8月第 1 版第 2 次印刷
定 价:43.50 元

本书若有印装质量问题,请向出版社营销中心调换
全国免费服务热线:400-6679-118 竭诚为您服务
版权所有 侵权必究

前言

随着我国高等教育的大众化，培养具有工程实践能力的应用型人才已经越来越受到人们的重视。近十年来，各高校在实践教学方面做了多方面的积极努力。“电工电子技术基础实验”是理工科学生的一门技术基础课，随着电工电子技术的发展，这门课在实践教学中的作用日益重要。为了提高课程的教学质量、满足学生的要求，我们对“电工电子技术基础实验”的内容及安排进行了改革，针对学生学习电工电子技术课程的差异，构建了“电工电子技术基础实验”三级实验教学体系。

第一级：基础训练。通过大量验证性实验教学，使学生加深理解电工电子类基本理论知识，掌握调试软硬件的方法和技能，逐步培养学生分析问题、解决问题的实验能力。

第二级：综合设计。通过综合运用电工电子类单元电路进行组合设计实验教学，全面提升学生综合运用知识的能力，培养学生的工程实践能力。

第三级：研究创新。在教师的指导下，学生开展应用性科研项目研究与工程设计，旨在全面提升学生的科学素养，激发学生自主学习的潜能，培养学生的创新能力。

在三级实验教学体系中，减少验证性实验项目，把基础性内容贯穿于综合性、应用性、设计性实验项目之中。特别是在研究创新性实验中，尽可能大量地寻找与企业生产和实际生活紧密结合的项目，缩短实验内容和实际应用的距离，从而增强学生的就业竞争力，突出应用型人才的培养。

参加本书编写的教师多年来从事电工电子技术课程体系、课程内容的改革，有丰富的理论和实验教学经验。本书第 1 篇由胡小波执笔，第 2 篇由操长茂执笔，第 3 篇由周俊、吴幼芬执笔，附录由操长茂执笔。操长茂、胡小波负责全书的整理和统稿。

本书的编写过程中，江汉大学电工电子实验教学示范中心对本书的实验体系、实验内容及实验管理给予了多方面的指导、肯定和支持，浙江天煌科技实业有限公司提供了实验系统和有关资料。在此，向以上单位和相关人员表示衷心的感谢。

限于编者水平，书中难免有错误和不妥之处，恳请读者批评指正。

编　者

目录

第1篇　电路电工实验 …… 1

实验1　电路元件伏安特性的测绘 …… 1
实验2　基尔霍夫定律的验证 …… 4
实验3　叠加原理的验证 …… 5
实验4　电压源与电流源的等效变换 …… 7
实验5　戴维南定理和诺顿定理的验证 …… 10
实验6　受控源 VCVS、VCCS、CCVS、CCCS 的实验研究 …… 14
实验7　典型电信号的观察与测量 …… 17
实验8　*RC* 一阶电路的响应测试 …… 20
实验9　二阶动态电路响应的研究 …… 23
实验10　*R*、*L*、*C* 元件阻抗特性的测定 …… 25
实验11　正弦稳态交流电路相量的研究 …… 27
实验12　*RC* 选频网络特性的测试 …… 30
实验13　*RLC* 串联谐振电路的研究 …… 32
实验14　互感电路的观测 …… 35
实验15　单相铁芯变压器特性的测试 …… 37
实验16　三相交流电路电压、电流的测量 …… 39
实验17　三相电路功率的测量 …… 42
实验18　单相电度表的校验 …… 45
实验19　功率因数及相序的测量 …… 47
实验20　三相鼠笼式异步电动机 …… 49
实验21　三相鼠笼式异步电动机点动和自锁控制 …… 53
实验22　三相鼠笼式异步电动机正、反转控制 …… 56
实验23　三相鼠笼式异步电动机 Y-△降压启动控制 …… 58
实验24　三相鼠笼式异步电动机顺序控制 …… 62

第2篇　模拟电子实验 …… 64

第1部分　基础实验 …… 64
实验1　常用电子仪器的使用 …… 64
实验2　晶体管共射极单管放大器 …… 68

实验 3　射极跟随器 …… 75
实验 4　场效应管放大器 …… 78
实验 5　低频功率放大器—— OTL 功率放大器 …… 82
实验 6　差动放大器 …… 86
实验 7　负反馈放大器 …… 89
实验 8　集成运算放大器的基本应用——模拟运算电路 …… 92
实验 9　集成运算放大器的基本应用——有源滤波器 …… 97
实验 10　*RC* 正弦波振荡器 …… 102
实验 11　*LC* 正弦波振荡器 …… 105
实验 12　直流稳压电源——串联型晶体管稳压电源 …… 108
第 2 部分　综合性实验 …… 113
实验 13　集成运算放大器指标测试 …… 113
实验 14　集成运算放大器的基本应用——电压比较器 …… 118
实验 15　集成运算放大器的基本应用——波形发生器 …… 121
实验 16　函数信号发生器的组装与调试 …… 125
实验 17　压控振荡器 …… 128
实验 18　低频功率放大器——集成功率放大器 …… 130
实验 19　直流稳压电源——集成稳压器 …… 134
第 3 部分　创新实验 …… 138
实验 20　音响放大器的设计 …… 138
实验 21　简易心电图仪的设计 …… 139
实验 22　电子温度计的设计 …… 140
实验 23　开关稳压电源的设计与调试 …… 141

第 3 篇　数字电子实验 …… 142

第 1 部分　基础实验 …… 142
实验 1　门电路的功能测试 …… 142
实验 2　TTL 集成逻辑门的逻辑功能与参数测试 …… 147
实验 3　CMOS 集成逻辑门的逻辑功能与参数测试 …… 151
实验 4　集成逻辑电路的连接和驱动 …… 154
实验 5　半加器和全加器的设计 …… 158
实验 6　组合逻辑电路的设计与测试 …… 160
实验 7　译码器及其应用 …… 164
实验 8　数据选择器及其应用 …… 170
实验 9　触发器及其应用 …… 175
实验 10　计数器及其应用 …… 182
实验 11　移位寄存器及其应用 …… 186
实验 12　使用门电路产生脉冲信号的自激多谐振荡器 …… 192
实验 13　555 集成时基电路及其应用 …… 195

实验 14　同步时序电路的设计 …… 200
第 2 部分　综合性实验 …… 203
实验 15　电子秒表 …… 203
实验 16　$3\frac{1}{2}$位直流数字电压表 …… 207
实验 17　数字频率计 …… 212
第 3 部分　创新实验 …… 218
实验 18　智力竞赛抢答器的设计 …… 218
实验 19　交通灯控制电路的设计 …… 220
实验 20　简易数显频率计的设计 …… 221

附录 A　电工电子相关设备及其使用 …… 224

A.1　电工实验台的使用 …… 224
A.2　交流毫伏表的使用 …… 231
A.3　用万用表对常用电子元器件检测 …… 232
A.4　电阻器的标称值及精度色环标志法 …… 235
A.5　焊接技术 …… 237
A.6　常用数字集成电路管脚图 …… 238

第1篇　电路电工实验

实验1　电路元件伏安特性的测绘

一、实验目的

（1）掌握识别常用电路元件的方法。

（2）掌握线性电阻、非线性电阻元件伏安特性的测绘。

二、实验原理

任何一个二端元件的特性可用该元件上的端电压 U 与通过该元件的电流 I 之间的函数关系 $I=f(U)$ 来表示，即用 I-U 平面上的一条曲线来表征，这条曲线称为该元件的伏安特性曲线。

（1）线性电阻器的伏安特性曲线是一条通过坐标原点的直线，如图 1-1 中直线 a 所示，该直线的斜率等于该电阻器的电阻值。

（2）白炽灯在工作时灯丝处于高温状态，其灯丝电阻随着温度的升高而增大，通过白炽灯的电流越大，其温度越高，阻值也越大，一般灯泡的“冷电阻”与“热电阻”的阻值可相差几倍至十几倍，所以它的伏安特性如图 1-1 中曲线 b 所示。

（3）半导体二极管是一个非线性电阻元件，其伏安特性如图 1-1 中曲线 c 所示。二极管正向压降很小（一般的锗管为 0.2～0.3 V，硅管为 0.5～0.7 V），正向电流随正向电压的升高而急骤上升，而反向电压从零一直增加到几十伏时（但反向电压加得过高，超过管子的极限值，则会导致管子击穿损坏），其反向电流增加很小，粗略地认为电流没有变化。因此，可认为二极管具有单向导电性。

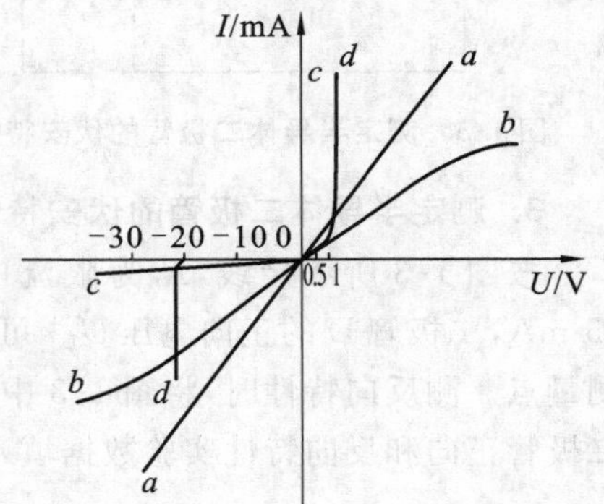

图 1-1　常用元件的伏安特性曲线

（4）稳压二极管是一种特殊的半导体二极管，其正向特性与普通二极管的类似，但其反向特性与普通二极管的有较大区别，如图 1-1 中曲线 d 所示。在反向电压开始增加时，其反向电流几乎为零，但当电压增加到某一数值时（称为管子的稳压值，有各种不同稳压值的稳压管）电流将突然增加，而它的端电压基本维持恒定（当外加的反向电压继续升高时其端电压仅有少量增加）。

注意：流过二极管或稳压二极管的电流不能超过管子的极限值，否则管子会被烧坏。

三、实验设备

DGJ-1 高性能电工技术实验台或 KHDL-1 电路原理实验箱。

四、实验内容

1. 测定线性电阻的伏安特性

按图 1-2 所示接线，调节稳压电源的输出电压 U，从 0 V 开始缓慢地增加，一直到 10 V，使 U_R 按表 1-1 变化时记下相应的电流表的读数 I。

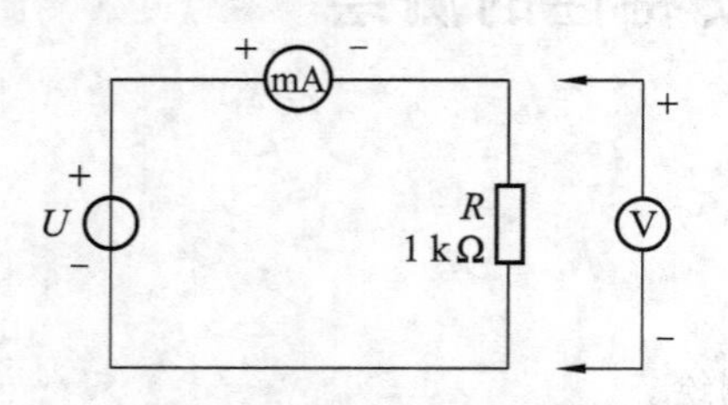

图 1-2 测定线性电阻的伏安特性

表 1-1 线性电阻伏安特性的实验数据表

U_R/V	0	2	4	6	8	10
I/mA						

2. 测定非线性白炽灯泡的伏安特性（限于 DGJ-1 高性能电工技术实验台）

将图 1-2 中的 R 换成一只 12 V、0.1 A 的灯泡，重复实验内容 1，使 U_L 按表 1-2 变化时记下相应的电流表读数 I。U_L 为灯泡的端电压。

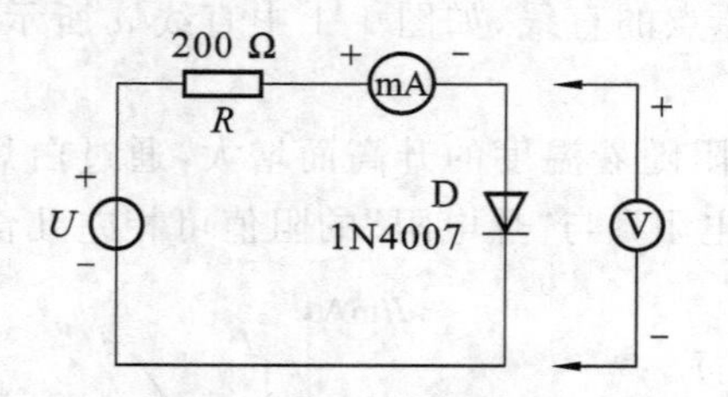

图 1-3 测定半导体二极管的伏安特性

表 1-2 非线性白炽灯泡的伏安特性实验数据表

U_L/V	0.1	0.5	1	2	3	4	5
I/mA							

3. 测定半导体二极管的伏安特性

按图 1-3 所示接线，R 为限流电阻器。测二极管的正向特性时，其正向电流不得超过 35 mA，二极管 D 的正向电压 U_{D+} 可在 0～0.75 V 之间取值。在 0.5～0.75 V 之间应多取几个测量点。测反向特性时，将图 1-3 中的二极管 D 反接，且其反向电压 U_{D-} 可达 30 V。将测定的二极管正向和反向特性实验数据填入表 1-3 和表 1-4 中。

表 1-3 二极管正向特性实验数据表

U_{D+}/V	0.10	0.30	0.50	0.55	0.60	0.65	0.70	0.75
I/mA								

表 1-4 二极管反向特性实验数据表

U_{D-}/V	0	−5	−10	−15	−20	−25	−30
I/mA							

4. 测定稳压二极管的伏安特性

(1) 正向特性实验：将图1-3中的二极管换成稳压二极管2CW51，重复实验内容3。U_{Z+}为2CW51的正向电压。将测定的二极管正向特性实验数据填入表1-5中。

表1-5 稳压二极管正向特性实验数据表

U_{Z+}/V	0.10	0.30	0.50	0.55	0.60	0.65	0.70	0.75
I/mA								

(2) 反向特性实验：将图1-3中的R换成1 kΩ电阻器，2CW51反接，测量2CW51的反向特性。稳压电源的输出电压U从0～20 V变化，测量2CW51两端的电压U_{Z-}及电流I，由U_{Z-}可看出其稳压特性。将测定的二极管反向特性实验数据填入表1-6中。

表1-6 稳压二极管反向特性实验数据表

U/V										
U_{Z-}/V										
I/mA										

五、实验注意事项

(1) 测二极管正向特性时，稳压电源输出应由小至大逐渐增加，应时刻注意电流表读数不得超过35 mA。

(2) 如果要测定2AP9的伏安特性，则正向特性的电压值应取0 V、0.10 V、0.13 V、0.15 V、0.17 V、0.19 V、0.21 V、0.24 V、0.30 V，反向特性的电压值取0 V、2 V、4 V、…、10 V。

(3) 进行不同实验内容时，应先估算电压和电流值，合理选择仪表的量程，勿使仪表超量程，仪表的极性亦不可接错。

六、预习思考题

(1) 线性电阻与非线性电阻的概念是什么？电阻器与二极管的伏安特性有何区别？

(2) 设某元件伏安特性曲线的函数式为$I=f(U)$，试问在逐点绘制曲线时，其坐标变量应如何放置？

(3) 稳压二极管与普通二极管有何区别，其用途如何？

(4) 在图1-3中，设$U=2$ V，$U_{D+}=0.7$ V，则毫安表读数为多少？

七、实验报告

(1) 根据各实验数据，分别在坐标纸上绘制出光滑的伏安特性曲线(其中二极管和稳压管的正、反向特性均要求画在同一张坐标图中，正、反向电压可取为不同的比例尺)。

(2) 根据实验结果，总结、归纳被测各元件的伏安特性。

(3) 进行必要的误差分析。

(4) 心得体会及其他。

实验2　基尔霍夫定律的验证

一、实验目的

(1) 验证基尔霍夫定律的正确性，加深对基尔霍夫定律的理解。

(2) 学会用电流插头、插座测量各支路电流。

二、实验原理

基尔霍夫定律是分析电路的基本定律，有电流定律（KCL）和电压定律（KVL）。基尔霍夫电流定律（KCL）是指电路中任一节点，在任一瞬间，流入节点的电流总和等于流出该节点的电流总和，即 $\sum I = 0$。基尔霍夫电压定律（KVL）是指从电路任一点出发，沿回路绕行一周回到这一点时，在绕行方向上，各部分的电压升的和等于各部分电压降的和，即 $\sum U = 0$。运用上述定律时必须注意各支路或闭合回路中电流的正方向，此方向可预先任意设定。

三、实验设备

DGJ-1 高性能电工技术实验台或 KHDL-1 电路原理实验箱。

四、实验内容

实验电路如图 1-4 所示。

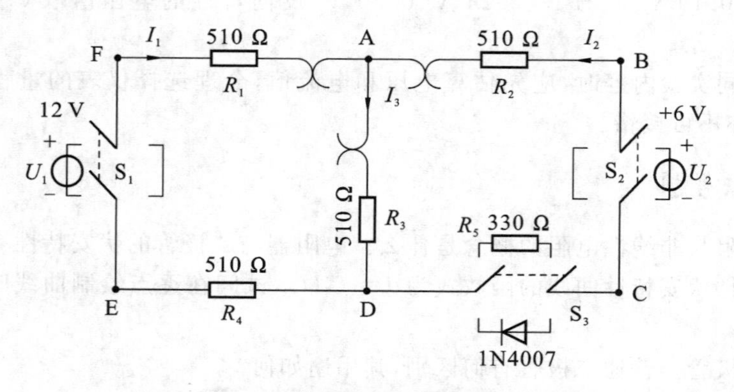

图 1-4　基尔霍夫定律验证电路

(1) 实验前先任意设定三条支路和三个闭合回路的电流正方向。图 1-4 中的 I_1、I_2、I_3 的方向已设定。三个闭合回路的电流正方向可设为 ADEFA、BADCB 和 FADEF。

(2) 分别将两路直流稳压源接入电路，令 $U_1 = 12$ V，$U_2 = 6$ V。

(3) 熟悉电流插头的结构，将电流插头的两端接至数字毫安表的“+”和“−”两端。

(4) 将电流插头分别插入三条支路的三个电流插座中，读出电流值并填入表 1-7 中。

(5) 用直流数字电压表分别测量两路电源及电阻元件上的电压并填入表 1-7 中。

表 1-7　基尔霍夫定律的测量数据

被测量	I_1/mA	I_2/mA	I_3/mA	U_1/V	U_2/V	U_{FA}/V	U_{AB}/V	U_{AD}/V	U_{CD}/V	U_{DE}/V
计算值										
测量值										
相对误差										

五、实验注意事项

(1) 所有需要测量的电压值均以电压表测量的读数为准。U_1、U_2也需测量，不应取电源本身的显示值。

(2) 防止稳压电源两个输出端碰线短路。

(3) 用指针式电压表或电流表测量电压或电流时，如果仪表指针反偏，则必须调换仪表极性，再重新测量。此时指针正偏，可读得电压值或电流值。若用数字电压表或电流表测量，则可直接读出电压值或电流值。但应注意，所读得的电压值或电流值的正、负号应根据设定的电流参考方向来判断。

六、预习思考题

(1) 根据图 1-4 的电路参数，计算出待测的电流 I_1、I_2、I_3和各电阻上的电压值，记入表 1-7 中，以便实验测量时，可正确地选定毫安表和电压表的量程。

(2) 实验中，若用指针式万用表直流毫安挡测各支路电流，在什么情况下可能出现指针反偏？应如何处理？在记录数据时应注意什么？若用直流数字毫安表进行测量时，则会有什么显示呢？

七、实验报告

(1) 根据实验数据，选定节点 A，验证 KCL 的正确性。

(2) 根据实验数据，选定实验电路中的任一个闭合回路，验证 KVL 的正确性。

(3) 将支路和闭合回路的电流方向重新设定，重复(1)(2)两项验证。

(4) 进行误差原因分析。

(5) 心得体会及其他。

实验 3　叠加原理的验证

一、实验目的

验证线性电路叠加原理的正确性，加深对线性电路的叠加性和齐次性的认识和理解。

二、实验原理

叠加原理是指在有多个独立电源共同作用的线性电路中，任一支路中的电流，都可认为是由各个电源单独作用时分别在该支路中产生的电流的代数和。对于各元件上的电压,可认为是各个独立电源单独作用时在该元件上所产生的电压的代数和。

线性电路的齐次性是指当激励信号(某独立源的值)增加(减小)k 倍(k 分之一)时,电路的响应(即在电路中各电阻元件上所建立的电流和电压值)也将增加(减小)为 k 倍(k 分之一)。

三、实验设备

DGJ-1 高性能电工技术实验台或 KHDL-1 电路原理实验箱。

四、实验内容

实验电路如图 1-5 所示。

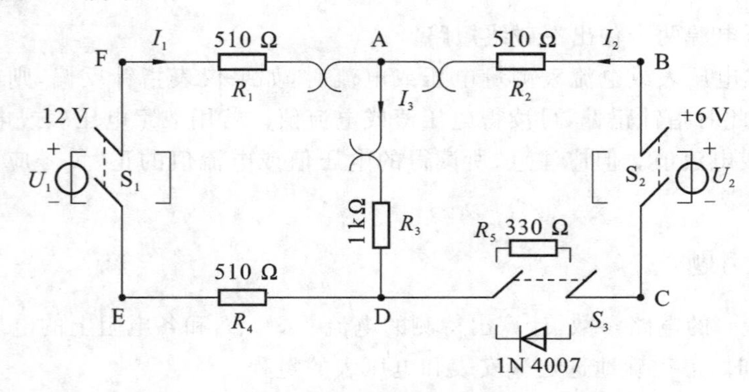

图 1-5 叠加原理验证电路

(1) 将两路稳压源的输出分别调节为 12 V 和 6 V,接入 U_1 和 U_2 处。

(2) 令 U_1 电源单独作用(将开关 S_1 投向 U_1 侧,开关 S_2 投向短路侧)。用直流数字电压表和毫安表(接电流插头)测量各支路电流及各电阻元件两端的电压,记入表 1-8 中。

表 1-8 叠加原理实验的测量数据

被测量	U_1/V	U_2/V	I_1/mA	I_2/mA	I_3/mA	U_{AB}/V	U_{CD}/V	U_{AD}/V	U_{DE}/V	U_{FA}/V
U_1 单独作用										
U_2 单独作用										
U_1、U_2 共同作用										
$2U_2$ 单独作用										

(3) 令 U_2 电源单独作用(将开关 S_1 投向短路侧,开关 S_2 投向 U_2 侧),重复实验内容中步骤(2)的测量和记录,记入表 1-8 中。

(4) 令 U_1 和 U_2 共同作用(开关 S_1 和 S_2 分别投向 U_1 和 U_2 侧),重复上述的测量和记录,记入表 1-8 中。

(5) 将 U_2 的数值调至 +12 V,重复实验内容中步骤(3)的测量和记录,记入表 1-8 中。

(6) 将 R_5(330 Ω)换成二极管 1N4007(即将开关 S_3 投向二极管 1N4007 侧),重复实验内容中步骤(1)～(5)的测量和记录，记入表1-9中(该内容仅限于DGJ-1高性能电工技术实验台，可选做)。

(7) 任意按下某个故障设置按键，重复实验内容中步骤(4)的测量和记录，再根据测量结果判断出故障的性质(该内容仅限于DGJ-1高性能电工技术实验台，可选做)。

表1-9　非线性电路的测量数据

被测量	U_1/V	U_2/V	I_1/mA	I_2/mA	I_3/mA	U_{AB}/V	U_{CD}/V	U_{AD}/V	U_{DE}/V	U_{FA}/V
U_1单独作用										
U_2单独作用										
U_1、U_2共同作用										
$2U_2$单独作用										

五、实验注意事项

(1) 用电流插头测量各支路电流时，或者用电压表测量电压时，应注意仪表的极性，正确判断测得值的"+""-"号后，记入数据表格。

(2) 注意仪表量程和换挡。

六、预习思考题

(1) 在叠加原理实验中，要令U_1、U_2分别单独作用，应如何操作？可否直接将不作用的电源(U_1或U_2)短接置零？

(2) 实验电路中，若有一个电阻改为二极管，试问叠加原理的叠加性与齐次性还成立吗？为什么？

七、实验报告

(1) 根据实验数据表格，进行分析、比较，归纳，总结实验结论，即验证线性电路的叠加性与齐次性。

(2) 各电阻所消耗的功率能否用叠加原理计算得出？试用上述实验数据，进行计算并作结论。

(3) 通过实验内容中步骤(6)及分析表1-9中的数据，能得出什么样的结论？

(4) 心得体会及其他。

实验4　电压源与电流源的等效变换

一、实验目的

(1) 掌握电源外特性的测试方法。

(2) 验证电压源与电流源等效变换的条件。

二、实验原理

(1) 一个直流稳压电源在一定的电流范围内具有很小的内阻。故在应用中,常将它视为一个理想的电压源,即其输出电压不随负载电流的变化而变化。其外特性曲线,即其伏安特性曲线$U=f(I)$是一条平行于I轴的直线。一个实用中的恒流源在一定的电压范围内,可视为一个理想的电流源。

(2) 一个实际的电压源(或电流源),其端电压(或输出电流)会随着负载的变化而变化,是因为它具有一定的内阻。故在实验中,用一个小阻值的电阻(或大电阻)与稳压源(或恒流源)相串联(或并联)来模拟一个实际的电压源(或电流源)。

(3) 一个实际的电源,就其外部特性而言,既可以看成是一个电压源,又可以看成是一个电流源。若视为电压源,则可用一个理想的电压源U_S与一个电阻R_0相串联的来表示;若视为电流源,则可用一个理想电流源I_S与一电导g_0相并联来表示。如果这两种电源能向同样大小的负载供出同样大小的电流和端电压,则称这两个电源是等效的,即具有相同的外特性。

一个电压源与一个电流源等效变换的条件为

$$I_S=U_S/R_0,\quad g_0=1/R_0 \quad 或 \quad U_S=I_SR_0,\quad R_0=1/g_0$$

电压源与电流源等效转换电路如图1-6所示。

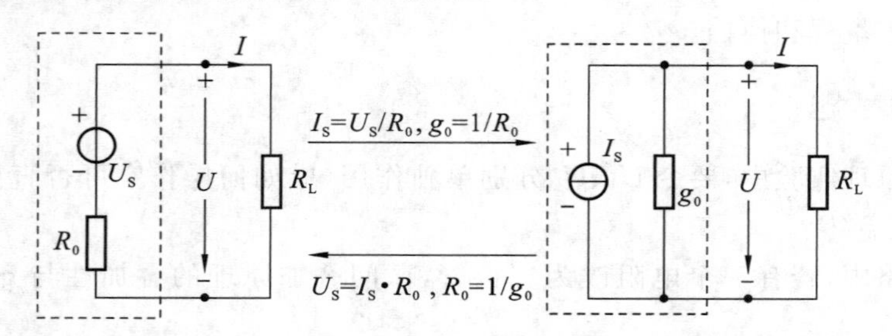

图1-6 电压源与电流源等效转换电路

三、实验设备

DGJ-1高性能电工技术实验台或KHDL-1电路原理实验箱。

四、实验内容

1. 测定直流稳压电源与实际电压源的外特性

(1) 按图1-7所示接线。U_S为+6 V直流稳压电源。调节R_2,令其按表1-6所示值变化,电压表和电流表的读数记入表1-10。

表1-10 直流稳压电源的外特性的实验数据

R_2/Ω	50	100	150	200	300	400	450
U/V							
I/mA							

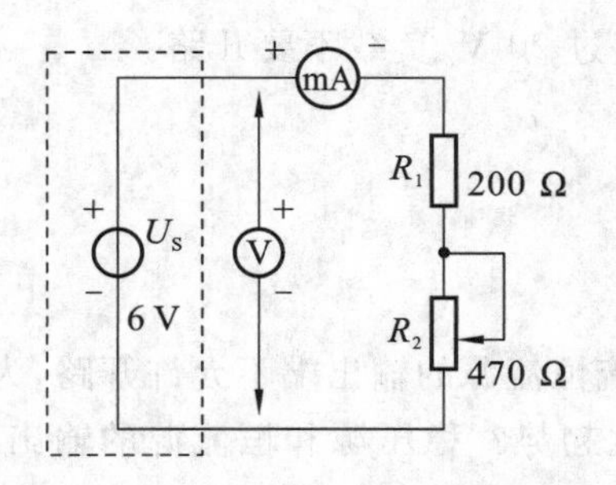

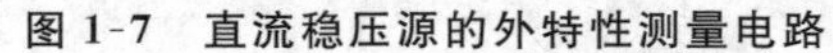

图 1-7　直流稳压源的外特性测量电路

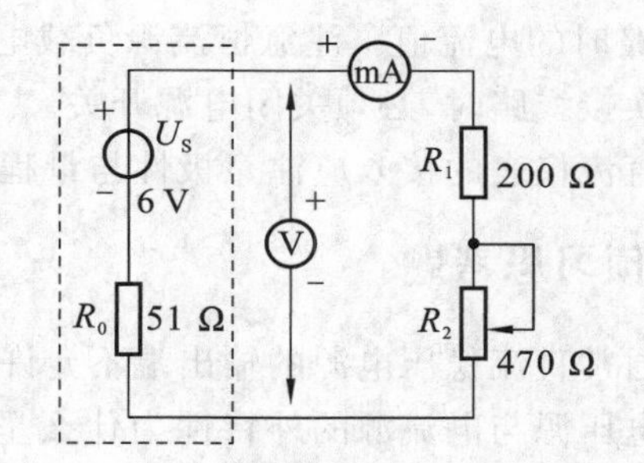

图 1-8　实际电压源的外特性测量电路

(2) 按图 1-8 所示接线，虚线框可模拟为一个实际的电压源。调节 R_2，令其阻值由大至小变化，电压表和电流表的读数记入表 1-11。

表 1-11　实际电压源的外特性的实验数据

R_2/Ω	50	100	150	200	300	400	450
U/V							
I/mA							

2. 测定电流源的外特性

按图 1-9 所示接线，I_S 为直流恒流源，调节其输出为 10 mA，令 R_0 分别为 1 kΩ 和∞（即接入和断开），调节电位器 R_L（从 0 至 470 Ω），测出这两种情况下的电压表和电流表的读数。自拟数据表格，记录实验数据。

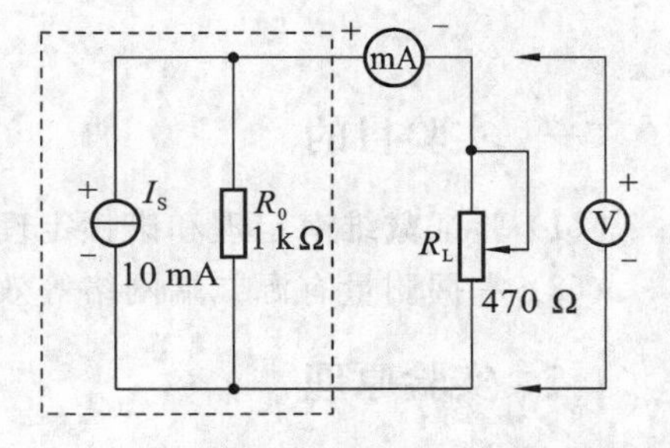

图 1-9　电流源的外特性测量电路

3. 测定电源等效变换的条件

先按图 1-10(a)所示电路接线，记录电路中电压表和电流表的读数。参照表 1-11 自拟数据表格，然后利用图 1-10(a)中右侧的元件和仪表，按图 1-10(b)所示接线。调节恒流源的输出电流 I_S，使电压表和电流表的读数与 1-10(a)时的数值相等，记录 I_S 的值，验证等效变换条件的正确性。

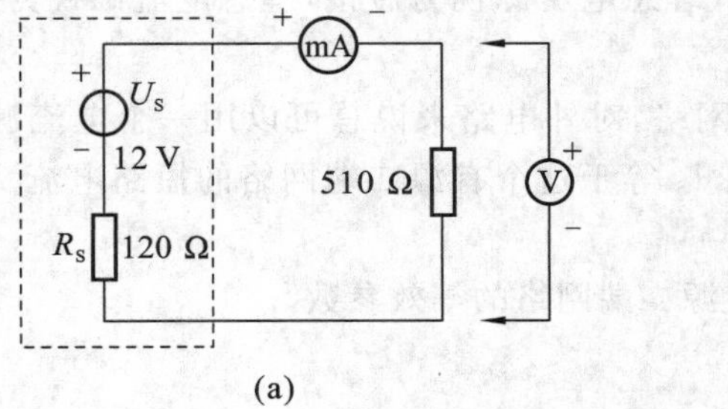

(a)

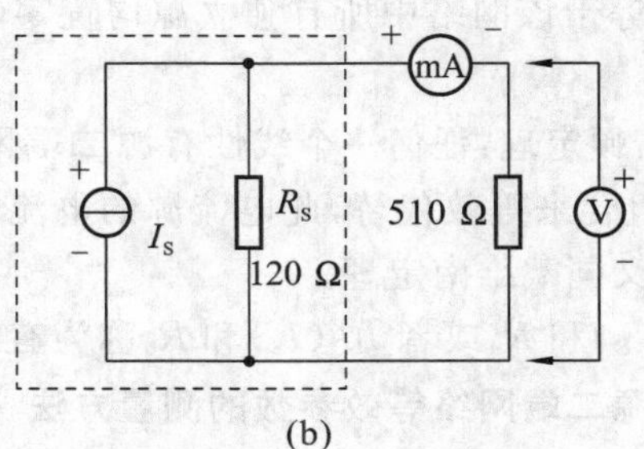

(b)

图 1-10　电源等效转换测量电路

五、实验注意事项

(1) 测定电压源外特性时，不要忘记测量空载时的电压值。测定电流源外特性时，不要忘记测量短路时的电流值。注意恒流源负载电压不要超过 20 V,负载不要开路。

(2) 换接线路时,必须关闭电源开关。

(3) 直流仪表的接入应注意极性与量程。

六、预习思考题

(1) 通常直流稳压电源的输出端不允许短路,直流恒流源的输出端不允许开路,为什么?

(2) 电压源与电流源的外特性为什么呈下降变化趋势? 稳压源和恒流源的输出在任何负载下是否保持恒值?

七、实验报告

(1) 根据实验数据绘制出电源的四条外特性曲线,并总结、归纳各类电源的特性。

(2) 从实验结果,验证电源等效变换的条件。

(3) 心得体会及其他。

实验 5 戴维南定理和诺顿定理的验证

一、实验目的

(1) 验证戴维南定理和诺顿定理的正确性,加深对该定理的理解。

(2) 掌握测量有源二端网络等效参数的一般方法。

二、实验原理

1. 定理

(1) 戴维南定理:任何一个线性有源二端网络,对外电路来说可以用一个理想电压源与一个电阻的串联来等效代替,此电压源的电动势 U_S 等于这个有源二端网络的开路电压 U_{OC},其等效内阻 R_0 等于该网络中所有独立源均置零(理想电压源视为短接,理想电流源视为开路)时的等效电阻。

(2) 诺顿定理:任何一个线性有源二端网络,对外电路来说总可以用一个电流源与一个电阻的并联组合来等效代替,此电流源的电流 I_S 等于这个有源二端网络的短路电流 I_{SC},其等效内阻 R_0 定义同戴维南定理。

U_{OC}(U_S)和 R_0 或者 I_{SC}(I_S)和 R_0 称为有源二端网络的等效参数。

2. 有源二端网络等效参数的测量方法

(1) 开路电压、短路电流法测 R_0。

在有源二端网络输出端开路时,用电压表直接测其输出端的开路电压 U_{OC},然后再将其输出端短路,用电流表测其短路电流 I_{SC},则等效内阻为

$$R_0=\frac{U_{OC}}{I_{SC}}$$

如果二端网络的内阻很小,若将其输出端口短路则易损坏其内部元件,因此不宜用此法。

（2）伏安法测 R_0。

用电压表、电流表测出有源二端网络的外特性曲线，如图 1-11 所示。根据外特性曲线求出斜率 $\tan\varphi$，则内阻为

$$R_0=\tan\varphi=\frac{\Delta U}{\Delta I}=\frac{U_{OC}}{I_{SC}}$$

也可以先测量开路电压 U_{OC}，再测量电流为额定值 I_N 时的输出端电压值 U_N，则内阻为

$$R_0=\frac{U_{OC}-U_N}{I_N}$$

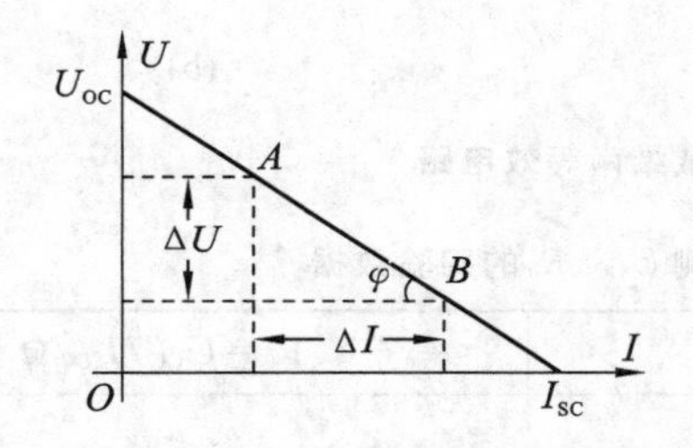

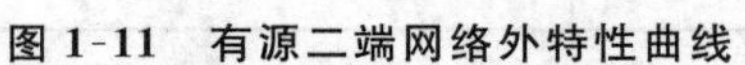
图 1-11　有源二端网络外特性曲线

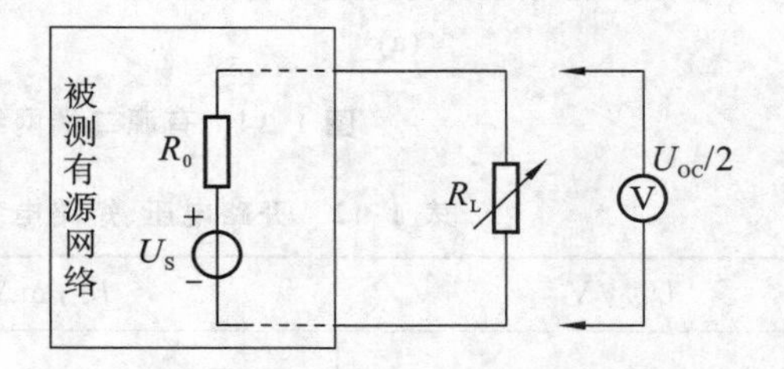

图 1-12　半电压法测 R_0 电路

（3）半电压法测 R_0。

如图 1-12 所示，当负载电压为被测网络开路电压的一半时，负载电阻（由电阻箱的读数确定）即为被测有源二端网络的等效内阻值。

（4）零示法测 U_{OC}。

在测量具有高内阻有源二端网络的开路电压时，用电压表直接测量会造成较大的误差。为了消除电压表内阻的影响，往往采用零示法，如图 1-13 所示。

零示法测量原理是用一低内阻的稳压电源与被测有源二端网络进行比较，当稳压电源的输出电压与有源二端网络的开路电压相等时，电压表的读数将为“0”。然后将电路断开，测量此时稳压电源的输出电压，即为被测有源二端网络的开路电压。

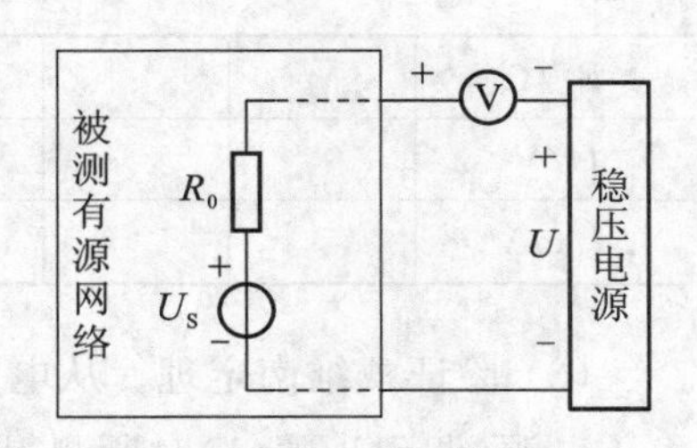

图 1-13　零示法测 U_{OC} 电路

三、实验设备

DGJ-1 高性能电工技术实验台或 KHDL-1 电路原理实验箱。

四、实验内容

被测有源二端网络电路如图 1-14(a)所示。

（1）用开路电压、短路电流法测定戴维南等效电路的 U_{OC}、R_0 和诺顿等效电路的 I_{SC}、R_0。按图 1-14(a)接入稳压电源 $U_S=12$ V 和恒流源 $I_S=10$ mA，不接入 R_L。测出 U_{OC} 和 I_{SC}，并计算出 R_0（测 U_{OC} 时，不接入毫安表），记入表 1-12 中。

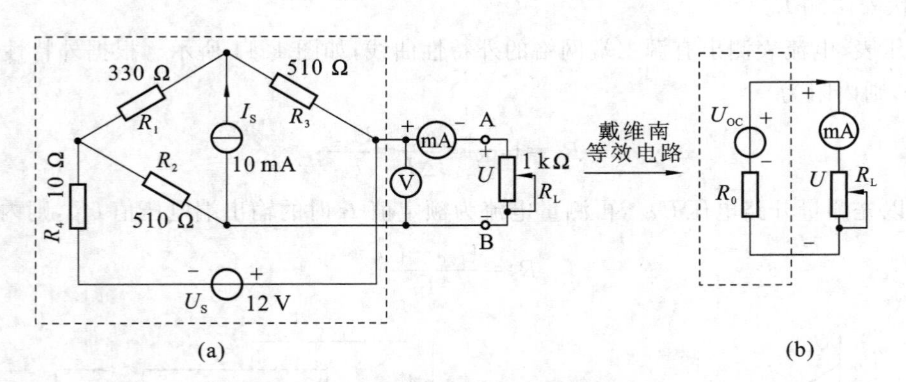

图 1-14 有源二端网络和戴维南等效电路

表 1-12 开路电压、短路电流法测 U_{OC}、R_0 的实验数据

U_{OC}/V	I_{SC}/mA	$R_0=U_{OC}/I_{SC}$/Ω

(2) 负载实验。按图 1-14(a)接入 R_L。改变 R_L阻值,测量有源二端网络的外特性曲线,具体数值记入表 1-13 中。

表 1-13 有源二端网络的外特性曲线的实验数据

R_L/Ω										
U/V										
I/mA										

(3) 验证戴维南定理。从电阻箱上取得按步骤(1)所得的等效电阻 R_0值,然后令其与直流稳压电源(调到步骤(1)时所测得的开路电压 U_{OC}值)相串联,如图 1-14(b)所示,R_L取值应与表 1-13 中 R_L取值相同,仿照步骤(2)测其外特性,对戴维南定理进行验证,实验数据记入表 1-14中。

表 1-14 验证戴维南定理的实验数据

R_L/Ω									
U/V									
I/mA									

(4) 验证诺顿定理。从电阻箱上取得按步骤(1)所得的等效电阻 R_0之值,然后令其与直流恒流源(调到步骤(1)时所测得的短路电流 I_{SC}之值)相并联,如图 1-15 所示,R_L取值应与表1-12 中 R_L取值相同,仿照步骤(2)测其外特性,对诺顿定理进行验证,具体实验数据记入表1-15中。

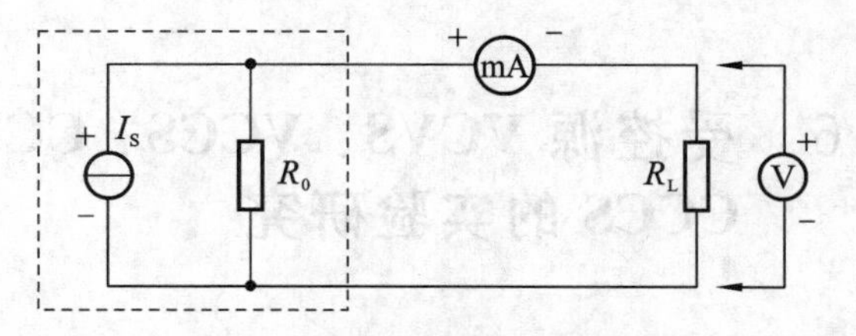

图 1-15　诺顿定理验证电路

表 1-15　验证诺顿定理的实验数据

R_L/Ω										
U/V										
I/mA										

(5) 有源二端网络等效电阻(又称入端电阻)的直接测量法。如图 1-14(a)所示,将被测有源网络内的所有独立源置零(去掉电流源 I_S和电压源 U_S,并在原电压源所接的两点用一根短路导线相连),然后用伏安法或者直接用万用表的欧姆挡去测定负载 R_L开路时 A、B 两点间的电阻,此即为被测网络的等效内阻 R_0,或称网络的入端电阻 R_i。

(6) 用半电压法和零示法测量被测网络的等效内阻 R_0及其开路电压 U_{OC}。测量电路及数据表格自拟。

五、实验注意事项

(1) 测量时应注意电流表量程的更换。

(2) 在实验内容步骤(5)中,电压源置零时不可将稳压源短接。

(3) 用万用表直接测 R_0时,网络内的独立源必须先置零,以免损坏万用表。其次,欧姆挡必须经调零后再进行测量。

(4) 用零示法测量 U_{OC}时,应先将稳压电源的输出调至接近于 U_{OC},再按图 1-15 所示测量。

(5) 改接线路时,要关掉电源。

六、预习思考题

(1) 在求戴维南或诺顿等效电路时,用短路法测试时,测 I_{SC}的条件是什么?在本实验中 可否直接作负载短路实验?请实验前对电路图 1-14(a)预先作好计算,以便调整实验电路及测量时可准确地选取电表的量程。

(2) 说明测有源二端网络开路电压及等效内阻的几种方法,并比较其优缺点。

七、实验报告

(1) 根据实验内容中步骤(2)(3)(4),分别绘出曲线,验证戴维南定理和诺顿定理的正确性,并分析产生误差的原因。

(2) 根据实验内容中步骤(1)(5)(6)的几种方法测得的 U_{OC}与 R_0与预习时电路计算的结果作比较,能得出什么结论。

(3) 归纳、总结实验结果。

(4) 心得体会及其他。

实验6　受控源VCVS、VCCS、CCVS、CCCS的实验研究

一、实验目的

(1) 了解受控源VCVS、VCCS、CCVS、CCCS的概念和原理。

(2) 测试受控源的外特性和转移参数，加深对受控源的认识和理解。

二、实验原理

(1) 电源有独立电源（如电池、发电机等）与非独立电源（或称为受控源）之分。

受控源与独立源的不同点：独立源的电势E_S或电激流I_S是某一固定的数值或是时间的某一函数，它不随电路其余部分的状态而变化；而受控源的电势或电激流则是随电路中另一支路的电压或电流的变化而变化的一种电源。

受控源又与无源元件不同，无源元件两端的电压和它自身的电流有一定的函数关系，而受控源的输出电压或电流则和另一支路（或元件）的电流或电压有某种函数关系。

(2) 独立源与无源元件是二端器件，受控源则是四端器件，或称为双口元件。它有一对输入端（U_1、I_1）和一对输出端（U_2、I_2）。输入端可以控制输出端电压或电流的大小。施加于输入端的控制量可以是电压或电流，因而有两种受控电压源（即电压控制电压源VCVS和电流控制电压源CCVS）和两种受控电流源（即电压控制电流源VCCS和电流控制电流源CCCS）。它们的示意图如图1-16所示。

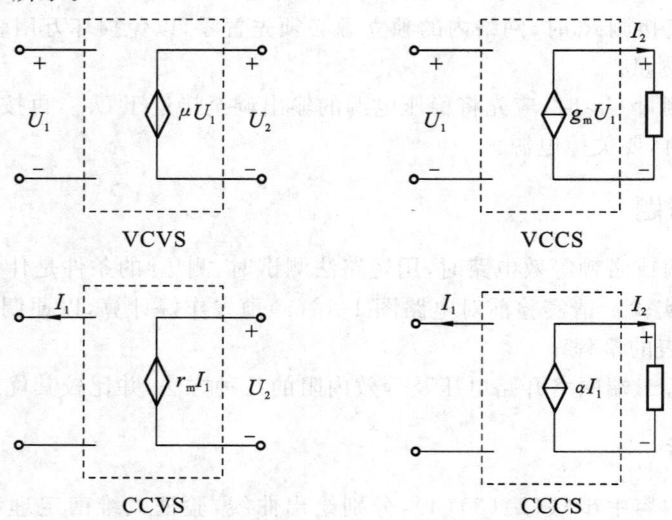

图1-16　四种受控源示意图

(3) 当受控源的输出电压（或电流）与控制支路的电压（或电流）成正比变化时，则称该受控源是线性的。

理想受控源的控制支路中只有一个独立变量（电压或电流），另一个独立变量等于零，即从

输入口看，理想受控源或是短路(即输入电阻 $R_1=0$，因而 $U_1=0$)，或是开路(即输入电导 $g_1=0$，因而输入电流 $I_1=0$)；从输出口看，理想受控源或是一个理想电压源，或是一个理想电流源。

(4) 受控源的控制端与受控端的关系式称为转移函数。

四种受控源的转移函数参量的定义如下。

① 压控电压源(VCVS)：$U_2=f(U_1)$，$\mu=U_2/U_1$ 称为转移电压比(或电压增益)。

② 压控电流源(VCCS)：$I_2=f(U_1)$，$g_m=I_2/U_1$ 称为转移电导。

③ 流控电压源(CCVS)：$U_2=f(I_1)$，$r_m=U_2/I_1$ 称为转移电阻。

④ 流控电流源(CCCS)：$I_2=f(I_1)$，$\alpha=I_2/I_1$ 称为转移电流比(或电流增益)。

三、实验设备

DGJ-1 高性能电工技术实验台或 KHDL-1 电路原理实验箱。

四、实验内容

(1) 测量受控源 VCVS 的转移特性 $U_2=f(U_1)$ 和负载特性 $U_2=f(I_L)$，电路如图1-17所示。

① 不接电流表，固定 $R_L=2\ \text{k}\Omega$，调节稳压电源输出电压 U_1，测量 U_1 及相应的 U_2 值，记入表1-16中。

表 1-16 VCVS 的转移特性表

U_1/V	0	1	2	3	5	7	8	9	μ
U_2/V									

在坐标纸上绘出电压转移特性曲线 $U_2=f(U_1)$，并在其线性部分求出转移电压比 μ。

② 接入电流表，保持 $U_1=2$ V，调节可变电阻箱的阻值 R_L，测量 U_2、I_L，记入表 1-17 中，绘制负载特性曲线 $U_2=f(I_L)$。

表 1-17 VCVS 的负载特性表

R_L/Ω	50	70	100	200	300	400	500	∞
U_2/V								
I_L/mA								

(2) 测量受控源 VCCS 的转移特性 $I_L=f(U_1)$ 及负载特性 $I_L=f(U_2)$，实验电路如图 1-18 所示。

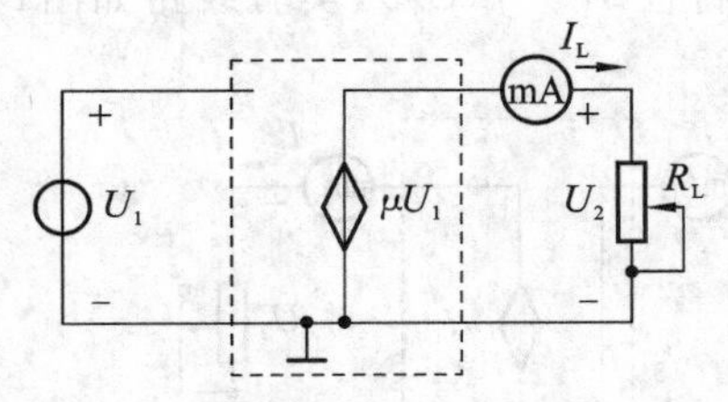

图 1-17 VCVS 转移特性测量电路

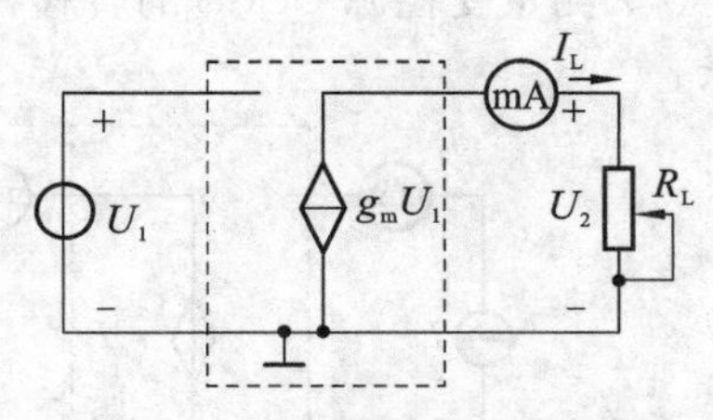

图 1-18 VCCS 转移特性测量电路

① 固定 $R_L=2\ k\Omega$，调节稳压电源的输出电压 U_1，测出相应的 I_L 值，记入表 1-18 中，绘制 $I_L=f(U_1)$ 曲线，并由其线性部分求出转移电导 g_m。

表 1-18　VCCS 转移特性表

U_1/V	0.1	0.5	1.0	2.0	3.0	3.5	3.7	4.0	g_m
I_L/mA									

② 保持 $U_1=2$ V，令 R_L 从大到小变化，测出相应的 I_L 及 U_2，记入表 1-19 中，绘制 $I_L=f(U_2)$ 曲线。

表 1-19　VCCS 负载特性表

R_L/kΩ	50	20	10	8	7	6	5	4	2	1
I_L/mA										
U_2/V										

(3) 测量受控源 CCVS 的转移特性 $U_2=f(I_1)$ 与负载特性 $U_2=f(I_L)$，实验电路如图 1-19 所示。

① 固定 $R_L=2\ k\Omega$，调节恒流源的输出电流 I_S，按表 1-20 所列 I_1 值，测出 U_2，记入表1-20 中，绘制 $U_2=f(I_1)$ 曲线，并由其线性部分求出转移电阻 r_m。

表 1-20　CCVS 转移特性表

I_L/mA	0.1	1.0	3.0	5.0	7.0	8.0	9.0	9.5	r_m
U_2/V									

② 保持 $I_S=2$ mA，按表 1-21 所列 R_L 值，测出 U_2 及 I_L，记入表 1-21 中，绘制负载特性曲线 $U_2=f(I_L)$。

表 1-21　CCVS 负载特性表

R_L/kΩ	0.5	1	2	4	6	8	10
U_2/V							
I_L/mA							

(4) 测量受控源 CCCS 的转移特性 $I_L=f(I_1)$ 及负载特性 $I_L=f(U_2)$，实验线路如图1-20 所示。

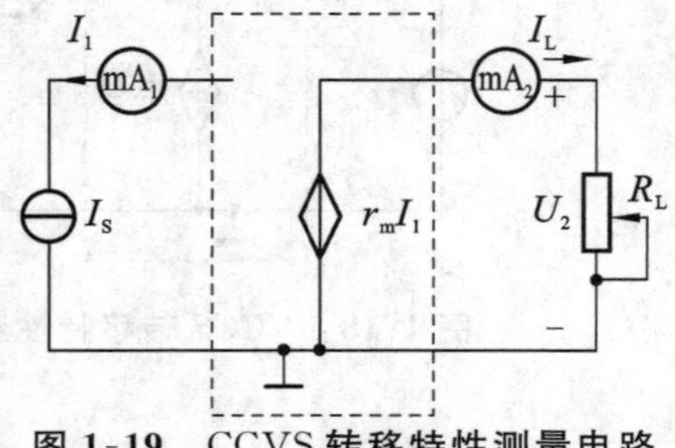

图 1-19　CCVS 转移特性测量电路

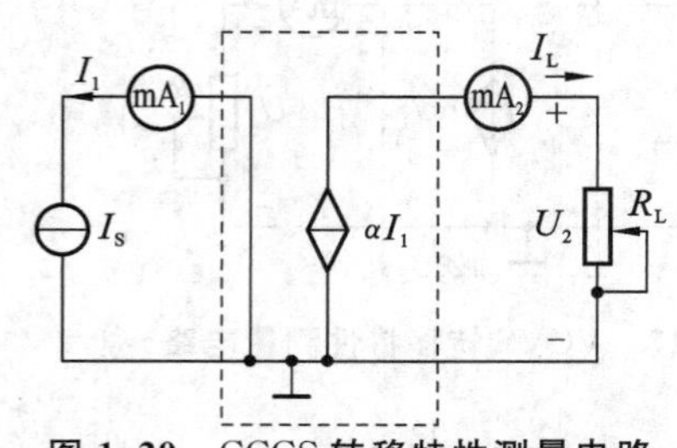

图 1-20　CCCS 转移特性测量电路

① 测出 I_L，记入表1-22中，绘制 $I_L=f(I_1)$ 曲线，并由其线性部分求出转移电流比 α。

表1-22　CCCS转移特性表

I_1/mA	0.1	0.2	0.5	1	1.5	2	2.2	α
I_L/mA								

② 保持 $I_S=1$ mA，按表1-23中所列 R_L 值，测出 I_L 及 U_2，记入表1-23中，绘制 $I_L=f(U_2)$ 曲线。

表1-23　CCCS负载特性表

R_L/kΩ	0	0.1	0.5	1	2	5	10	20	30	80
I_L/mA										
U_2/V										

五、实验注意事项

(1) 每次组装线路时必须事先断开供电电源，但不必关闭电源总开关。

(2) 在恒流源供电的实验中，不要使恒流源的负载开路。

六、预习思考题

(1) 受控源和独立源相比有何异同点？比较四种受控源的代号、电路模型、控制量与被控量的关系。

(2) 四种受控源中的 r_m、g_m、α 和 μ 的意义是什么？如何测得？

(3) 若受控源控制量的极性反向，试问其输出极性是否发生变化？

(4) 受控源的控制特性是否适合于交流信号？

(5) 如何由两个基本的CCVS和VCCS获得其他两个CCCS和VCVS？它们的输入、输出如何连接？

七、实验报告

(1) 根据实验数据，在坐标纸上分别绘制出四种受控源的转移特性曲线和负载特性曲线，并求出相应的转移参量。

(2) 对预习思考题作必要的回答。

(3) 对实验的结果作出合理的分析和结论，总结对四种受控源的认识和理解。

(4) 心得体会及其他。

实验7　典型电信号的观察与测量

一、实验目的

(1) 熟悉低频信号发生器、脉冲信号发生器的作用及其使用方法。

(2) 初步掌握用示波器观察电信号波形,定量测出正弦信号和脉冲信号的波形参数。

(3) 初步掌握示波器、函数信号发生器的使用。

二、实验原理

(1) 正弦交流信号和方波脉冲信号是常用的激励信号,可分别由低频信号发生器和脉冲信号发生器提供。正弦信号的波形参数是幅值 U_m、周期 T(或频率 f)和初相 φ;脉冲信号的波形参数是幅值 U_m、周期 T 和脉宽 t_k。本实验装置能提供频率范围为20 Hz～50 kHz的正弦波及方波。正弦波的幅度值在 0～5 V 连续可调,方波的幅度值在 1～3.8 V 连续可调。

(2) 示波器是一种电信号图形观测仪器,可测出电信号的波形参数。从荧光屏的 Y 轴刻度尺并结合其量程分挡选择开关(Y 轴输入电压灵敏度 V/div 分挡选择开关)读得电信号的幅值;从荧光屏的 X 轴刻度尺并结合其量程分挡(时间扫描速度 t/div 分挡选择开关)读得电信号的周期、脉宽、相位差等参数。为了完成对各种不同波形、不同要求的观察和测量,还有一些其他的调节和控制旋钮,希望同学们在实验中加以摸索和掌握。

一台双踪示波器可以同时观察和测量两个信号的波形和参数。因此实验室常用的示波器都可以同时观察和测量两路电信号的波形和参数。

三、实验设备

DGJ-1 高性能电工技术实验台或 KHDL-1 电路原理实验箱、函数信号发生器、示波器。

四、实验内容

1. 双踪示波器的自检

将示波器面板部分的“标准信号”插口,通过示波器专用同轴电缆接至双踪示波器的 Y 轴输入插口 Y_A 或 Y_B 端,然后开启示波器电源,指示灯亮。调节示波器面板上的“辉度”“聚焦”“X 轴位移”“Y 轴位移”等旋钮,使在荧光屏的中心部分显示出线条细而清晰、亮度适中的方波波形;通过选择幅度和扫描速度,并将它们的微调旋钮旋至“校准”位置,从荧光屏上读出该“标准信号”的幅值与频率,填入表 1-24 中,并与标称值(5 V,1 kHz)进行比较,如果相差较大,请指导老师给予校准。

表 1-24 示波器的自检测试表

所测项目	标准值	实测值
幅度 V_p/V		
频率 f/kHz		

2. 正弦波信号的观测

(1) 将示波器的幅度和扫描速度微调旋钮旋至“校准”位置。

(2) 通过电缆线,将信号发生器的正弦波输出口与示波器的 Y_A插口相连。

(3) 接通信号发生器的电源,选择正弦波输出。通过相应调节,使输出频率分别为500 Hz、1 kHz 和 10 kHz(由频率计或函数信号发生器读出);再使输出幅值 U_m分别为0.3 V、3 V、5 V。调节示波器 Y 轴和 X 轴的偏转灵敏度至合适的位置,从荧光屏上读得幅值 U_m及周期,记入表

1-25、表1-26中。

表1-25　正弦波信号频率测定表

所测项目	正弦波信号频率 f		
	500 Hz	1 kHz	10 kHz
示波器“t/div”旋钮位置			
一个周期占有的格数			
信号周期/s			
计算所得频率/Hz			

表1-26　正弦波信号幅值测定表

所测项目	正弦波信号幅值 U_m		
	0.3 V	3 V	5 V
示波器“V/div”位置			
峰-峰值波形格数			
峰-峰值			
计算所得有效值			

3. 方波脉冲信号的观察和测定

(1) 将电缆插头换接在脉冲信号的输出插口上，选择方波信号输出。

(2) 调节方波的输出幅度为3.0 V_{P-P}，分别观测500 Hz、1 kHz和10 kHz方波信号的波形参数(参照表1-25、表1-26自拟数据表格)。

(3) 使信号频率保持在1 kHz，选择不同的幅度及脉宽，观测波形参数的变化。

五、实验注意事项

(1) 示波器的辉度不要过亮。

(2) 调节仪器旋钮时，动作不要过快、过猛。

(3) 调节示波器时，要注意触发开关和电平调节旋钮的配合使用，以使显示的波形稳定。

(4) 作定量测定时，“t/div”和“V/div”的微调旋钮应旋置“校准”位置。

(5) 为防止外界干扰，信号发生器的接地端与示波器的接地端要相连(称共地)。

(6) 不同品牌的示波器的旋钮、功能的标注不同，实验前请详细阅读所用示波器的说明书。

(7) 实验前应认真阅读函数信号发生器的使用说明书。

六、预习思考题

(1) 示波器面板上“t/div”和“V/div”的含义是什么？

(2) 观察本机“标准信号”时，要在荧光屏上得到两个周期的稳定波形，而幅度要求为五格，试问Y轴电压灵敏度应置于哪一挡位置？“t/div”又应置于哪一挡位置？

(3) 应用双踪示波器观察到如图1-21所示的两个波形，Y_A和Y_B轴的“V/div”的指示均为

0.5 V,“t/div”指示为20 μs,试写出这两个波形信号的波形参数。

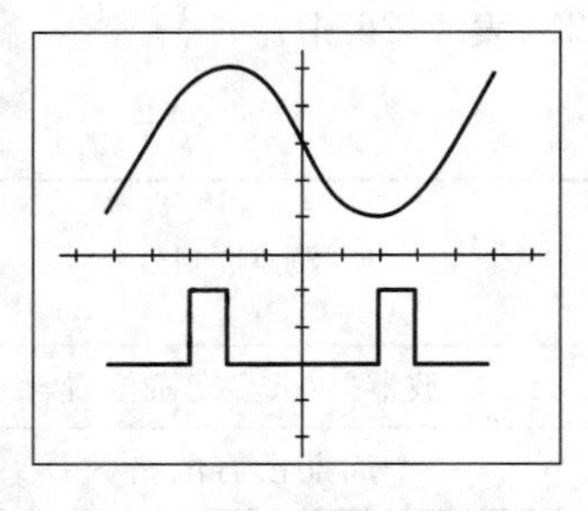

图 1-21 观察所得波形

七、实验报告

(1) 整理实验中显示的各种波形,绘制有代表性的波形。

(2) 总结实验中所用仪器的使用方法及观测电信号的方法。

(3) 如用示波器观察正弦信号时,荧光屏上出现图 1-22 所示的几种情况时,试说明测试系统中哪些旋钮的位置不对? 应如何调节?

(4) 心得体会及其他。

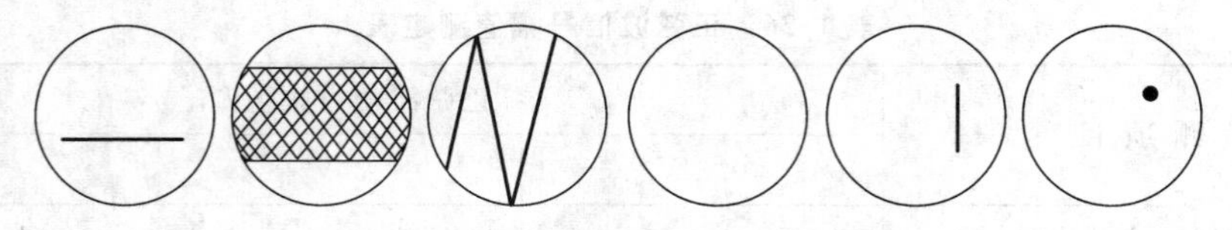

图 1-22 示波器观察正弦波的图形

实验 8 RC 一阶电路的响应测试

一、实验目的

(1) 测定 RC 一阶电路的零输入响应、零状态响应。

(2) 学习电路时间常数的测量方法。

(3) 掌握有关微分电路和积分电路的概念。

(4) 进一步学会用示波器观测波形。

二、实验原理

(1) 对含有 L、C 储能元件的电路,其响应可由微分方程求解,凡是可用一阶微分方程描述的电路称为一阶电路。一阶电路通常由一个储能元件和若干个电阻元件组成。

(2) 储能元件初始值为零的电路对激励的响应称为零状态响应。

如图 1-23 所示电路,合上 S,直流电源经 R 向 C 充电,由方程

$$u_C + R_C \frac{du_C}{dt} = u_S \quad (t \geqslant 0)$$

初始值 $u_C(0_-)=0$,可得零状态响应为

$$u_C(t) = u_S(1 - e^{-t/\tau}) \quad (t \geqslant 0)$$

$$i_C(t) = \frac{u_S}{R} e^{-t/\tau} \quad (t \geqslant 0)$$

其中,$\tau = RC$ 称为时间常数,它是反映电路过渡过程快慢的物理量,τ 越大,过渡过程时间越长,反之 τ 越小,过渡过程的时间越短。

(3) 电路在无激励情况下，由储能元件的初始状态引起的响应称为零输入响应。

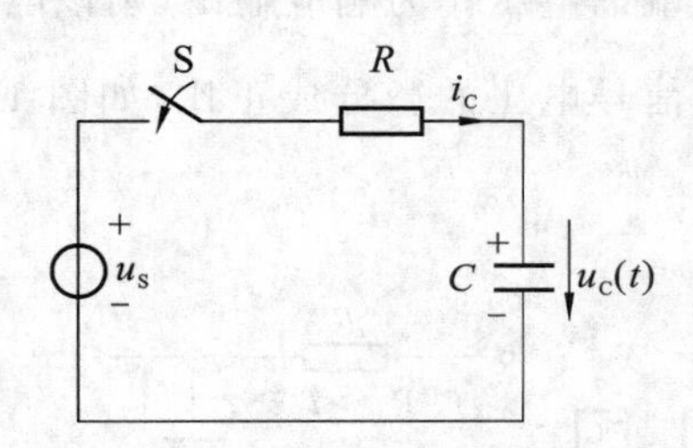

图 1-23　零状态响应电路

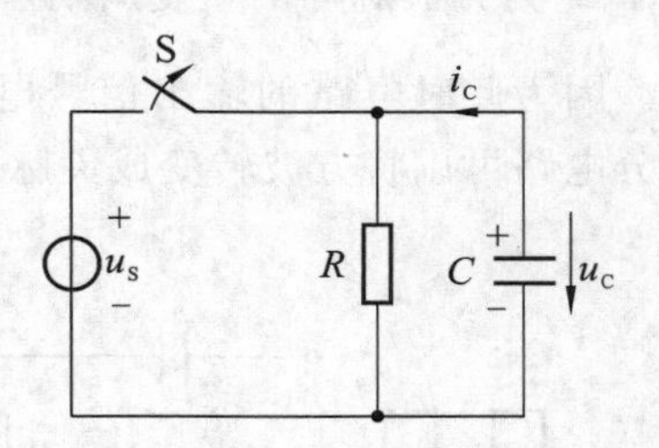

图 1-24　零输入响应电路

图 1-24 所示电路在 $t=0$ 时断开 S。电容 C 的初始电压 $u_C(0_-)$ 经 R 放电，由方程

$$u_C+R_C\frac{du_C}{dt}=0 \quad (t\geqslant 0)$$

初始值 $u_C(0_-)=U_0$，可得零输入响应为

$$u_C(t)=u_C(0_-)e^{-t/\tau} \quad (t\geqslant 0)$$

$$i_C(t)=\frac{u_C(0_-)}{R}e^{-t/\tau} \quad (t\geqslant 0)$$

(4) RC 电路的方波脉冲激励情况下的响应。

当电路的时间常数 τ 远小于方波周期时，可视为零状态响应和零输入响应的多次过程。方波的前沿相当于电路一个阶跃输入，其响应就是零状态响应，方波的后沿相当于电容具有初始值 $u_C(0_-)$ 时把电源和短路置换，电路响应转换成零输入响应。

(5) 时间常数 τ 的测定方法。

用示波器测量零输入响应的波形如图 1-25(a)所示。根据一阶微分方程的求解，得知 $u_C=U_m e^{-t/RC}=U_m e^{-t/\tau}$。当 $t=\tau$ 时，$u_C(\tau)=0.368\,U_m$。此时所对应的时间就等于 τ。亦可用零状态响应波形增加到 $0.632\,U_m$ 所对应的时间测得，如图 1-25(c)所示。

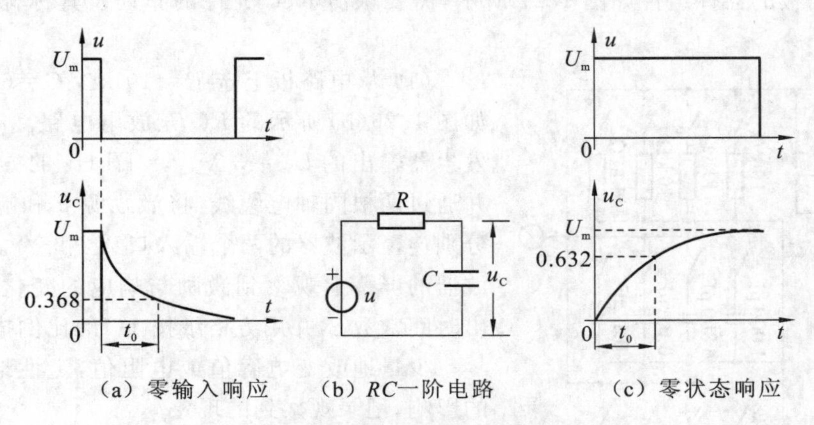

(a) 零输入响应　(b) RC一阶电路　(c) 零状态响应

图 1-25　时间常数 τ 的测量方法

(6) RC 一阶电路中较典型应用。

微分电路和积分电路是 RC 一阶电路中较典型的电路，它对电路元件参数和输入信号的周期有着特定的要求。一个简单的 RC 串联电路，在方波序列脉冲的重复激励下，当满足

$\tau=RC\ll\frac{T}{2}$时(T为方波脉冲的重复周期),且由R两端的电压作为响应输出,则该电路就是一个微分电路。因为此时电路的输出信号电压与输入信号电压的微分成正比,如图1-26(a)所示。利用微分电路可以将方波转变成尖脉冲。

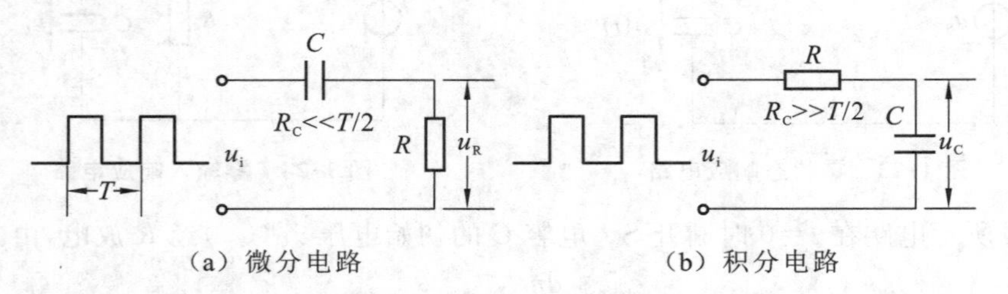

(a) 微分电路　　(b) 积分电路

图1-26　微分电路与积分电路

若将图1-26(a)中的R、C位置调换一下,如图1-26(b)所示,由C两端的电压作为响应输出,且当电路的参数满足$\tau=RC\gg\frac{T}{2}$,则该RC电路称为积分电路。因为此时电路的输出信号电压与输入信号电压的积分成正比。利用积分电路可以将方波转变成三角波。

从输入输出波形来看,上述两个电路均起着波形变换的作用,请在实验过程仔细观察与记录。

三、实验设备

DGJ-1高性能电工技术实验台或KHDL-1电路原理实验箱、函数信号发生器、示波器。

四、实验内容

实验电路板的器件组件如图1-27所示,需要认清R、C元件的布局及其标称值,各开关的通断位置等。

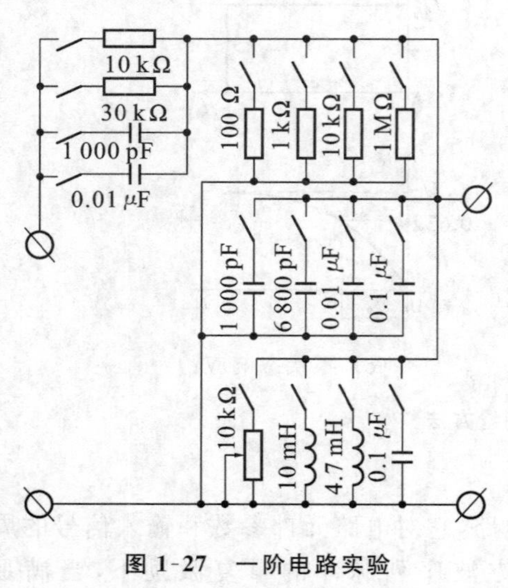

图1-27　一阶电路实验

(1) 从电路板上选$R=10\ \text{k}\Omega$、$C=6\ 800\ \text{pF}$组成如图1-26(b)所示的RC充放电电路。u_i为脉冲信号发生器输出的$U_m=3\ \text{V}$、$f=1\ \text{kHz}$的方波电压信号,并通过两根同轴电缆线,将激励源u_i和响应u_C的信号分别连至示波器的两个输入口Y_A和Y_B。这时可在示波器的屏幕上观察到激励与响应的变化规律,请测算出时间常数τ,并用方格纸按1∶1的比例描绘波形。

少量地改变电容值或电阻值,定性地观察对响应的影响,记录观察到的现象。

(2) 令$R=10\ \text{k}\Omega$,$C=0.1\ \mu\text{F}$,观察并描绘响应的波形,继续增大C的值,定性地观察对响应的影响。

(3) 令$C=0.01\ \mu\text{F}$,$R=100\ \Omega$,组成如图1-26(a)所示的微分电路。在同样的方波激励信号($U_m=3\ \text{V}$,$f=1\ \text{kHz}$)作用下,观测并描绘激励与响应的波形。

增减 R 的值，定性地观察对响应的影响，并作记录。当 R 增至 1 MΩ 时，输入输出波形有何本质上的区别？

五、实验注意事项

（1）调节电子仪器各旋钮时，动作不要过快、过猛。实验前，需熟读双踪示波器的使用说明书。观察双踪时，要特别注意相应开关、旋钮的操作与调节。

（2）信号源的接地端与示波器的接地端要连在一起（称共地），以防外界干扰而影响测量的准确性。

（3）示波器的辉度不应过亮，尤其是光点长期停留在荧光屏上不动时，应将辉度调暗，以延长示波管的使用寿命。

六、预习思考题

（1）什么样的电信号可作为 RC 一阶电路零输入响应、零状态响应的激励源？

（2）已知 RC 一阶电路 $R=10\ \text{k}\Omega$，$C=0.1\ \mu\text{F}$，试计算时间常数 τ，并根据 τ 值的物理意义，拟定测量 τ 的方案。

（3）何谓积分电路和微分电路，它们必须具备什么条件？它们在方波序列脉冲的激励下，其输出信号波形的变化规律如何？这两种电路有何功用？

（4）预习要求：熟读仪器使用说明，回答上述问题，准备坐标纸。

七、实验报告

（1）根据实验观测结果，在坐标纸上绘出 RC 一阶电路充放电时 u_C 的变化曲线，由曲线测得 τ 值，并与参数值的计算结果作比较，分析误差原因。

（2）根据实验观测结果，归纳、总结积分电路和微分电路的形成条件，阐明波形变换的特征。

（3）心得体会及其他。

实验9　二阶动态电路响应的研究

一、实验目的

（1）测试二阶动态电路的零状态响应和零输入响应，了解电路元件参数对响应的影响。

（2）观察、分析二阶电路响应的三种状态轨迹及其特点，以加深对二阶电路响应的认识与理解。

二、实验原理

一个二阶电路在方波正、负阶跃信号的激励下，可获得零状态与零输入响应，其响应的变化轨迹取决于电路的固有频率。当调节电路的元件参数值，使电路的固有频率分别为负实数、共轭复数及虚数时，可获得单调地衰减、衰减振荡和等幅振荡的响应。在实验中可获得过阻尼、欠阻尼和临界阻尼这三种响应图形。

简单而典型的二阶电路是 RLC 串联电路和 GCL 并联电路，这二者之间存在着对偶关系。本实验仅对 GCL 并联电路进行研究。

三、实验设备

DGJ-1 高性能电工技术实验台或 KHDL-1 电路原理实验箱、函数信号发生器、示波器。

四、实验内容

利用动态电路板中的元件与开关的配合作用，组成如图 1-28 所示的 GCL 并联电路。

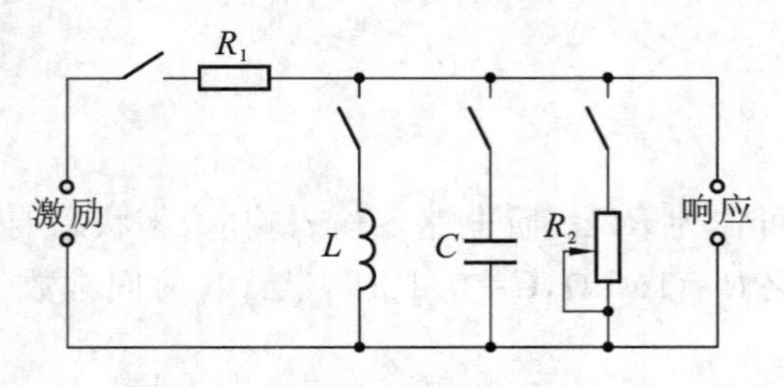

图 1-28　*GCL* 并联电路

令 $R_1=10\ \text{k}\Omega$，$L=4.7\ \text{mH}$，$C=1\ 000\ \text{pF}$，R_2为 10 kΩ 可调电阻。令脉冲信号发生器的输出为 $U_m=1.5\ \text{V}$，$f=1\ \text{kHz}$ 的方波脉冲，通过同轴电缆接至图中的激励端，同时用同轴电缆将激励端和响应输出接至双踪示波器的 Y_A 和 Y_B 两个输入口。

(1) 调节可变电阻器 R_2 的值，观察二阶电路的零输入响应和零状态响应由过阻尼过渡到临界阻尼，最后过渡到欠阻尼的变化过渡过程，分别定性地描绘、记录响应的典型变化波形。

(2) 调节 R_2，使示波器荧光屏上呈现稳定的欠阻尼响应波形，定量测定此时电路的衰减常数 α 和振荡频率 ω_d。

(3) 改变一组电路参数，如增、减 L 或 C 的值，重复步骤(2)的测量，并作记录。随后仔细观察，改变电路参数时，ω_d 与 α 的变化趋势，并作记录。具体数据记入表 1-27 中。

表 1-27　*GCL* 二阶动态电路的测试数据表

电路参数	元件参数				测量值	
	R_1	R_2	L	C	α	ω_d
1	10 kΩ	调至某一次欠阻尼状态	4.7 mH	1 000 pF		
2	10 kΩ		4.7 mH	0.01 μF		
3	30 kΩ		4.7 mH	0.01 μF		
4	10 kΩ		10 mH	0.01 μF		

五、实验注意事项

(1) 调节 R_2 时，要细心、缓慢，临界阻尼要找准。

(2) 观察双踪时，显示要稳定，如不同步，则可采用外同步法触发(看示波器说明)。

六、预习思考题

(1) 根据二阶电路实验电路元件的参数，计算出处于临界阻尼状态的 R_2 之值。

(2) 在示波器荧光屏上，如何测得二阶电路零输入响应欠阻尼状态的衰减常数 α 和振荡频率 ω_d？

七、实验报告

(1) 根据观测结果，在坐标纸上描绘二阶电路过阻尼、临界阻尼和欠阻尼的响应波形。

(2) 测算欠阻尼振荡曲线上的 α 与 ω_d。

(3) 归纳、总结电路元件参数的改变对响应变化趋势的影响。

(4) 心得体会及其他。

实验10　R、L、C 元件阻抗特性的测定

一、实验目的

(1) 验证电阻、感抗、容抗与频率的关系，测定 R-f、X_L-f 及 X_C-f 特性曲线。

(2) 加深理解 R、L、C 元件端电压与电流间的相位关系。

二、实验原理

(1) 在正弦交变信号作用下，R、L、C 元件在电路中的抗流作用与信号的频率有关，它们的阻抗频率特性 R-f、X_L-f、X_C-f 曲线如图1-29所示。

(2) 元件阻抗频率特性的测量电路如图1-30所示。

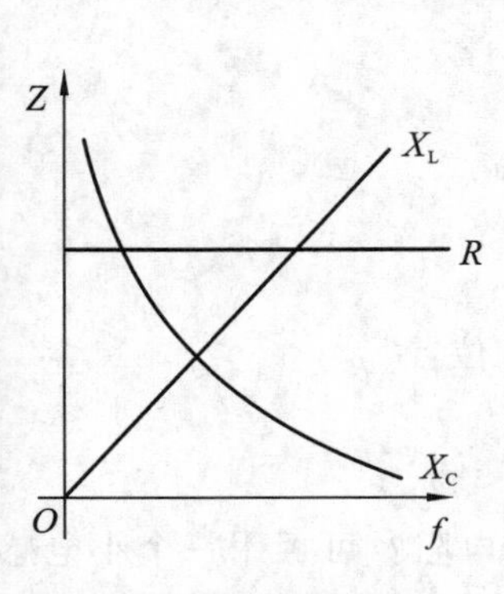

图1-29　阻抗频率特性曲线

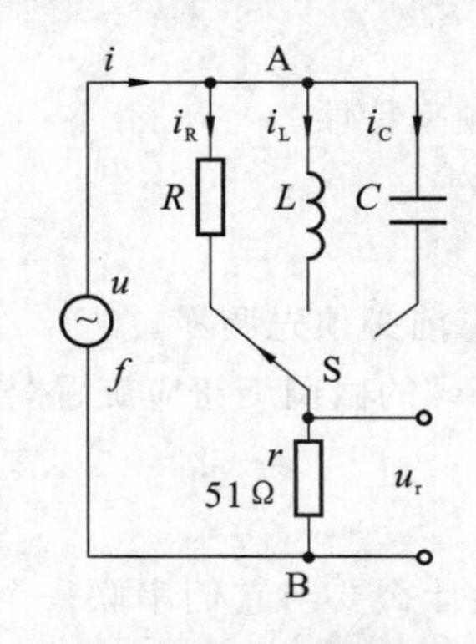

图1-30　元件阻抗频率特性的测量电路

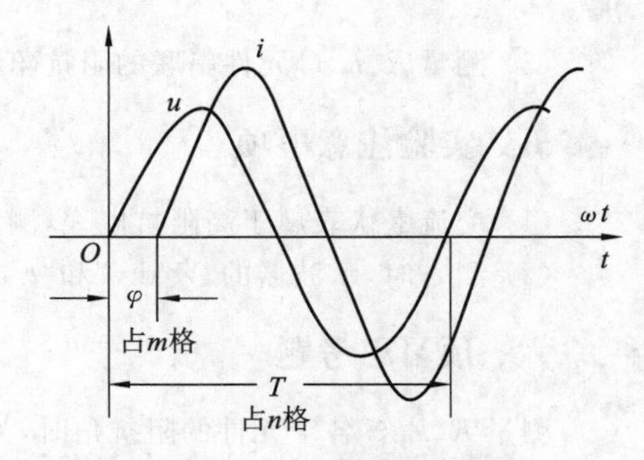

图1-31　测量元件阻抗角图

图1-30中的 r 是提供测量回路电流用的标准小电阻，由于 r 的阻值远小于被测元件的阻抗值，因此可以认为A、B之间的电压就是被测元件 R、L 或 C 两端的电压，流过被测元件的电流则可由 r 两端的电压除以 r 所得。

用双踪示波器同时观察 r 与被测元件两端的电压，也就展现出被测元件两端的电压和流过该元件电流的波形，从而可在荧光屏上测出电压与电流的幅值及它们之间的相位差。

（1）将元件 R、L、C 串联或并联相接，也可用同样的方法测得 $Z_{串}$ 与 $Z_{并}$ 的阻抗频率特性 Z-f，根据电压、电流的相位差可判断 $Z_{串}$ 或 $Z_{并}$ 是感性还是容性负载。

（2）元件的阻抗角（即相位差 φ）随输入信号的频率变化而改变，将各个不同频率下的相位差画在以频率 f 为横坐标、阻抗角 φ 为纵坐标的坐标纸上，并用光滑的曲线连接这些点，即得到阻抗角的频率特性曲线。

用双踪示波器测量阻抗角的方法如图 1-31 所示。从荧光屏上数得一个周期占 n 格，相位差占 m 格，则实际的相位差 φ（阻抗角）为

$$\varphi=m\times\frac{360^\circ}{n}(度)$$

三、实验设备

DGJ-1 高性能电工技术实验台或 KHDL-1 电路原理实验箱、函数信号发生器、示波器。

四、实验内容

（1）测量 R、L、C 元件的阻抗频率特性。

通过电缆线将函数信号发生器输出的正弦波信号接至如图 1-30 所示的电路，作为激励源 u，并用交流毫伏表测量（也可用示波器测量，注意换算），使激励电压的有效值为 $U=3$ V，并保持不变。

使信号源的输出频率从 200 Hz 逐渐增至 5 kHz（仪器上读出或用频率计测量），并使开关 S 分别接通 R、L、C 三个元件，用交流毫伏表（也可用示波器测量，注意换算）测量 U_r，并计算各频率点时的 I_R、I_L 和 I_C（即 U_r/r）以及 $R=U/I_R$、$X_L=U/I_U$、$X_C=U/I_C$ 的值。

注意：在接通 C 测试时，信号源的频率应控制在 200～2 500 Hz 之间。

（2）用双踪示波器观察在不同频率下各元件阻抗角的变化情况，按图 1-31 记录 n 和 m，算出 φ。

（3）测量 R、L、C 元件串联的阻抗角频率特性。

五、实验注意事项

（1）交流毫伏表属于高阻抗电表，测量前必须先调零。

（2）测 φ 时，示波器的“V/div”和“t/div”的微调旋钮应旋置“校准位置”。

六、预习思考题

测量 R、L、C 各个元件的阻抗角时，为什么要与它们串联一个小电阻？可否用一个小电感或大电容代替？为什么？

七、实验报告

（1）根据实验数据，在坐标纸上绘制 R、L、C 三个元件的阻抗频率特性曲线，从中可得出什么结论？

（2）根据实验数据，在坐标纸上绘制 R、L、C 三个元件串联的阻抗角频率特性曲线，并总结、归纳出结论。

（3）心得体会及其他。

实验11　正弦稳态交流电路相量的研究

一、实验目的

（1）研究正弦稳态交流电路中电压、电流相量之间的关系。

（2）掌握日光灯线路的接线。

（3）理解改善电路功率因数的意义并掌握其方法。

二、实验原理

（1）在单相正弦交流电路中，用交流电流表测得各支路的电流值，用交流电压表测得回路各元件两端的电压值，它们之间的关系满足相量形式的基尔霍夫定律，即 $\sum \dot{I}=0$ 和 $\sum \dot{U}=0$。

（2）图1-32所示的 RC 串联电路，在正弦稳态信号 $\dot{U}$ 的激励下，$\dot{U}_R$ 与 $\dot{U}_C$ 保持有 90°的相位差，即当 R 阻值改变时，$\dot{U}_R$ 的相量轨迹是一个半圆。$\dot{U}$、$\dot{U}_C$ 与 $\dot{U}_R$ 三者形成一个直角的电压三角形，如图1-33所示。R 值改变时，可改变 φ 角的大小，从而达到移相的目的。

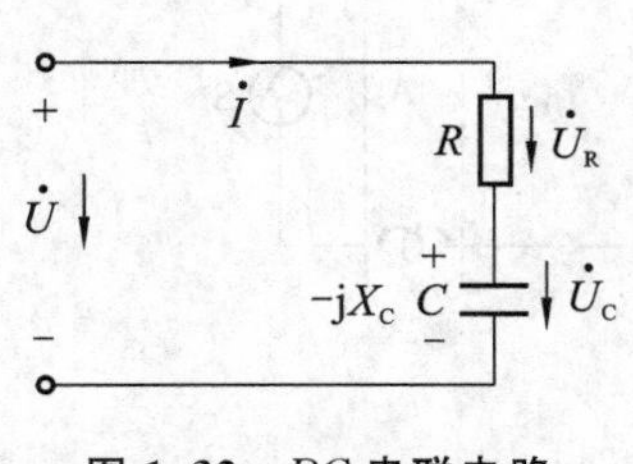

图1-32　RC 串联电路

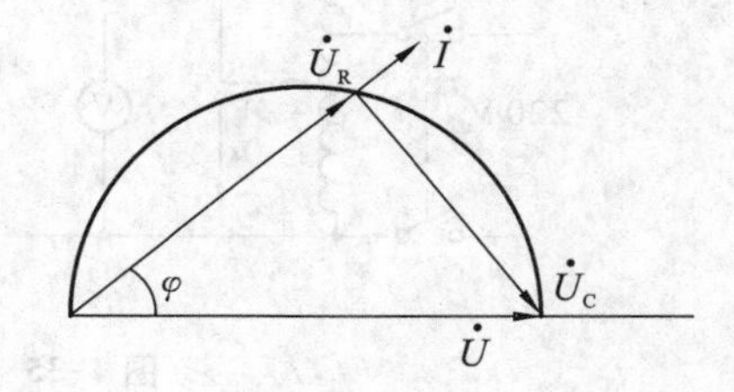

图1-33　$\dot{U}_R$ 的向量轨迹图

（3）日光灯线路如图1-34所示，图中A是日光灯管，L 是镇流器，S是启辉器，C 是补偿电容器，用于改善电路的功率因数（$\cos\varphi$ 值）。有关日光灯的工作原理请自行翻阅有关资料。

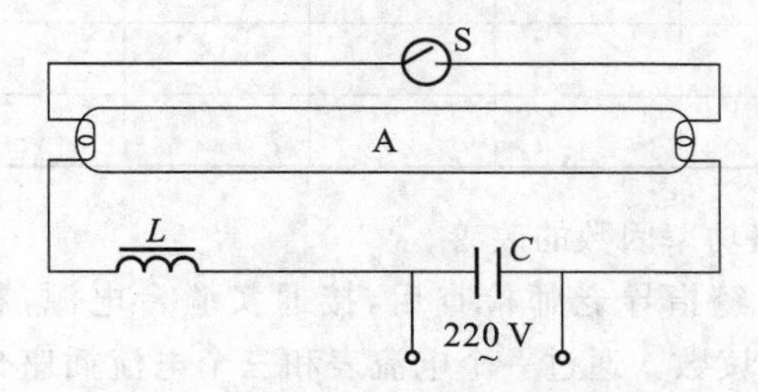

图1-34　日光灯线路图

三、实验设备

DGJ-1 高性能电工技术实验台。

四、实验内容

（1）按图 1-32 所示接线。R 为 220 V、15 W 的白炽灯泡，电容器为 4.7 μF/450 V。经指导教师检查后，接通实验台电源，将自耦调压器输出（即 U）调至 220 V。测量 $\dot{U}$、$\dot{U}_R$、$\dot{U}_C$ 值，验证电压三角形关系。测得的电压值记入表 1-28 中。

表 1-28　电压测量数据表

测量值			计算值		
$\dot{U}$/V	$\dot{U}_R$/V	$\dot{U}_C$/V	U'（与 U_R、U_C 组成 Rt△）（$U'=\sqrt{U_R^2+U_C^2}$）	（$\Delta U=U'-U$）/V	（$\Delta U/U$）/（%）

（2）日光灯电路接线与测量。

按图 1-35 所示接线。经指导教师检查后接通实验台电源，调节自耦调压器的输出，使其输出电压缓慢增大，直到日光灯刚启辉点亮为止，记下三个表的指示值。然后将电压调至220 V，测量功率 P，电流 I，电压 U、U_L、U_A 等值，并记入表 1-29 中，验证电压、电流相量关系。

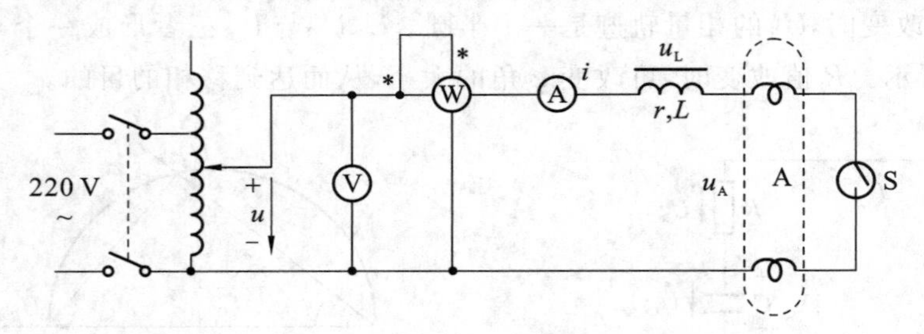

图 1-35　日光灯电路图

表 1-29　日光灯电路测量数据表

	测量数值						计算值	
	P/W	cosφ	I/A	U/V	U_L/V	U_A/V	r/Ω	cosφ
启辉值								
正常工作值								

（3）并联电路——电路功率因数的改善。

按图 1-36 所示接线。经指导老师检查后，接通实验台电源，将自耦调压器的输出调至220 V，记录功率表、电压表读数。通过一个电流表和三个电流插座分别测得三条支路的电流，改变电容值，进行三次重复测量。数据记入表 1-30 中。

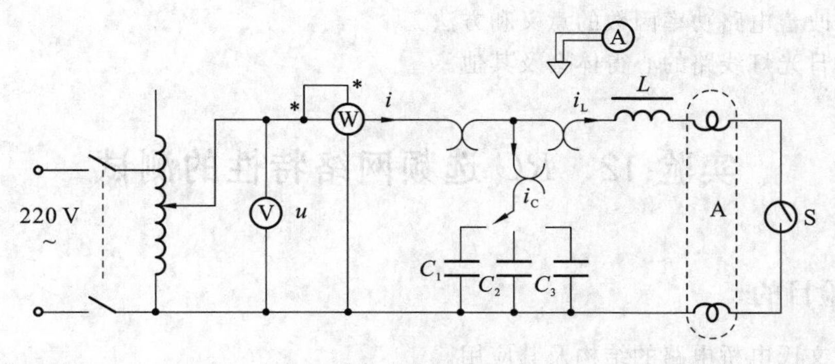

图 1-36　并联电路

表 1-30　电路功率因数的改善测量数据表

电容值	测量数值						计算值	
C/μF	P/W	$\cos\varphi$	U/V	I/A	I_L/A	I_C/A	I'/A	$\cos\varphi$
0								
1								
2.2								
4.7								

五、实验注意事项

（1）本实验用交流电 220 V，务必注意用电和人身安全。

（2）功率表要正确接入电路。

（3）线路接线正确，日光灯不能启辉时，应检查启辉器及其接触是否良好。

六、预习思考题

（1）参阅课外资料，了解日光灯的启辉原理。

（2）在日常生活中，当日光灯上缺少启辉器时，人们常用一根导线将启辉器的两端短接一下，然后迅速断开，使日光灯点亮（DGJ-04 实验挂箱上有短接按钮，可用它代替启辉器做试验）；或用一个启辉器去点亮多个同类型的日光灯，这是为什么？

（3）为了改善电路的功率因数，常在感性负载上并联电容器，此时增加了一条电流支路，试问电路的总电流是增大还是减小？此时感性元件上的电流和功率是否改变？

（4）提高线路功率因数为什么只采用并联电容器法而不用串联法？所并的电容器是否越大越好？

七、实验报告

（1）完成数据表格中的计算，进行必要的误差分析。

（2）根据实验数据，分别绘出电压、电流相量图，验证相量形式的基尔霍夫定律。

(3) 讨论改善电路功率因数的意义和方法。

(4) 装接日光灯线路的心得体会及其他。

实验 12　*RC* 选频网络特性的测试

一、实验目的

(1) 熟悉文氏电桥电路的结构及其应用。

(2) 学会用交流毫伏表和示波器测定文氏桥电路的幅频特性和相频特性。

二、实验原理

文氏电桥电路是一个 *RC* 的串、并联电路，如图 1-37 所示。该电路结构简单，被广泛用于低频振荡电路中作为选频环节，可以获得纯度很高的正弦波电压。

(1) 用函数信号发生器的正弦输出信号作为图 1-37 所示电路的激励信号 u_i，并保持 u_i 值不变的情况下，改变输入信号的频率 f，用交流毫伏表或示波器测出输出端各个频率点相应的输出电压 u_o 值，将这些数据绘制在以频率 f 为横轴、u_o 为纵轴的坐标纸上，用一条光滑的曲线连接这些点，该曲线就是上述电路的幅频特性曲线，如图 1-38 所示。

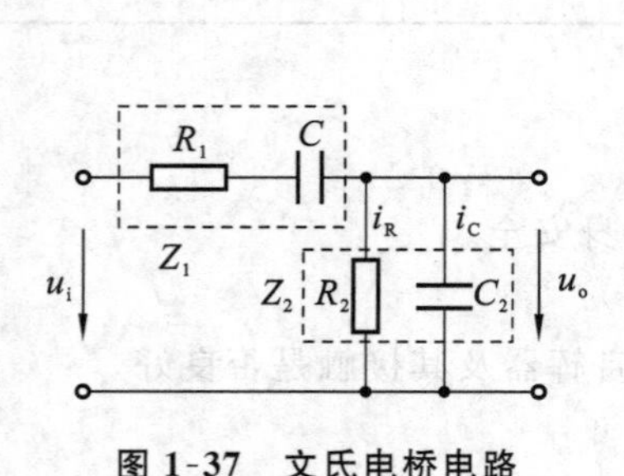

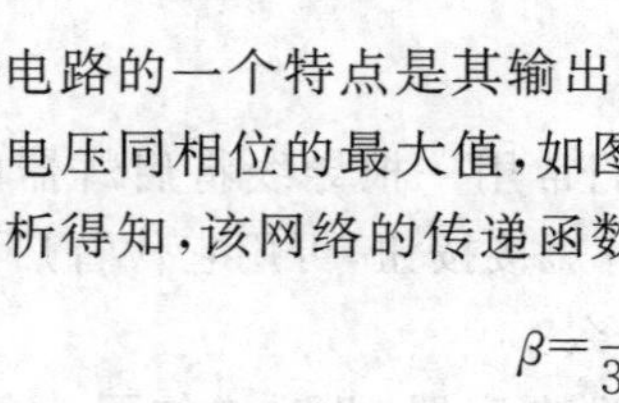

图 1-37　文氏电桥电路

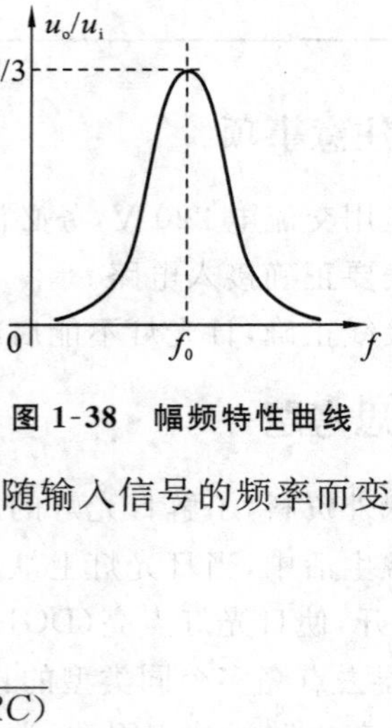

图 1-38　幅频特性曲线

文氏电桥电路的一个特点是其输出电压幅度不仅会随输入信号的频率而变化，而且还会出现一个与输入电压同相位的最大值，如图 1-38 所示。

由电路分析得知，该网络的传递函数为

$$\beta=\frac{1}{3+\mathrm{j}(\omega RC-1/\omega RC)}$$

当角频率 $\omega=\omega_0=\dfrac{1}{RC}$ 时，$|\beta|=\dfrac{u_o}{u_i}=\dfrac{1}{3}$，此时 u_o 与 u_i 同相。由图 1-38 可见 *RC* 串并联电路具有带通特性。

(2) 将上述电路的输入和输出分别接到双踪示波器的 Y_A 和 Y_B 两个输入端，改变输入正弦信号的频率，观测相应的输入和输出波形间的时延 τ 及信号的周期 T，则两波形间的相位差为 $\varphi=\dfrac{\tau}{T}\times 360^\circ=\varphi_o-\varphi_i$（输出相位与输入相位之差）。

将各个不同频率下的相位差 φ 绘制在以 f 为横轴、φ 为纵轴的坐标纸上，用光滑的曲线将这些点连接起来，即被测电路的相频特性曲线，如图 1-39所示。由电路分析理论得知，当 $\omega=\omega_0=\dfrac{1}{RC}$，即 $f=f_0=\dfrac{1}{2\pi RC}$时，$\varphi=0$，即 u_o与 u_i同相位。

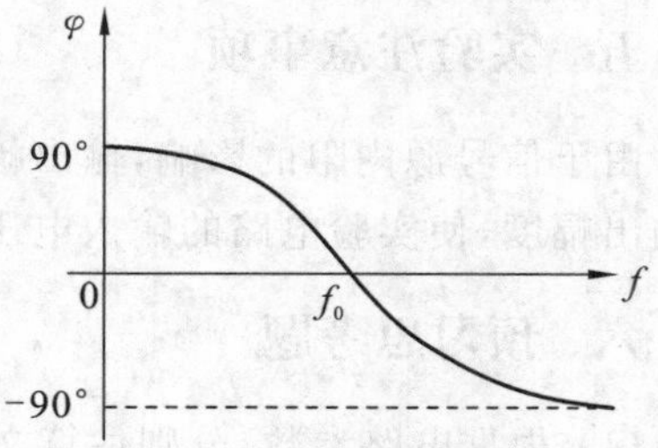

图 1-39　相频特性曲线

三、实验设备

DGJ-1 高性能电工技术实验台或 KHDL-1 电路原理实验箱、函数信号发生器、示波器。

四、实验内容

（1）测量 RC 串、并联电路的幅频特性。

① 利用 DGJ-03 挂箱上"RC 串、并联选频网络"线路，组成图 1-37 所示电路。取 $R=1\ \text{k}\Omega$，$C=0.1\ \mu\text{F}$。

② 调节信号源输出电压为 3 V 的正弦信号，接入图 1-37 的输入端。

③ 改变信号源的频率 f，并保持 $U_i=3$ V 不变，测量输出电压 U_o（可先测量 $\beta=1/3$ 时的频率 f_0，然后再在 f_0左右设置其他频率点测量）。

④ 取 $R=200\ \Omega$，$C=2.2\ \mu\text{F}$，重复上述测量。将测得的幅频特性值记入表 1-31 中。

表 1-31　幅频特性表

$R=1\ \text{k}\Omega$，$C=0.1\ \mu\text{F}$	f/Hz	
	U_0/V	
$R=200\ \Omega$，$C=2.2\ \mu\text{F}$	f/Hz	
	U_0/V	

（2）测量 RC 串、并联电路的相频特性。

将图 1-31 的输入 u_i和输出 u_o分别接至双踪示波器的 Y_A和 Y_B两个输入端，改变输入正弦信号的频率，观测不同频率点时，相应的输入与输出波形间的时延 τ 及信号的周期 T。两波形间的相位差为 $\varphi=\varphi_o-\varphi_i=\dfrac{\tau}{T}\times 360°$。将测得的相频特性值记入表 1-32 中。

表 1-32　相频特性表

$R=1\ \text{k}\Omega$，$C=0.1\ \mu\text{F}$	f/Hz	
	T/ms	
	τ/ms	
	φ/(°)	
$R=200\ \Omega$，$C=2.2\ \mu\text{F}$	f/Hz	
	T/ms	
	τ/ms	
	φ/(°)	

五、实验注意事项

由于信号源内阻的影响，输出幅度会随信号频率变化。因此，在调节输出频率时，应同时调节输出幅度，使实验电路的输入电压保持不变。

六、预习思考题

（1）根据电路参数，分别估算文氏电桥电路两组参数时的固有频率 f_0。

（2）推导 RC 串并联电路的幅频、相频特性的数学表达式。

七、实验报告

（1）根据实验数据，绘制文氏电桥电路的幅频特性和相频特性曲线。找出 f_0，并与理论计算值比较，分析误差原因。

（2）讨论实验结果。

（3）心得体会及其他。

实验 13　RLC 串联谐振电路的研究

一、实验目的

（1）学习用实验方法绘制 RLC 串联电路的幅频特性曲线。

（2）加深理解电路发生谐振的条件、特点，掌握电路品质因数（电路 Q 值）的物理意义及其测定方法。

二、实验原理

（1）在图 1-40 所示的 RLC 串联电路中，当正弦交流信号源的频率 f 变化时，电路中的感抗、容抗随之变化，电路中的电流也随 f 变化。取电阻 R 上的电压 u_o 作为响应，当输入电压 u_i 的幅值维持不变时，在不同频率的信号激励下，测出 u_o 值，然后以 f 为横坐标，以 u_o/u_i 为纵坐标（因 u_i 不变，故也可直接以 u_o 为纵坐标），绘制光滑的曲线，此即为幅频特性曲线，也称谐振曲线，如图 1-41 所示。

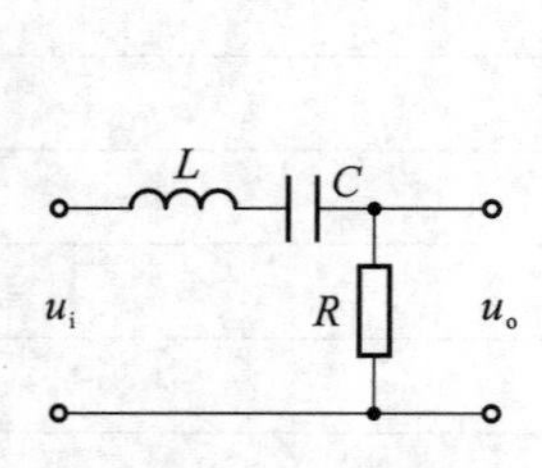

图 1-40　RLC 串联电路图

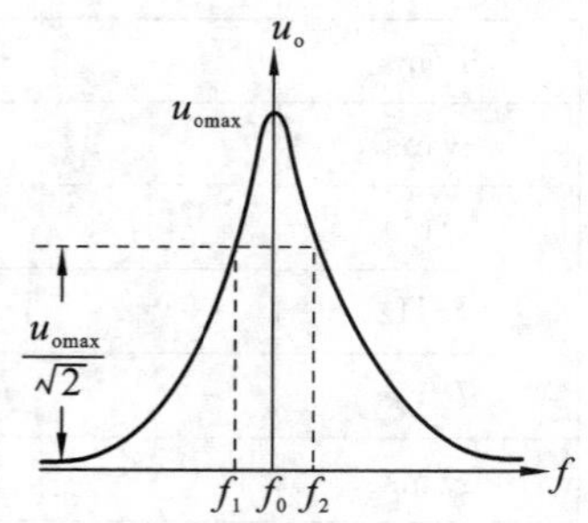

图 1-41　幅频特性（谐振）曲线

(2) 在 $f=f_0=\dfrac{1}{2\pi\sqrt{LC}}$ 处，即幅频特性曲线尖峰所在的频率点称为谐振频率。此时 $X_L=X_C$，电路呈纯阻性，电路阻抗的模为最小。在输入电压 U_i 为定值时，电路中的电流达到最大值，且与输入电压 u_i 同相位。从理论上讲，此时 $U_i=U_R=U_o$，$U_L=U_C=QU_i$，式中的 Q 称为电路品质因数。

(3) 电路品质因数 Q 值的两种测量方法。

一种方法是根据公式 $Q=\dfrac{U_L}{U_o}=\dfrac{U_C}{U_o}$ 测定，U_C 与 U_L 分别为谐振时电容器 C 和电感线圈 L 上的电压；另一种方法是通过测量谐振曲线的通频带宽度 $\Delta f=f_2-f_1$，再根据 $Q=\dfrac{f_0}{f_2-f_1}$ 求出 Q 值。式中：f_0 为谐振频率，f_2 和 f_1 是失谐时，亦即输出电压的幅度下降到最大值的 $1/\sqrt{2}$ 倍时的上、下频率点。Q 值越大，曲线越尖锐，通频带越窄，电路的选择性越好。在恒压源供电时，电路品质因数、选择性与通频带只取决于电路本身的参数，而与信号源无关。

三、实验设备

DGJ-1 高性能电工技术实验台或 KHDL-1 电路原理实验箱、函数信号发生器、示波器。

四、实验内容

(1) 按图 1-42 所示组成串联谐振电路。选择 C、R，用交流毫伏表测电压，用示波器观察信号源输出。令信号源输出电压 $U_i=4$ V，并保持不变。

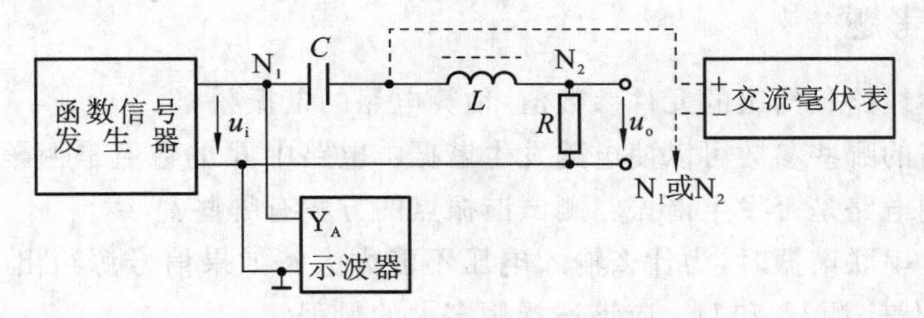

图 1-42　R、L、C **串联谐振电路**

(2) 找出电路的谐振频率 f_0。其方法是，将毫伏表接在 R(200 Ω) 两端，令信号源的频率由小逐渐变大（注意：要维持信号源的输出幅度不变），当 U_o 的读数最大时，读得频率计上的频率值即为电路的谐振频率 f_0，并测量 U_C 与 U_L 值（注意：及时更换毫伏表的量程）。

(3) 在谐振点两侧，按频率递增或递减 500 Hz 或 1 kHz，依次各取 8 个测量点，逐点测出 U_o、U_L、U_C 值，记入表 1-33 中。

表 1-33　串联谐振电路数据记录表

f/kHz														
U_o/V														
U_L/V														
U_C/V														

$U_i=4$ V，$C=0.01\ \mu$F，$R=200\ \Omega$，$f_o=$________，$f_2-f_1=$________，$Q=$________。

(4) 将电阻改为 R_2(1 kΩ),重复步骤(2)(3)的测量过程,并把测量结果记入表 1-34 中。

表 1-34　改变参数后串联谐振电路数据记录表

f/kHz														
U_o/V														
U_L/V														
U_C/V														

$U_i=4$ V,$C=0.01$ μF,$R=1$ kΩ,$f_o=$______,$f_2-f_1=$______,$Q=$______。

(5) 选 $C_2=0.1$ μF,$R_1=200$ Ω 及 $C_2=0.1$ μF,$R_1=1$ kΩ,重复步骤(2)~(4)(自制表格)。

五、实验注意事项

(1) 测试频率点的选择应在靠近谐振频率附近多取几点。在变换频率测试前,应调整信号输出幅度(用示波器监视输出幅度),使其维持在 3 V。

(2) 测量 U_C 和 U_L 数值前,应将毫伏表的量程改大,而且在测量 U_L 与 U_C 时毫伏表的"+"端应接 C 与 L 的公共点,其接地端应分别触及 L 和 C 的近地端 N_2 和 N_1。

(3) 实验中,信号源的外壳应与毫伏表的外壳绝缘(不共地)。如能用浮地式交流毫伏表测量则效果更佳。

六、预习思考题

(1) 根据实验线路板给出的元件参数值,估算电路的谐振频率。

(2) 改变电路的哪些参数可以使电路发生谐振?电路中 R 的数值是否影响谐振频率值?

(3) 如何判别电路是否发生谐振?测试谐振点的方案有哪些?

(4) 电路发生串联谐振时,为什么输入电压不能太大?如果信号源给出 3 V 的电压,电路谐振时,用交流毫伏表测 U_L 和 U_C,应该选择用多大的量程?

(5) 要提高 RLC 串联电路的品质因数,电路参数应如何改变?

(6) 本实验在谐振时,对应的 U_L 与 U_C 是否相等?如有差异,原因何在?

七、实验报告

(1) 根据测量数据,绘出不同 Q 值时三条幅频特性曲线,即

$$u_o=f(f),\quad u_L=f(f),\quad u_C=f(f)$$

(2) 计算出通频带与 Q 值,说明不同 R 值时对电路通频带与品质因数的影响。

(3) 对两种不同的测 Q 值的方法进行比较,分析误差原因。

(4) 谐振时,输出电压 U_o 与输入电压 U_i 是否相等?试分析原因。

(5) 通过本次实验,总结、归纳串联谐振电路的特性。

(6) 心得体会及其他。

实验 14　互感电路的观测

一、实验目的

（1）学会互感电路同名端、互感系数及耦合系数的测定方法。

（2）理解两个线圈相对位置的改变，以及用不同材料作线圈芯时对互感的影响。

二、实验原理

1．判断互感线圈同名端的方法

（1）直流法。

如图 1-43 所示，当开关 S 闭合瞬间，若毫安表的指针正偏，则可断定“1”“3”为同名端；指针反偏，则“1”“4”为同名端。

（2）交流法。

如图 1-44 所示，将两个绕组 N_1 和 N_2 的任意两端（如“2”“4”端）联在一起，在其中的一个绕组（如 N_1）两端加一个低电压，另一绕组（如 N_2）开路，用交流电压表分别测出端电压 U_{13}、U_{12} 和 U_{34}。若 U_{13} 是两个绕组端压之差，则“1”“3”是同名端；若 U_{13} 是两绕组端电压之和，则“1”“4”是同名端。

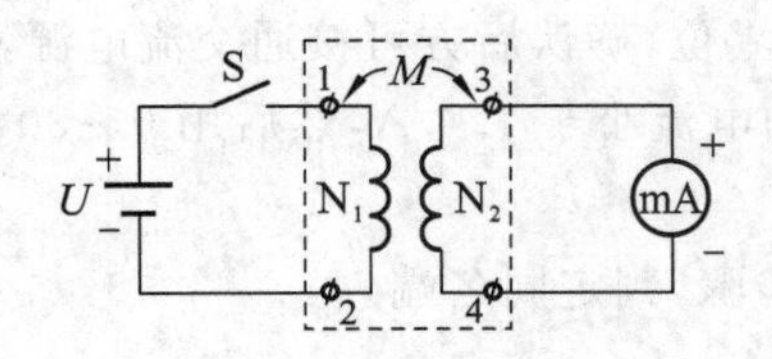

图 1-43　互感电路

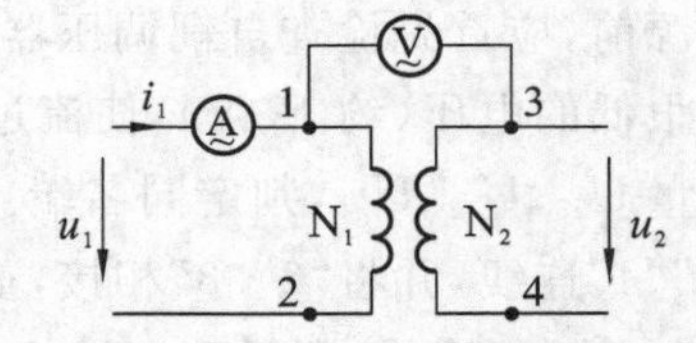

图 1-44　互感系数测量电路

2．两线圈互感系数 M 的测定

在图 1-44 的 N_1 侧施加低压交流电压 U_1，测出 I_1、U_2。根据互感电势 $E_{2M} \approx U_{20} = \omega M I_1$，可算得互感系数为 $M = \dfrac{U_2}{\omega I_1}$。

3．耦合系数 k 的测定

两个互感线圈耦合松紧的程度可用耦合系数 k 来表示，即

$$k = \frac{M}{\sqrt{L_1 L_2}}$$

如图 1-44 所示，先在 N_1 侧加低压交流电压 U_1，测出 N_2 侧开路时的电流 I_1；然后再在 N_2 侧加电压 U_2，测出 N_1 侧开路时的电流 I_2，求出各自的自感 L_1 和 L_2，即可算得 k 值。

三、实验设备

DGJ-1 高性能电工技术实验台或 KHDL-1 电路原理实验箱。

四、实验内容

(1) 分别用直流法和交流法测定互感线圈的同名端。

① 直流法。实验线路如图 1-45 所示。先将 N_1 和 N_2 两线圈的四个接线端子编以“1”“2”和“3”“4”号。将 N_1、N_2 同心套在一起，并放入细铁棒。U 为可调直流稳压电源，调至 10 V。流过 N_1 侧的电流不可超过 0.4 A(选用 5 A 量程的数字电流表)。N_2 侧直接接入 2 mA 量程的毫安表。将铁棒迅速地拔出和插入，观察毫安表读数正、负的变化，来判定 N_1 和 N_2 两个线圈的同名端。

② 交流法。在本方法中，由于加在 N_1 上的电压仅 2 V 左右，直接用屏内调压器很难调节，因此采用图 1-46 所示的线路来扩展调压器的调节范围。图中 W、N 为主屏上的自耦调压器的输出端，B 为 DGJ-04 挂箱中的升压铁芯变压器，此处作降压用。将 N_2 放入 N_1 中，并在两线圈中插入铁棒。A 为 2.5 A 以上量程的电流表，N_2 侧开路。

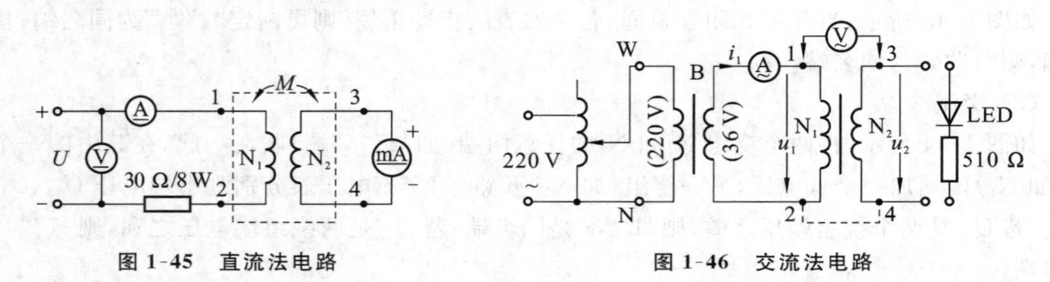

图 1-45　直流法电路　　　图 1-46　交流法电路

接通电源前，应首先检查自耦调压器是否调至零位，确认后方可接通交流电源，令自耦调压器输出一个很低的电压(约 12 V)，使流过电流表的电流小于 1.4 A，然后用 0～30 V 量程的交流电压表测量 U_{13}、U_{12}、U_{34}，判定同名端。

拆去“2”“4”连线，并将“2”“3”相接，重复上述步骤，判定同名端。

(2) 拆去“2”“3”连线，测量 U_1、I_1、I_2，计算出 M。

(3) 将低压交流加在 N_2 侧，使流过 N_2 侧电流小于 1 A，N_1 侧开路，按步骤(2)测出 U_2、I_2、U_1。

(4) 用万用表的 R×1 挡分别测出 N_1 和 N_2 线圈的电阻值 R_1 和 R_2，计算 k 值。

(5) 观察互感现象。

在图 1-46 所示电路中的 N_2 侧接入 LED 发光二极管与 510 Ω(电阻箱)串联的支路。

① 将铁棒慢慢地从两线圈中抽出和插入，观察 LED 亮度的变化及各电表读数的变化，记录现象。

② 将两线圈改为并排放置，并改变其间距，以及分别或同时插入铁棒，观察 LED 亮度的变化及仪表读数。

③ 改用铝棒替代铁棒，重复步骤①②，观察 LED 的亮度变化，记录现象。

五、实验注意事项

(1) 在整个实验过程中，注意流过线圈 N_1 的电流不得超过 1.4 A，流过线圈 N_2 的电流不得超过 1 A。

（2）在测定同名端及其他测量数据的实验中，都应将小线圈 N_2 套在大线圈 N_1 中，并插入铁芯。

（3）作交流试验前，首先要检查自耦调压器，要保证手柄置在零位。因实验时加在 N_1 上的电压只有 2～3 V，因此调节时要特别仔细、小心，要随时观察电流表的读数，不得超过规定值。

六、预习思考题

（1）用直流法判断同名端时，可否根据 S 断开瞬间毫安表指针的正、反偏来判断同名端？如何判断？

（2）本实验用直流法判断同名端是用插、拔铁芯时观察电流表的正、负读数变化来确定的（应如何确定？），这与实验原理中所叙述的方法是否一致？

七、实验报告

（1）总结对互感线圈同名端、互感系数的实验测试方法。

（2）自拟测试数据表格，完成计算任务。

（3）解释实验中观察到的互感现象。

（4）心得体会及其他。

实验 15　单相铁芯变压器特性的测试

一、实验目的

（1）通过测量，学会计算变压器的各项参数。

（2）学会测绘变压器的空载特性与外特性。

二、实验原理

（1）图 1-47 所示为测试变压器参数的电路。由各仪表读得变压器原边（AX，低压侧）的 U_1、I_1、P_1 及副边（ax，高压侧）的 U_2、I_2，并用万用表 R×1 挡测出原、副绕组的电阻 R_1 和 R_2，即可算得变压器的各项参数值：电压比 $K_U=\dfrac{U_1}{U_2}$，电流比 $K_I=\dfrac{I_2}{I_1}$，原边阻抗 $Z_1=\dfrac{U_1}{I_1}$，副边阻抗 $Z_2=\dfrac{U_2}{I_2}$，阻抗比$=\dfrac{Z_1}{Z_2}$，负载功率 $P_2=U_2I_2\cos\phi_2$，损耗功率 $P_0=P_1-P_2$，功率因数$=\dfrac{P_1}{U_1I_1}$，原边线圈铜耗 $P_{Cu1}=I_1^2R_1$，副边铜耗 $P_{Cu2}=I_2^2R_2$，铁耗 $P_{Fe}=P_0-(P_{Cu1}+P_{Cu2})$。

（2）铁芯变压器是一个非线性元件，铁芯中的磁感应强度 B 取决于外加电压的有效值 U。当副边开路（即空载）时，原边的励磁电流 I_{10} 与磁场强度 H 成正比。在变压器中，副边空载时，原边电压与电流的关系称为变压器的空载特性，这与铁芯的磁化曲线（B-H 曲线）是一致的。

空载实验通常是将高压侧开路，由低压侧通电进行测量，又因空载时功率因数很低，故测量功率时应采用低功率因数瓦特表。此外，因变压器空载时阻抗很大，故电压表应接在电流表

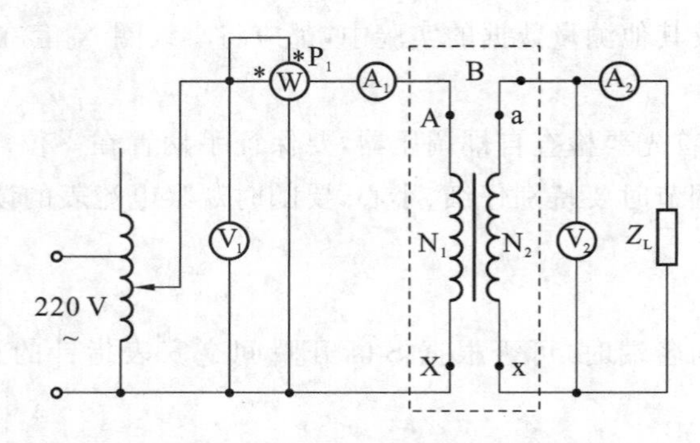

图 1-47　测试变压器参数电路图

外侧。

(3) 变压器负载特性测试。为了满足三组灯泡负载额定电压为 220 V 的要求，故以变压器的低压(36 V)绕组作为原边，220 V 的高压绕组作为副边，即当作一台升压变压器使用。

在保持原边电压 U_1(＝36 V)不变时，逐次增加灯泡负载(每只灯为 15 W)，测定 U_1、U_2、I_1 和 I_2，即可绘出变压器的外特性，即负载特性曲线 $U_2 = f(I_2)$。

三、实验设备

DGJ-1 高性能电工技术实验台或 KHDL-1 电路原理实验箱。

四、实验内容

(1) 用交流法判别变压器绕组的同名端(参照第 1 篇实验 14)。

(2) 按图 1-47 所示接线。其中 A、X 为变压器的低压绕组，a、x 为变压器的高压绕组。即电源经屏内调压器接至低压绕组，高压绕组 220 V 接 Z_L，即 15 W 的灯组负载(3 只灯泡并联)，经指导教师检查后方可进行实验。

(3) 将调压器手柄置于输出电压为零的位置(逆时针旋到底)，合上电源开关，并调节调压器，使其输出电压为 36 V。令负载开路及逐次增加负载(最多亮 5 个灯泡)，分别记下五个仪表的读数，记入自拟的数据表格，绘制变压器外特性曲线。实验完毕将调压器调回零位，断开电源。

当负载为 4 个或 5 个灯泡时，变压器已处于超载运行状态，很容易烧坏。因此，测试和记录应尽量快，总共不应超过 3 分钟。实验时，可先将 5 个灯泡并联安装好，断开控制每个灯泡的相应开关，通电且电压调至规定值后，再逐一打开各个灯泡的开关，并记录数据。待开 5 个灯泡的数据记录完毕后，立即用相应的开关断开各灯泡。

(4) 将高压侧(副边)开路，确认调压器处在零位后，合上电源，调节调压器输出电压，使 U_1 从零逐次上升到 1.2 倍的额定电压(1.2×36 V)，分别记下各次测得的 U_1、U_{20} 和 I_{10} 数据，记入自拟的数据表格，用 U_1 和 I_{10} 绘制变压器的空载特性曲线。

五、实验注意事项

(1) 本实验是将变压器作为升压变压器使用，并用调节调压器提供原边电压 U_1，故使用调压器时应首先调至零位，然后才可合上电源。此外，必须用电压表监视调压器的输出电压，防止被测变压器输出过高电压而损坏实验设备，且要注意安全，以防高压触电。

（2）由负载实验转到空载实验时，要注意及时变更仪表量程。

（3）如果遇到异常情况，应立即断开电源，待处理好故障后，再继续实验。

六、预习思考题

（1）为什么本实验将低压绕组作为原边进行通电实验？此时，在实验过程中应注意什么问题？

（2）为什么变压器的励磁参数一定是在空载实验加额定电压的情况下求出？

七、实验报告

（1）根据实验内容，自拟数据表格，绘出变压器的外特性曲线和空载特性曲线。

（2）根据额定负载时测得的数据，计算变压器的各项参数。

（3）计算变压器的电压调整率 $\Delta U\%=\dfrac{U_{20}-U_{2N}}{U_{20}}\times 100\%$。

（4）心得体会及其他。

实验 16　三相交流电路电压、电流的测量

一、实验目的

（1）掌握三相负载星形连接、三角形连接的方法，验证这两种接法下线电压、相电压及线电流、相电流之间的关系。

（2）充分理解三相四线供电系统中的中线作用。

二、实验原理

（1）三相负载可接成星形（又称 Y 连接）或三角形（又称△连接）。当三相对称负载作 Y 连接时，线电压 U_L 是相电压 U_p 的 $\sqrt{3}$ 倍，线电流 I_L 等于相电流 I_p，即 $U_L=\sqrt{3}U_p$，$I_L=I_p$。

在这种情况下，流过中线的电流 $I_0=0$，所以可以省去中线。

当三相对称负载作△连接时，有 $I_L=\sqrt{3}I_p$，$U_L=U_p$。

（2）当三相不对称负载作 Y 连接时，必须采用三相四线制接法，即 Y_0 接法，而且中线必须牢固连接，以保证三相不对称负载的每相电压维持对称不变。

倘若中线断开，会导致三相负载电压的不对称，使负载轻的那一相的相电压过高，用电设备遭受损坏；负载重的那一相的相电压又过低，使负载不能正常工作。尤其是对于三相照明负载，无条件地一律采用 Y_0 接法。

（3）当三相不对称负载作△连接时，$I_L\neq\sqrt{3}I_p$，但只要电源的线电压 U_L 对称，加在三相负载

上的电压仍是对称的,对各相负载工作没有影响。

三、实验设备

DGJ-1 高性能电工技术实验台。

四、实验内容

(1) 三相负载星形连接(三相四线制供电)。

按图 1-48 所示连接实验电路,即三相灯组负载经三相自耦调压器接通三相对称电源。将三相调压器的旋柄置于输出为 0 V 的位置(即逆时针旋到底)。经指导教师检查合格后,方可开启实验台电源,然后调节调压器的输出,使输出的三相线电压为 220 V,并按下述内容完成各项实验,分别测量三相负载的线电压、相电压、线电流、相电流、中线电流、电源与负载中点间的电压。将所测得的数据记入表 1-35 中,并观察各相灯组亮暗的变化程度,特别要注意观察中线的作用。

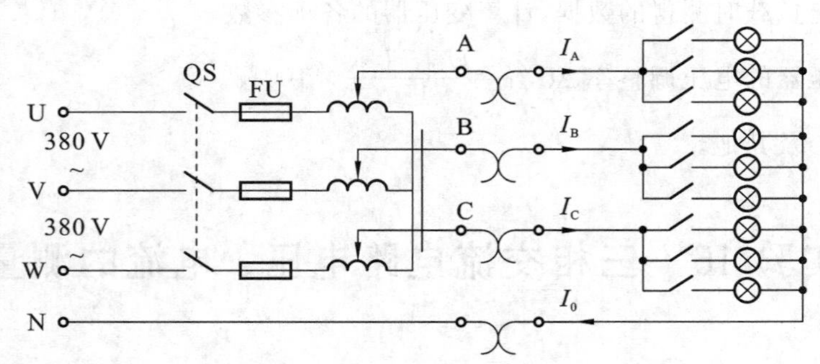

图 1-48 三相负载星形连接电路

表 1-35 三相负载星形连接电路数据记录表

负载情况	开灯盏数			线电流/A			线电压/V			相电压/V			中线电流 I_0/A	中点电压 U_{N0}/V
	A相	B相	C相	I_A	I_B	I_C	U_{AB}	U_{BC}	U_{CA}	U_{A0}	U_{B0}	U_{C0}		
Y_0接平衡负载	3	3	3											
Y接平衡负载	3	3	3											
Y_0接不平衡负载	1	2	3											
Y接不平衡负载	1	2	3											
Y_0接B相断开	1		3											
Y接B相断开	1		3											
Y接B相短路	1		3											

(2) 三相负载三角形连接(三相三线制供电)。

按图 1-49 所示连接实验电路,经指导教师检查合格后接通三相电源,并调节调压器,使其输出线电压为 220 V,并按表 1-36 的内容进行测试。

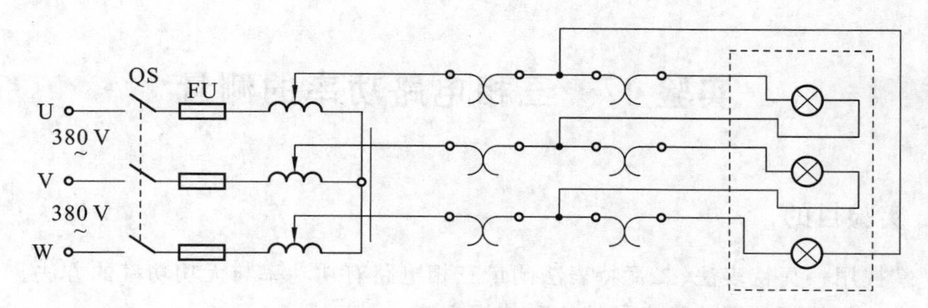

图 1-49 负载三角形连接电路

表 1-36 三相负载三角形连接电路数据记录表

负载情况	开灯盏数			线电压=相电压/V			线电流/A			相电流/A		
	A、B相	B、C相	C、A相	U_{AB}	U_{BC}	U_{CA}	I_A	I_B	I_C	I_{AB}	I_{BC}	I_{CA}
三相平衡	3	3	3									
三相不平衡	1	2	3									

五、实验注意事项

(1) 本实验采用三相交流电,线电压为 380 V,应穿绝缘鞋进实验室。实验时要注意人身安全,不可触及导电部件,防止意外事故发生。

(2) 每次接线完毕,同组同学应自查一遍,然后由指导教师检查后,方可接通电源,必须严格遵守"先断电、再接线、后通电,先断电、后拆线"的实验操作顺序。

(3) 星形负载作短路实验时,必须首先断开中线,以免发生短路事故。

(4) 为避免烧坏灯泡,DGJ-04 实验挂箱内设有过压保护装置。当任一相电压大于 245~250 V时,声光报警并跳闸。因此,在做 Y 连接不平衡负载或缺相实验时,所加线电压应以最高相电压小于 240 V 为宜。

六、预习思考题

(1) 三相负载根据什么条件作星形或三角形连接?

(2) 复习三相交流电路有关内容,试分析三相不对称负载星形连接在无中线情况下,当某相负载开路或短路时会出现什么情况?如果接上中线,情况又如何?

(3) 本次实验中为什么要通过三相调压器将 380 V 的线电压降为 220 V 的线电压使用?

七、实验报告

(1) 用实验测得的数据验证三相对称负载电路中的$\sqrt{3}$关系。

(2) 用实验数据和观察到的现象,总结三相四线供电系统中中线的作用。

(3) 三相不对称负载三角形连接能否正常工作?实验是否能证明这一点?

(4) 根据三相不对称负载三角形连接时的相电流值作相量图,并求出线电流值,然后与实验测得的线电流作比较,分析之。

(5) 心得体会及其他。

实验17 三相电路功率的测量

一、实验目的

(1) 掌握用一瓦特表法、二瓦特表法测量三相电路有功功率与无功功率的方法。

(2) 进一步熟练掌握功率表的接线和使用方法。

二、实验原理

(1) 对于三相四线制供电的三相星形连接的负载(即 Y_0 接法),可用一只功率表测量各相的有功功率 P_A、P_B、P_C,则三相负载的总有功功率 $\sum P = P_A + P_B + P_C$,这就是一瓦特表法,如图1-50所示。若三相负载是对称的,则只需测量一相的功率,再乘以3即得三相总的有功功率。

(2) 三相三线制供电系统中,不论三相负载是否对称,也不论负载是Y接法还是△接法,都可用二瓦特表法测量三相负载的总有功功率,电路如图1-51所示。若负载为感性或容性,且当相位差 $\varphi > 60°$ 时,线路中的一只功率表指针将反偏(数字式功率表将出现负读数),这时应将功率表电流线圈的两个端子调换(不能调换电压线圈端子),其读数应记为负值。而三相总功率 $\sum P = P_1 + P_2$(P_1、P_2 本身不含任何意义)。

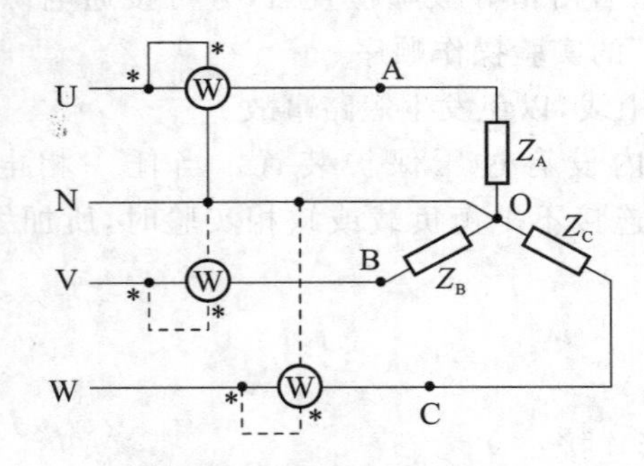

图1-50 一瓦特表法电路

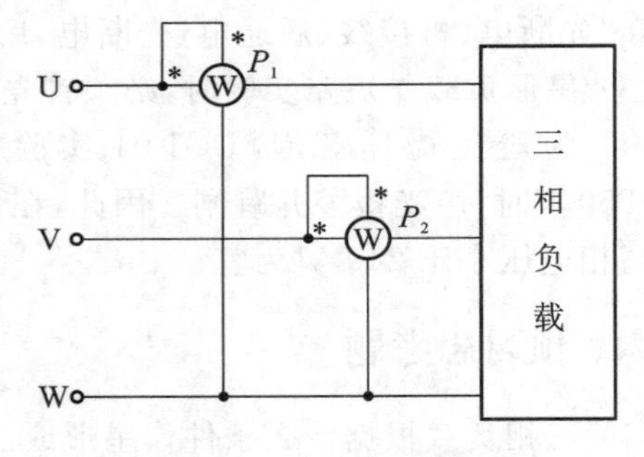

图1-51 二瓦特表法电路

除图1-51中的 I_A、U_{AC} 与 I_B、U_{BC} 接法外,还有 I_B、U_{AB} 与 I_C、U_{AC} 及 I_A、U_{AB} 与 I_C、U_{BC} 两种接法。

(3) 对于三相三线制供电的三相对称负载,可用一瓦特表法测得三相负载的总无功功率 Q,测试原理电路如图1-52所示。

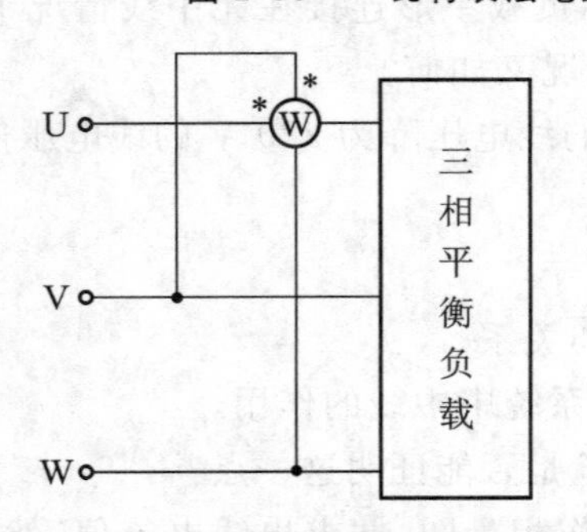

图1-52 一瓦特表法测总无功功率电路

图示功率表读数的 $\sqrt{3}$ 倍,即为对称三相电路总的无功功率。除了此图给出的一种接法(I_U、U_{VW})外,还有另外两种接法,即接成 I_V、U_{UW} 或 I_W、U_{UV}。

三、实验设备

DGJ-1 高性能电工技术实验台。

四、实验内容

(1) 用一瓦特表法测定三相对称 Y_0 接法及不对称 Y_0 接法负载的总功率 $\sum P$。实验按图 1-53 所示电路接线。电路中的电流表和电压表用以监视该相的电流和电压，不要超过功率表电压和电流的量程。

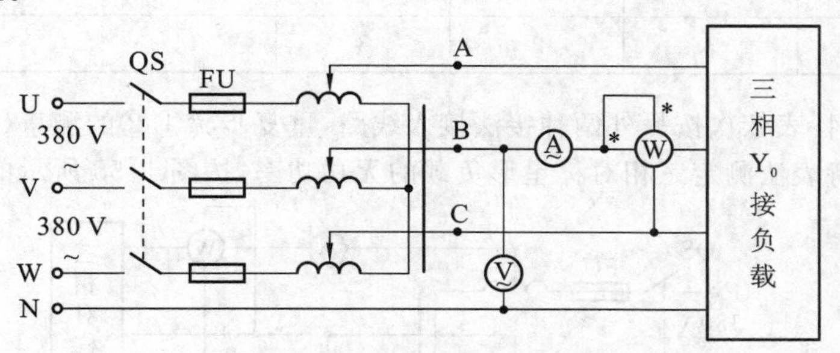

图 1-53　一瓦特表法测定电路

经指导教师检查后，接通三相电源，调节调压器输出，使输出线电压为 220 V，按表1-37的要求进行测量及计算。

表 1-37　一瓦特表法测功率数据记录表

负载情况	开灯盏数			测量数据			计算值
	A 相	B 相	C 相	P_A/W	P_B/W	P_C/W	$\sum P$/W
Y_0接对称负载	3	3	3				
Y_0接不对称负载	1	2	3				

首先将三只表按图 1-53 接入 B 相进行测量，然后分别将三只表换接到 A 相和 C 相，再进行测量。

(2) 用二瓦特表法测定三相负载的总功率 $\sum P$。

① 按图 1-54 所示接线，将三相灯组负载接成 Y 形接法。

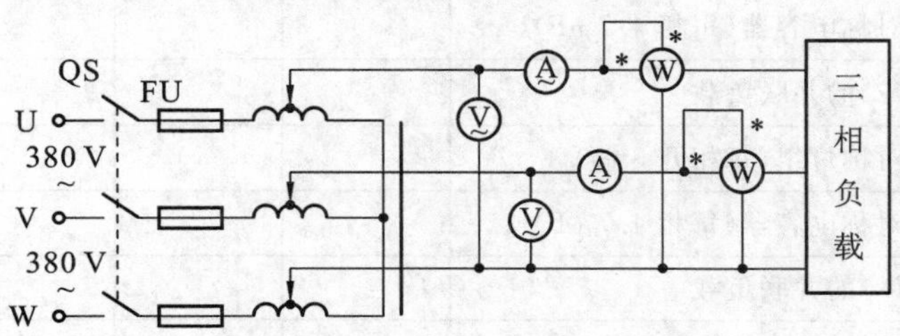

图 1-54　二瓦特表法测定电路

经指导教师检查后，接通三相电源，调节调压器的输出线电压为 220 V，按表 1-38 的内容进行测量。

② 将三相灯组负载改成△连接,重复步骤(1)的测量,数据记入表1-38中。

表1-38 二瓦特表法测功率数据记录表

负载情况	开灯盏数			测量数据		计算值
	A相	B相	C相	P_1/W	P_2/W	$\sum P$/W
Y接平衡负载	3	3	3			
Y接不平衡负载	1	2	3			
△接不平衡负载	1	2	3			
△接平衡负载	3	3	3			

③ 将两只瓦特表依次按另外两种接法接入线路,重复步骤①②的测量(表格自拟)。

(3) 用一瓦特表法测定三相对称星形负载的无功功率,按图1-55所示的电路接线。

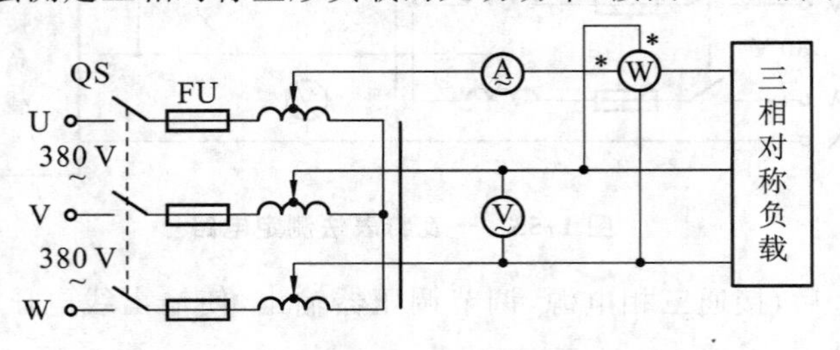

图1-55 一瓦特表法测定无功功率电路

① 每相负载由白炽灯和电容器并联而成,并由开关控制其接入。检查接线无误后,接通三相电源,将调压器的输出线电压调到220 V,读取三表的读数,并计算无功功率 $\sum Q$,记入表1-39中。

② 分别按 I_V、U_{UW} 和 I_W、U_{UV} 接法,重复步骤①的测量,并比较各自的 $\sum Q$ 值。

表1-39 一瓦特表法测定无功功率数据记录表

接法	负载情况	测量值			计算值
		U/V	I/A	Q/Var	$\sum Q=\sqrt{3}Q$
I_U、U_{VW}	(1) 三相对称灯组(每相开3盏)				
	(2) 三相对称电容器(每相4.7 μF)				
	(3) (1)、(2)的并联负载				
I_V、U_{VW}	(1) 三相对称灯组(每相开3盏)				
	(2) 三相对称电容器(每相4.7 μF)				
	(3) (1)、(2)的并联负载				
I_W、U_{VW}	(1) 三相对称灯组(每相开3盏)				
	(2) 三相对称电容器(每相4.7 μF)				
	(3) (1)、(2)的并联负载				

五、实验注意事项

每次实验完毕，均需将三相调压器旋柄调回零位。每次改变接线，均需断开三相电源，以确保人身安全。

六、预习思考题

(1) 复习二瓦特表法测量三相电路有功功率的原理。

(2) 复习一瓦特表法测量三相对称负载无功功率的原理。

(3) 测量功率时为什么在线路中通常都接有电流表和电压表？

七、实验报告

(1) 完成数据表格中的各项测量和计算任务。比较一瓦特表和二瓦特表法的测量结果。

(2) 总结、分析三相电路功率测量的方法与结果。

(3) 心得体会及其他。

实验 18　单相电度表的校验

一、实验目的

(1) 掌握电度表的接线方法。

(2) 学会电度表的校验方法。

二、实验原理

(1) 电度表是一种感应式仪表，它根据交变磁场在金属中产生感应电流，从而产生转矩的基本原理而工作，主要用于测量交流电路中的电能。它的指示器能随着电能的不断增大(也就是随着时间的延续)而连续地转动，从而能随时反应出电能积累的总数值。因此，它的指示器是一个"积算机构"，是将转动部分通过齿轮传动机构折换为被测电能的数值，由数字及刻度直接指示出来。

电度表的驱动元件是由电压铁芯线圈和电流铁芯线圈在空间上、下排列，中间隔以铝制的圆盘。驱动两个铁芯线圈的交流电，建立起合成的特殊分布的交变磁场，并穿过铝盘，在铝盘上产生出感应电流。该电流与磁场的相互作用结果产生转动力矩驱使铝盘转动。铝盘上方装有一个永磁铁，其作用是对转动的铝盘产生制动力矩，使铝盘转速与负载功率成正比。因此，在某一段测量时间内，负载所消耗的电能 W 就与铝盘的转数 n 成正比，即 $N=\frac{n}{W}$，比例系数 N 称为电度表常数，常在电度表上标明。

(2) 电度表的灵敏度是指在额定电压、额定频率及 $\cos\varphi=1$ 的条件下，从零开始调节负载电流，测出铝盘开始转动的最小电流值 $I_{\min}$，则仪表的灵敏度表示为 $S=\frac{I_{\min}}{I_N}\times 100\%$，式中的 I_N

为电度表的额定电流，I_{min}通常较小，约为I_N的0.5%。

(3) 电度表的潜动是指负载电流等于零时，电度表仍出现缓慢转动的现象。按照规定，无负载电流时，在电度表的电压线圈上施加其额定电压的110%(达242 V)时，观察其铝盘的转动是否超过1圈。凡超过1圈的，判为潜动不合格。

三、实验设备

DGJ-1高性能电工技术实验台。

四、实验内容

记录被校验电度表的数据：额定电流I_N=________，额定电压U_N=________，电度表常数N=________，准确度为________。

1. 用功率表、秒表法校验电度表的准确度

按图1-56所示接线。电度表的接线与功率表相同，其电流线圈与负载串联，电压线圈与负载并联。

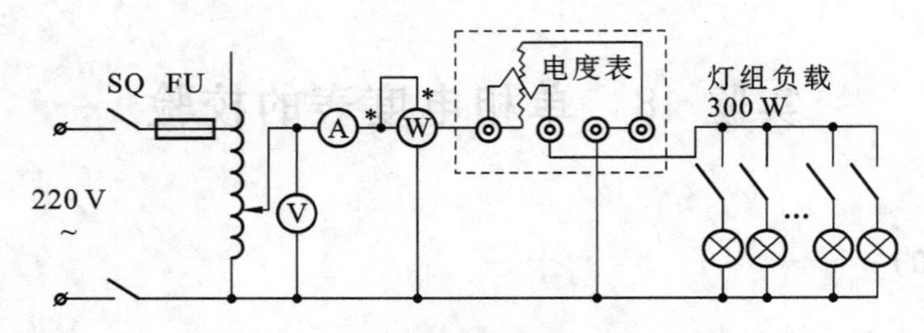

图1-56 用功率表、秒表法校验电度表电路

电路经指导教师检查无误后，接通电源。将调压器的输出电压调到220 V，按表1-40的要求接通灯组负载，用秒表定时记录电度表转盘的转数及记录各仪表的读数。

表1-40 用功率表、秒表法校验电度表数据记录表

负载情况	测量值							计算值		
	U/V	I/A	电表读数/kWh			时间/s	转数n/圈	计算电能W'/kWh	$\Delta W/W$/(%)	电度表常数N
			起	止	W					
180 W										
300 W										

为了准确地计时及计圈数，可将电度表转盘上的一小段着色标记刚出现(或刚结束)时作为秒表计时的开始，并同时读出电度表的起始读数。此外，为了能记录整数转数，可先预定好转数，待电度表转盘刚转完此转数时，作为秒表测定时间的终点，并同时读出电度表的终止读数。所有数据记入表1-40。

建议n取24圈，则300 W负载时，需时2分钟左右。

为了准确和熟悉起见，可重复多做几次。

2. 电度表灵敏度的测试

电度表灵敏度的测试要用到专用的变阻器，一般都不具备。此处可将图1-56中的灯组负载改成三组灯组相串联，并全部用220 V、15 W灯泡。再在电度表与灯组负载之间串接8 W、10 kΩ～30 kΩ的电阻（取自DG09挂箱上的8 W，10 kΩ、20 kΩ电阻）。每组先开通一个灯泡，接通220 V后看电度表转盘是否开始转动，然后逐只增加灯泡或者减少电阻，直到转盘开转为止，则这时电流表的读数可大致作为其灵敏度。请同学们自行估算其误差。

做此实验前应使电度表转盘的着色标记处于可看见的位置。由于负载很小，转盘的转动很缓慢，必须耐心观察。

3. 检查电度表的潜动是否合格

断开电度表的电流线圈回路，调节调压器的输出电压为额定电压的110%（即242 V），仔细观察电度表的转盘有否转动。一般允许有缓慢地转动。若转动不超过1圈即停止，则该电度表的潜动为合格，反之则不合格。

实验前应使电度表转盘的着色标记处于可看见的位置。由于"潜动"非常缓慢，要观察正常的电度表"潜动"是否超过1圈需要一小时以上。

五、实验注意事项

(1) 本实验台配有一个电度表，实验时，只要将电度表挂在DGJ-04挂箱上的相应位置，并用螺母紧固即可。接线时要卸下护板。实验完毕，拆除线路后要装回护板。

(2) 记录时，同组同学要密切配合。秒表定时、读取转数和电度表读数步调要一致，以确保测量的准确性。

(3) 实验中用到220 V强电，操作时应注意安全。凡需改动接线，必须切断电源，接好线后，检查无误后才能加电。

六、预习思考题

(1) 查找有关资料，了解电度表的结构、原理及其检定方法。

(2) 电度表接线有哪些错误接法，会造成什么后果？

七、实验报告

(1) 对被校电度表的各项技术指标作出评论。

(2) 对校表工作的体会及其他。

实验19　功率因数及相序的测量

一、实验目的

(1) 掌握三相交流电路相序的测量方法。

(2) 熟悉功率因数表的使用方法，了解负载性质对功率因数的影响。

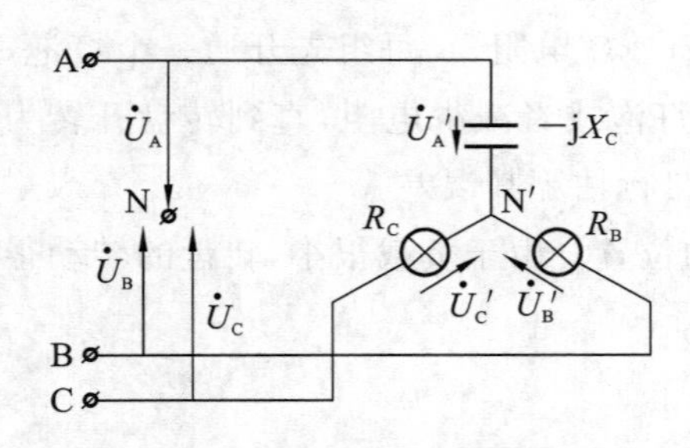

图 1-57 相序指示器电路

二、实验原理

图 1-57 所示为相序指示器电路，用以测定三相电源的相序 A、B、C（或 U、V、W）。它是由一个电容器和两个电灯连接成的星形不对称三相负载电路。如果电容器所接的是 A 相，则灯光较亮的是 B 相，较暗的是 C 相。相序是相对的，任何一相均可作为 A 相。但 A 相确定后，B 相和 C 相也就确定了。

为了分析问题简单起见，设

$$X_C = R_B = R_C = R, \quad \dot{U}_A = U_P\angle 0^\circ$$

则

$$\dot{U}_{N'N} = \frac{U_P\left(\frac{1}{-jR}\right) + U_P\left(-\frac{1}{2}-j\frac{\sqrt{3}}{2}\right)\left(\frac{1}{R}\right) + U_P\left(-\frac{1}{2}+j\frac{\sqrt{3}}{2}\right)\left(\frac{1}{R}\right)}{-\frac{1}{jR}+\frac{1}{R}+\frac{1}{R}}$$

$$\dot{U}_B' = \dot{U}_B - \dot{U}_{N'N} = U_P\left(-\frac{1}{2}-j\frac{\sqrt{3}}{2}\right) - U_P(-0.2+j0.6)$$
$$= U_P(-0.3-j1.466)$$
$$= 1.49\angle -101.6^\circ U_P$$

$$\dot{U}_C' = \dot{U}_C - \dot{U}_{N'N} = U_P\left(-\frac{1}{2}+j\frac{\sqrt{3}}{2}\right) - U_P(-0.2+j0.6)$$
$$= U_P(-0.3+j0.266)$$
$$= 0.4\angle -138.4^\circ U_P$$

由于 $\dot{U}_B' > \dot{U}_C'$，故 B 相灯光较亮。

三、实验设备

DGJ-1 高性能电工技术实验台。

四、实验内容

（1）相序的测定电路如图 1-58 所示。

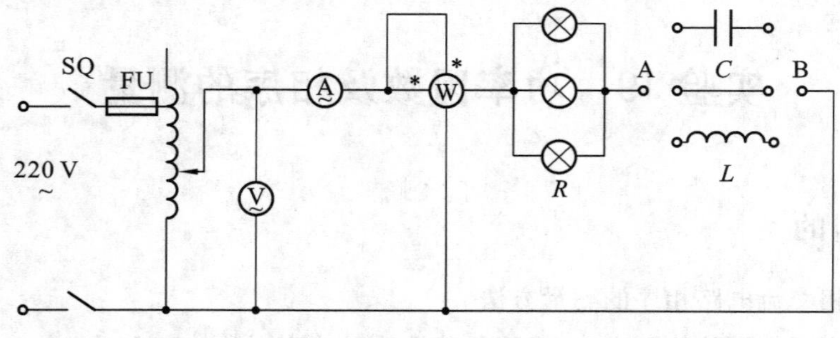

图 1-58 相序测定电路

① 用 220 V/15 W 白炽灯和 1 μF/500 V 电容器，按图 1-57 所示接线，经三相调压器接入线电压为 220 V 的三相交流电源，观察两个灯泡的亮、暗，判断三相交流电源的相序。

② 将电源线任意调换两相后再接入电路，观察两个灯泡的明亮状态，判断三相交流电源的相序。

(2) 电路功率(P)和功率因数($\cos\varphi$)的测定。

按图 1-58 所示接线，按表 1-41 所述在 A、B 间接入不同元器件，记录 $\cos\varphi$ 及其他各读数，并分析负载性质。

表 1-41　电路功率和功率因数等参数测定表

A、B 间	U/V	U_R/V	U_L/V	U_C/V	I/A	P/W	$\cos\varphi$	负载性质
短接								
接入 C								
接入 L								
接入 L 和 C								

说明：C 为 4.7 μF/500 V，L 为 30 W 日光灯镇流器。

五、实验注意事项

每次改接线路都必须先断开电源。

六、预习思考题

根据电路理论，分析图 1-58 所示电路检测相序的原理。

七、实验报告

(1) 简述实验线路的相序检测原理。

(2) 根据 V、A、W 三表测定的数据，计算出 $\cos\varphi$ 并与表 1-41 的读数比较，分析误差原因。

(3) 分析负载性质与 $\cos\varphi$ 的关系。

(4) 心得体会及其他。

实验 20　三相鼠笼式异步电动机

一、实验目的

(1) 熟悉三相鼠笼式异步电动机的结构和其定子绕组首、末端的判别方法。

(2) 学习检验异步电动机绝缘情况的方法。

(3) 掌握三相鼠笼式异步电动机的启动和反转方法。

二、实验原理

1. 三相鼠笼式异步电动机的结构

异步电动机是基于电磁原理把交流电能转换为机械能的一种旋转电机。

三相鼠笼式异步电动机的基本结构有定子和转子两大部分。

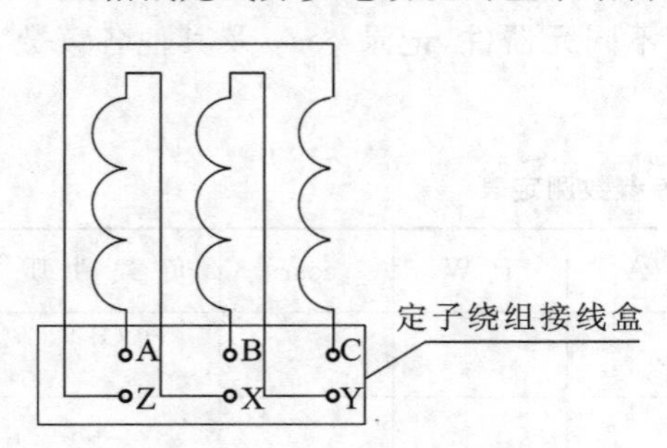

图 1-59 三相定子绕组

定子主要由定子铁芯、三相对称定子绕组和机座等组成，是电动机的静止部分。三相定子绕组一般有六根引出线，出线端装在机座外面的接线盒内，如图1-59所示，根据三相电源电压的不同，三相定子绕组可以接成星形（Y）或三角形（△），然后与三相交流电源相连。

转子主要由转子铁芯、转轴、鼠笼式转子绕组、风扇等组成，是电动机的旋转部分。小容量鼠笼式异步电动机的转子绕组大多采用铝浇铸而成，冷却方式一般都采用风冷。

2. 三相鼠笼式异步电动机的铭牌

三相鼠笼式异步电动机的额定值标记在电动机的铭牌上。本实验装置三相鼠笼式异步电动机铭牌数据如下：

型号　DJ24　电压　380 V/220 V　接法　Y/△

功率　180 W　电流　1.13 A/0.65 A　转速　1 400 转/分　定额　连续

其中：① 功率为额定运行情况下，电动机轴上输出的机械功率；

② 电压为额定运行情况下，定子三相绕组应加的电源线电压值；

③ 接法为定子三相绕组接法，当额定电压为 380 V/220 V 时，应为 Y/△连接；

④ 电流为额定运行情况下，当电动机输出额定功率时，定子电路的线电流值。

3. 三相鼠笼式异步电动机的检查

电动机使用前应做必要的检查。

(1) 机械检查。

检查引出线是否齐全、牢靠；转子转动是否灵活、是否有异响等。

(2) 电气检查。

① 用兆欧表检查电动机绕组间及绕组与机壳间的绝缘性能。

电动机的绝缘电阻可以用兆欧表进行测量。对额定电压 1 kV 以下的电动机，其绝缘电阻值最低不得小于 1 000 Ω/V，测量方法如图 1-60 所示。一般 500 V 以下的中小型电动机最低应具有 2 MΩ 的绝缘电阻。

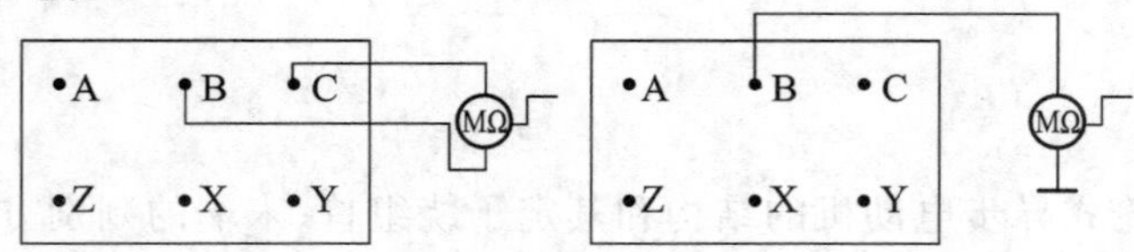

图 1-60 绝缘电阻的测量

② 定子绕组首、末端的判别。异步电动机三相定子绕组的六个出线端有三个首端和三相末端。一般来说，首端标以A、B、C，末端标以X、Y、Z，在接线时如果没有按照首、末端的标记来接，则当电动机启动时磁势和电流就会不平衡，因而引起绕组发热、振动、有噪声，甚至电动机不能启动，因过热而烧毁。由于某种原因定子绕组六个出线端标记无法辨认，可以通过实验方法来判别其首、末端(即同名端)，其方法如下。

用万用表欧姆挡从六个出线端确定哪一对引出线是属于同一相的，分别找出三相绕组，并标以符号，如A、X；B、Y；C、Z。将其中的任意两相绕组串联，如图1-61所示。

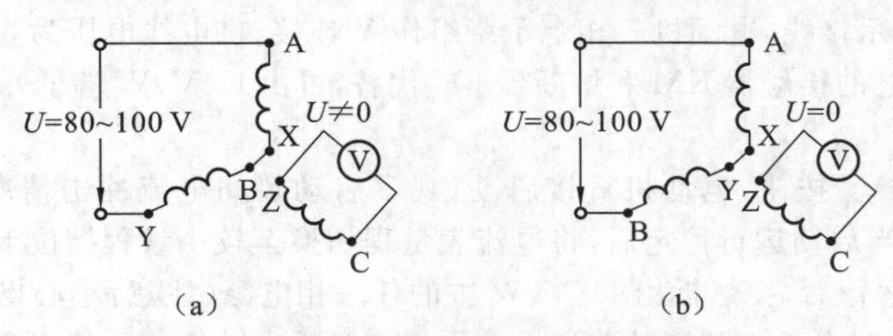

图1-61 定子绕组首、末端的判别测量方法

将控制屏三相自耦调压器手柄置零位，开启电源总开关，按下“启动”按钮，接通三相交流电源。调节调压器输出，在相串联两相绕组出线端施以单相低电压$U=80\sim100$ V，测出第三相绕组的电压，如果测得的电压值有一定读数，则表示两相绕组的末端与首端相连，如图1-61(a)所示；反之，如果测得的电压近似为零，则两相绕组的末端与末端(或首端与首端)相连，如图1-60(b)所示。用同样方法可测出第三相绕组的首、末端。

4. 三相鼠笼式异步电动机的启动

三相鼠笼式异步电动机的直接启动电流可达额定电流的4～7倍，但持续时间很短，不会引起电动机过热而烧坏。但对容量较大的电动机，过大的启动电流会导致电网电压的下降而影响其他的负载正常运行，通常采用降压启动，最常用的是Y-△换接启动，它可使启动电流减小到直接启动的1/3。其使用的条件是正常运行必须作△连接。

5. 三相鼠笼式异步电动机的反转

三相鼠笼式异步电动机的旋转方向取决于三相电源接入定子绕组时的相序，故只要改变三相电源与定子绕组连接的相序即可使电动机改变旋转方向。

三、实验设备

DDSZ-1电动机及电气技术实验台。

四、实验内容

(1) 抄录三相鼠笼式异步电动机的铭牌数据，并观察其结构。

(2) 用万用表判别定子绕组的首、末端。

(3) 用兆欧表测量电动机的绝缘电阻。

各相绕组之间的绝缘电阻		绕组对地(机座)之间的绝缘电阻	
A相与B相	(MΩ)	A相与地(机座)	(MΩ)
A相与C相	(MΩ)	B相与地(机座)	(MΩ)
B相与C相	(MΩ)	C相与地(机座)	(MΩ)

(4) 三相鼠笼式异步电动机的直接启动。

① 采用 380 V 三相交流电源。

将三相自耦调压器手柄置于输出电压为零的位置;控制屏上三相电压表切换开关置"调压输出"侧;根据电动机的容量选择交流电流表合适的量程。

开启控制屏上三相电源总开关,按"启动"按钮,此时自耦调压器原绕组端 U_1、V_1、W_1 得电,调节调压器输出使 U、V、W 端输出线电压为 380 V,三个电压表指示应基本平衡。保持自耦调压器手柄位置不变,按"停止"按钮,自耦调压器断电。

a. 按图 1-62 所示接线,电动机三相定子绕组作 Y 连接;供电线电压为 380 V;实验电路中 Q_1 及 FU 由控制屏上的接触器 KM 和熔断器 FU 代替,可由 U、V、W 端子开始接线,以后各控制实验均同此。

b. 按控制屏"启动"按钮,电动机直接启动,观察启动瞬间电流冲击情况及电动机旋转方向,记录启动电流。当启动运行稳定后,将电流表量程切换至较小量程挡位上,记录空载电流。

c. 电动机稳定运行后,突然拆出 U、V、W 中的任一相电源(注意:小心操作,以免触电),观测电动机作单相运行时电流表的读数并记录。再仔细倾听电动机的运行声音有何变化。(可由指导教师做示范操作)

d. 电动机启动之前先断开 U、V、W 中的任一相,作缺相启动,观测电流表读数并记录,观察电动机是否启动,再仔细倾听电动机是否发出异常的声响。

e. 实验完毕,按控制屏"停止"按钮,切断实验电路电源。

② 采用 220 V 三相交流电源。

调节调压器输出,使输出线电压为 220 V,电动机定子绕组作△连接。

按图 1-63 所示接线,重复步骤①中各项内容并记录。

(5) 三相鼠笼式异步电动机的反转。

电路如图 1-64 所示,按控制屏"启动"按钮,启动电动机,观察启动电流及电动机旋转方向是否反转?

实验完毕,将自耦调压器调回零位,按控制屏"停止"按钮,切断实验电路电源。

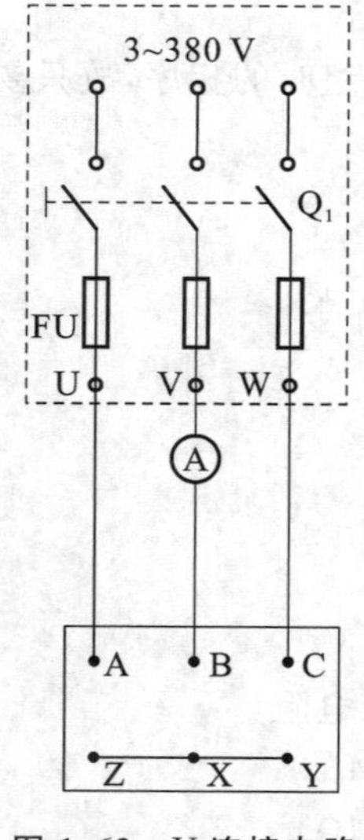

图 1-62 Y 连接电路

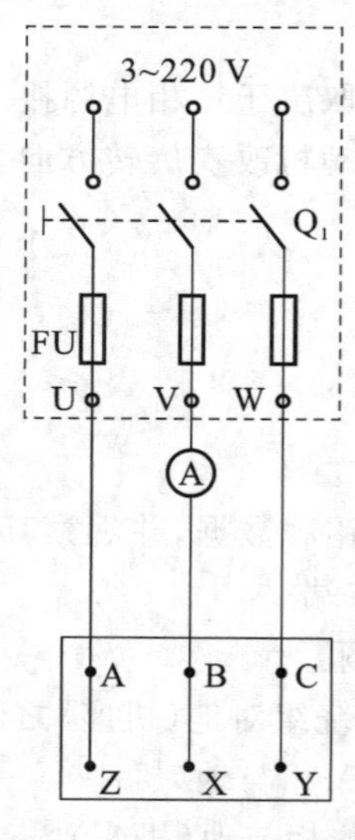

图 1-63 △连接电路

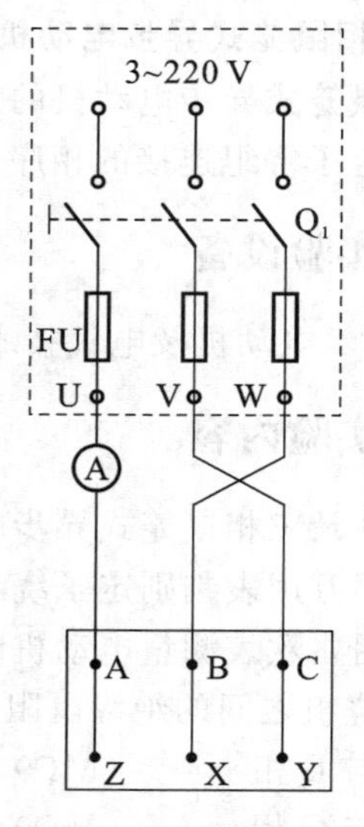

图 1-64 反转电路

五、实验注意事项

（1）本实验系强电实验，接线前（包括改接线路）、实验后都必须断开实验线路的电源，特别改接线路和拆线时必须遵守“先断电，后拆线”的原则。电动机在运转时，电压和转速均很高，切勿触碰导电和转动部分，以免发生人身和设备事故。为了确保安全，应穿绝缘鞋进入实验室。接线或改接线路必须经指导教师检查后方可进行实验。

（2）启动电流持续时间很短，且只能在接通电源的瞬间读取电流表指针偏转的最大读数，（因指针偏转的惯性，此读数与实际的启动电流数据略有误差），如错过这一瞬间，须将电动机停止，待停稳后，重新启动读取数据。

（3）单相（即缺相）运行时间不能太长，以免过大的电流导致电动机的损坏。

六、预习思考题

（1）如何判断三相异步电动机的六个引出线？如何接成Y连接或△连接？又根据什么来确定该电动机作Y连接或△连接？

（2）缺相是三相异步电动机运行中的一大故障，在启动或运转时发生缺相，会出现什么现象？有什么后果？

（3）电动机转子被卡住不能转动，如果定子绕组接通三相电源将会发生什么后果？

七、实验报告

（1）总结对三相鼠笼式异步电动机绝缘性能检查的结果，判断该电动机是否完好可用？

（2）对三相鼠笼式异步电动机的启动、反转及各种故障情况进行分析。

实验21　三相鼠笼式异步电动机点动和自锁控制

一、实验目的

（1）通过对三相鼠笼式异步电动机点动控制和自锁控制电路的实际安装接线，掌握由电气原理图变换成安装接线图的知识。

（2）通过实验，进一步加深理解点动控制和自锁控制的特点。

二、实验原理

（1）继电器-接触器控制在各类生产机械中获得广泛地应用，凡是需要进行前后、上下、左右、进退等运动的生产机械，均采用传统、典型的正、反转继电器-接触器控制。

交流电动机继电器-接触器控制电路的主要设备是交流接触器，其主要构造如下。

① 电磁系统，包括铁芯、吸引线圈和短路环。

② 触头系统，包括主触头和辅助触头，还可按吸引线圈得电前后触头的动作状态，分动合（常开）、动断（常闭）两类。

③ 消弧系统，在主触头上装有灭弧罩，以迅速切断电弧。

④ 接线端子、反作用弹簧等。

(2) 在控制回路中常采用接触器的辅助触头来实现自锁和互锁控制。要求接触器线圈得电后能自动保持动作后的状态，这就是自锁。通常用接触器自身的动合触头与"启动"按钮相并联来实现自锁，以使电动机长期运行，这一动合触头称为自锁触头。使两个电器不能同时得电动作的控制称为互锁控制，如为了避免正、反转两个接触器同时得电而造成三相电源短路事故，必须增设互锁控制环节。为操作的方便，也为防止因接触器主触头长期大电流的烧蚀而偶发触头粘连后造成的三相电源短路事故，通常在具有正、反转控制的电路中采用既有接触器的动断辅助触头的电气互锁，又有复合按钮机械互锁的双重互锁的控制环节。

(3) 控制按钮通常用于短时通、断小电流的控制回路，以实现近、远距离控制电动机等执行部件的启、停或正、反转控制。按钮专供人工操作使用。对于动合按钮，其触点的动作规律：当按下时，其动断触头先断，动合触头后合；当松手时，则动合触头先断，动断触头后合。

(4) 在电动机运行过程中，应对可能出现的故障进行保护。

采用熔断器作短路保护，当电动机或电器发生短路时，及时熔断熔体，达到保护线路、保护电源的目的。熔体熔断时间与流过的电流关系称为熔断器的保护特性，这是选择熔体的主要依据。

采用热继电器实现过载保护，使电动机免受长期过载的危害。其主要的技术指标是整额定电流值，即电流超过此值的 20%时，其动断触头应能在一定时间内断开，切断控制回路，动作后只能由人工进行复位。

(5) 在电气控制线路中，最常见的故障发生在接触器上。接触器线圈的电压等级通常有 220 V、380 V 等，使用时必须认清，切勿疏忽；否则，电压过高易烧坏线圈，电压过低则吸力不够，不易吸合或吸合频繁不但会产生很大的噪声，而且会因磁路气隙增大，致使电流过大，也易烧坏线圈。此外，在接触器铁芯的部分端面嵌装有短路铜环，其作用是为了使铁芯吸合牢靠，消除振动和噪声。若出现短路环脱落或断裂，接触器将会产生很大的振动和噪声。

三、实验设备

DDSZ-1 电动机及电气技术实验台。

四、实验内容

认识各电器的结构、图形符号、接线方法；抄录电动机及各电器铭牌数据；并用万用电表欧姆挡检查各电器线圈、触头是否完好。

三相鼠笼式异步电动机作△连接；实验电路电源端接三相自耦调压器输出端 U、V、W，供电线电压为 220 V。

1. 点动控制

按图 1-65 所示电路进行接线。接线时，先接主电路，即从 220 V 三相交流电源的输出端 U、V、W 开始，经接触器 KM 的主触头，热继电器 FR 的热元件到电动机 M 的三个线端 A、B、C，用导线按顺序串联起来。主电路连接完整无误后，再连接控制电路，即从 220 V 三相交流电源某输出端(如 V)开始，经过常开按钮 SB_1、接触器 KM 的线圈、热继电器 FR 的常闭触头到三相交流电源另一输出端(如 W)，显然这是对接触器 KM 线圈供电的电路。接好电路，经指导教师检查后，方可进行通电操作。

(1) 开启控制屏电源总开关，按“启动”按钮，调节调压器输出，使输出线电压为 220 V。

(2) 按“启动”按钮 SB_1，对电动机 M 进行点动操作。比较按下 SB_1 与松开 SB_1 的情况下，电动机和接触器的运行情况。

(3) 实验完毕，按控制屏“停止”按钮，切断实验电路电源。

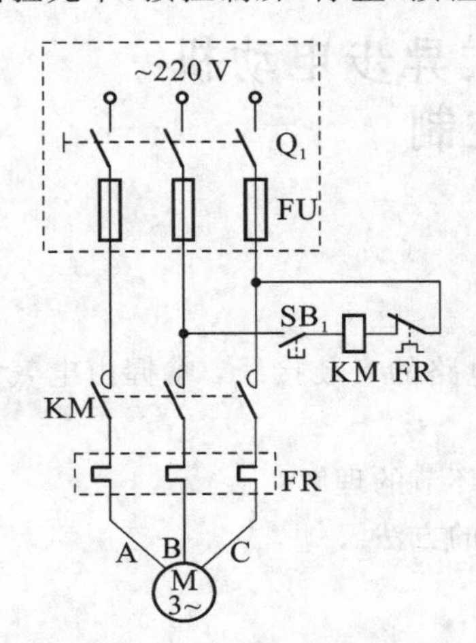

图 1-65　点动控制电路

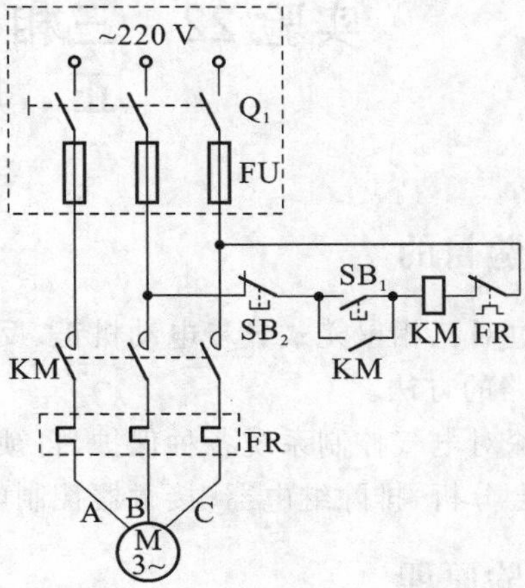

图 1-66　自锁控制电路

2. 自锁控制

按图 1-66 所示电路进行接线。它与图 1-65 的不同在于控制电路中多串联一个常闭按钮 SB_2，同时在 SB_1 上并联一个接触器 KM 的常开触头，它起自锁作用。

接好电路，经指导教师检查后，方可进行通电操作。

(1) 按控制屏“启动”按钮，接通 220 V 三相交流电源。

(2) 按“启动”按钮 SB_1，松手后观察电动机 M 是否继续运转。

(3) 按“停止”按钮 SB_2，松手后观察电动机 M 是否停止运转。

(4) 按控制屏“停止”按钮，切断实验电路电源，拆除控制回路中自锁触头 KM，再接通三相电源，启动电动机，观察电动机及接触器的运转情况，从而验证自锁触头的作用。

实验完毕，将自耦调压器调回零位，按控制屏“停止”按钮，切断实验电路电源。

五、实验注意事项

(1) 接线时合理安排挂箱位置，接线要求牢靠、整齐、清楚、安全可靠。

(2) 操作时要胆大、心细、谨慎，不许用手触碰各电器元件的导电部分和电动机的转动部分，以免触电和意外损伤。

(3) 通电观察继电器动作情况时，要注意安全，防止触碰带电部位。

六、预习思考题

(1) 试比较点动控制电路与自锁控制电路从结构上看主要区别是什么？从功能上看主要区别是什么？

(2) 自锁控制电路在长期工作后可能出现失去自锁作用，试分析产生的原因是什么？

(3) 交流接触器线圈的额定电压为220 V,若误接到380 V电源上会产生什么后果？反之,若接触器线圈电压为380 V,而电源线电压为220 V,其结果又如何？

(4) 在主回路中,熔断器和热继电器热元件可否少用一个或两个？熔断器和热继电器两者可否只采用其中一种就可起到短路和过载保护作用？为什么？

实验22　三相鼠笼式异步电动机正、反转控制

一、实验目的

(1) 通过对三相鼠笼式异步电动机正、反转控制电路的安装接线，掌握由电气原理图接成实际操作电路的方法。

(2) 加深对电气控制系统各种保护、自锁、互锁等环节的理解。

(3) 学会分析、排除继电器-接触器控制电路故障的方法。

二、实验原理

在三相鼠笼式异步电动机正、反转控制电路中,通过相序的更换来改变电动机的旋转方向。本实验给出的两种不同的正、反转控制电路如图1-67、图1-68所示,具有如下特点。

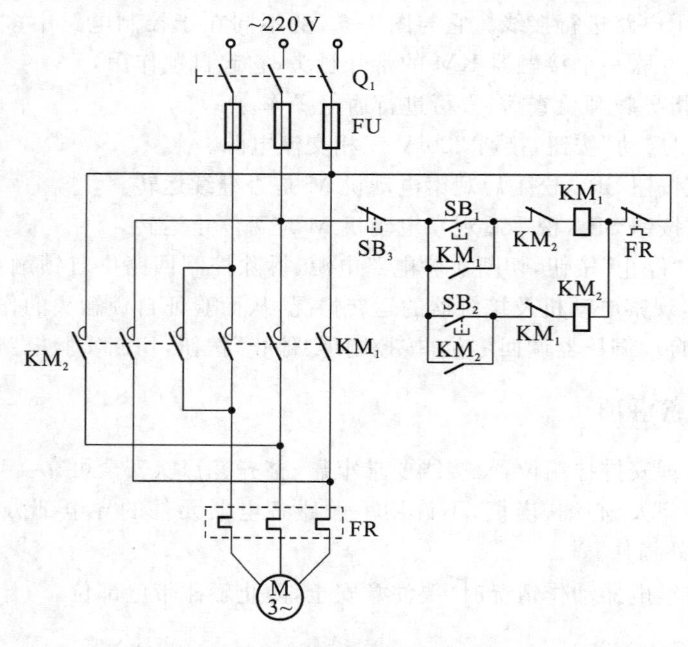

图1-67　接触器连锁的正、反转控制电路

(1) 电气互锁。

为了避免接触器 KM_1(正转)、KM_2(反转)同时得电吸合造成三相电源短路,在 KM_1(KM_2)线圈支路中串接有 KM_1(KM_2)动断触头,它们保证了线路工作时 KM_1、KM_2 不会同时

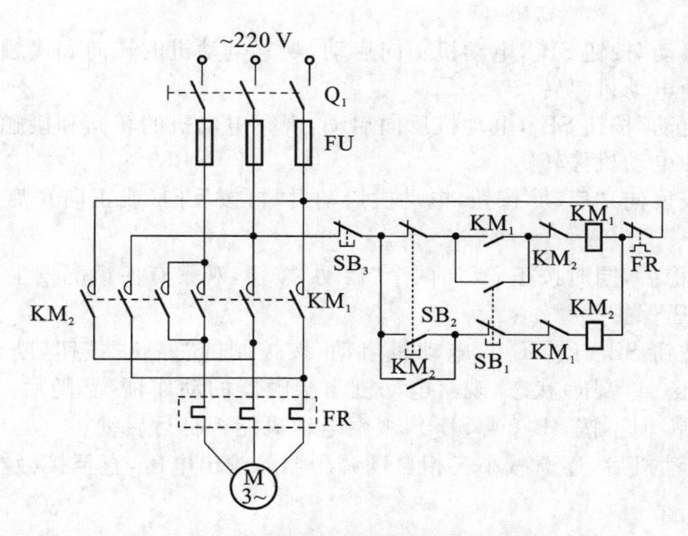

图 1-68　接触器和按钮双重连锁的正、反转控制电路

得电(图 1-67),以达到电气互锁的目的。

(2) 电气和机械双重互锁。

除电气互锁外,可再采用复合按钮 SB_1 与 SB_2 组成的机械互锁环节(图 1-68),以使控制电路工作更加可靠。

(3) 电路具有短路、过载,以及失、欠压保护等功能。

三、实验设备

DDSZ-1 电动机及电气技术实验台。

四、实验内容

认识各电器的结构、图形符号、接线方法;抄录电动机及各电器铭牌数据;并用万用电表欧姆挡检查各电器线圈、触头是否完好。

三相鼠笼式异步电动机作△连接;实验电路电源端接三相自耦调压器输出端 U、V、W,供电线电压为 220 V。

1. 接触器连锁的正、反转控制

按图 1-67 所示接线,经指导教师检查后,方可进行通电操作。

(1) 开启控制屏电源总开关,按"启动"按钮,调节调压器输出,使输出线电压为 220 V。

(2) 按正向"启动"按钮 SB_1,观察并记录电动机的转向和接触器的运行情况。

(3) 按反向"启动"按钮 SB_2,观察并记录电动机和接触器的运行情况。

(4) 按"停止"按钮 SB_3,观察并记录电动机的转向和接触器的运行情况。

(5) 再按 SB_2,观察并记录电动机的转向和接触器的运行情况。

(6) 实验完毕,按控制屏"停止"按钮,切断三相交流电源。

2. 接触器和按钮双重连锁的正、反转控制

按图 1-68 所示接线,经指导教师检查后,方可进行通电操作。

(1) 按控制屏"启动"按钮,接通 220 V 三相交流电源。

(2) 按正向“启动”按钮 SB_1，电动机正向启动，观察电动机的转向和接触器的动作情况。按“停止”按钮 SB_3，使电动机停转。

(3) 按反向“启动”按钮 SB_2，电动机反向启动，观察电动机的转向和接触器的动作情况。按“停止”按钮 SB_3，使电动机停转。

(4) 按正向（或反向）“启动”按钮，电动机启动后，再按反向（或正向）“启动”按钮，观察有何情况发生。

(5) 电动机停稳后，同时按正、反向两个“启动”按钮，观察有何情况发生。

(6) 失压与欠压保护。

① 按“启动”按钮 SB_1（或 SB_2），电动机启动，按控制屏“停止”按钮，断开实验电路三相电源，模拟电动机失压（或零压）状态，观察电动机与接触器的动作情况，随后，再按控制屏“启动”按钮，接通三相电源，但不按 SB_1（或 SB_2），观察电动机能否自行启动。

②重新启动电动机后，逐渐减小三相自耦调压器的输出电压，直至接触器释放，观察电动机是否自行停转。

(7) 过载保护。

打开热继电器的后盖，当电动机启动后，人为地拨动双金属片，模拟电动机过载情况，观察电动机、电器动作情况。

注意：此项内容较难操作且危险，有条件可在教师指导下作操作完成。实验完毕，将自耦调压器调回零位，按控制屏“停止”按钮，切断实验电路电源。

3. 故障分析

(1) 接通电源后，按“启动”按钮（SB_1 或 SB_2），接触器吸合，但电动机不转且发出“嗡嗡”声响；或者虽然能启动，但转速很慢。这种故障大多是主回路一相断线或电源缺相。

(2) 接通电源后，按“启动”按钮（SB_1 或 SB_2），若接触器通断频繁，且发出连续的噼啪声或吸合不牢，发出颤动声，此类故障可能是如下原因。

① 线路接错，将接触器线圈与自身的动断触头串接在一条回路上了。

② 自锁触头接触不良，时通时断。

③ 接触器铁芯上的短路环脱落或断裂。

④ 电源电压过低或与接触器线圈电压等级不匹配。

五、预习思考题

(1) 在电动机正、反转控制电路中，为什么必须保证两个接触器不能同时工作？采用哪些措施可解决此问题？这些方法有何利弊？最佳方案是什么？

(2) 在控制电路中，短路、过载及失、欠压保护等功能是如何实现的？在实际运行过程中，这几种保护有何意义？

实验 23 三相鼠笼式异步电动机 Y-△ 降压启动控制

一、实验目的

(1) 进一步提高按图接线的能力。

(2) 了解时间继电器的结构、使用方法、延时时间的调整及在控制系统中的应用。

(3) 熟悉异步电动机 Y-△降压启动控制的运行情况和操作方法。

二、实验原理

(1) 按时间原则控制电路的特点是各个动作之间有一定的时间间隔，使用的元件主要是时间继电器。时间继电器是一种延时动作的继电器，它从接收信号（如线圈带电）到执行动作（如触点动作）具有一定的时间间隔。此时间间隔可按需要预先设定，以协调和控制生产机械的各种动作。时间继电器的种类通常有电磁式、电动式、空气式和电子式等，其基本功能可分为两类，即通电延时式和断电延时式，有的还带有瞬时动作式的触头。时间继电器的延时时间通常可在 0.4～80 s 范围内调节。

(2) 按时间原则控制三相鼠笼式异步电动机 Y-△自动降压启动电路如图1-69 所示。

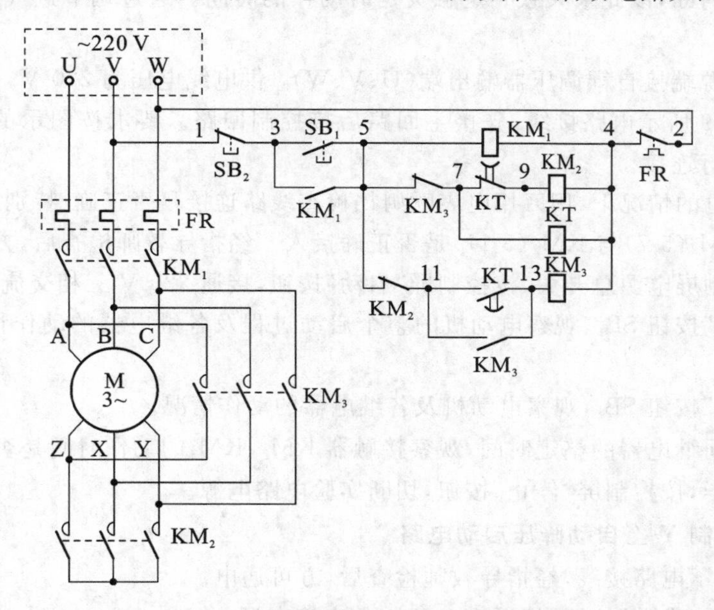

图 1-69　时间继电器控制 Y-△自动降压启动电路

从主回路看，当接触器 KM_1、KM_2 主触头闭合，KM_3 主触头断开时，电动机三相定子绕组作 Y 连接；而当接触器 KM_1 和 KM_3 主触头闭合，KM_2 主触头断开时，电动机三相定子绕组作△连接。因此，所设计的控制电路如果能先使 KM_1 和 KM_2 得电闭合，后经一定时间的延时，使 KM_2 失电断开，而后使 KM_3 得电闭合，则电动机就能实现降压启动后自动转换到正常工作运转。图1-69所示电路能满足上述要求，该电路具有以下特点。

① 接触器 KM_3 与 KM_2 通过动断触头 KM_3(5-7)与 KM_2(5-11)实现电气互锁，保证 KM_3 与 KM_2 不会同时得电，以防止三相电源的短路事故发生。

② 依靠时间继电器 KT 延时动合触头(11-13)的延时闭合作用，保证在按下 SB_1 后，使 KM_2 先得电，并依靠 KT(7-9)先断、KT(11-13)后合的动作次序，保证 KM_2 先断，而后再自动接通 KM_3，也避免了换接时电源可能发生的短路事故。

③ 本电路正常运行(△连接)时，接触器 KM_2 及时间继电器 KT 均处断电状态。

④ 由于实验装置提供的三相鼠笼式异步电动机每相绕组额定电压为 220 V，而 Y/△换接

启动的使用条件是正常运行时电动机必须作△连接，故实验时应将自耦调压器输出端电压调至220 V。

三、实验设备

DDSZ-1电动机及电气技术实验台。

四、实验内容

1. 时间继电器控制 Y-△自动降压启动电路

揭开D61-2挂箱的面板，观察空气阻尼式时间继电器的结构，认清其电磁线圈和延时动合、动断触头的接线端子。用手推动时间继电器衔铁，模拟继电器通电吸合动作，用万用电表欧姆挡测量触头的通与断，以此来大致判定触头延时动作的时间。通过调节进气孔螺钉，即可设定所需的延时时间。

实验电路电源端接自耦调压器输出端(U、V、W)，供电线电压为220 V。

(1) 按图1-69所示电路接线，先接主回路后接控制回路。要求按图示的节点编号从左到右、从上到下，逐行连接。

(2) 在不通电的情况下，用万用电表欧姆挡检查线路连接是否正确，特别注意KM_2与KM_3两个互锁触头KM_3(5-7)与KM_2(5-11)是否正确接入。经指导教师检查后，方可通电。

(3) 开启控制屏电源总开关，按控制屏“启动”按钮，接通220 V三相交流电源。

(4) 按“启动”按钮SB_1，观察电动机的整个启动过程及各继电器的动作情况，记录Y-△换接所需时间。

(5) 按“停止”按钮SB_2，观察电动机及各继电器的动作情况。

(6) 调整时间继电器的整定时间，观察接触器KM_2、KM_3的动作时间是否相应地改变。

(7) 实验完毕，按控制屏“停止”按钮，切断实验电路电源。

2. 接触器控制 Y-△自动降压启动电路

按图1-70所示电路接线，经指导教师检查后，方可通电。

(1) 按控制屏“启动”按钮，接通220 V三相交流电源。

(2) 按下按钮SB_2，电动机作Y连接启动，注意观察启动时电流表最大读数，$I_{Y启动}=$ ________ A。

(3) 待电动机转速接近正常转速时，按下按钮SB_2，使电动机作△连接正常运行。

(4) 按“停止”按钮SB_3，电动机断电停止运行。

(5) 先按按钮SB_2，再按按钮SB_1，观察电动机在△连接直接启动时电流表最大读数，$I_{△启动}=$ ________ A。

(6) 实验完毕，将三相自耦调压器调回零位，按控制屏“停止”按钮，切断实验线路电源。

3. 手动控制 Y-△降压启动电路

按图1-71所示电路接线。

(1) 开关Q_2合向上方，使电动机作△连接。

(2) 按控制屏“启动”按钮，接通220 V三相交流电源，观察电动机在△连接直接启动时电流表最大读数，$I_{△启动}=$ ________ A。

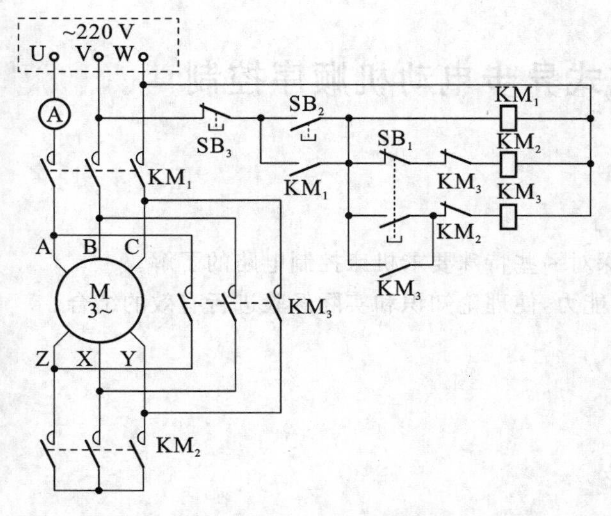

图 1-70 接触器控制 Y-△自动降压启动电路

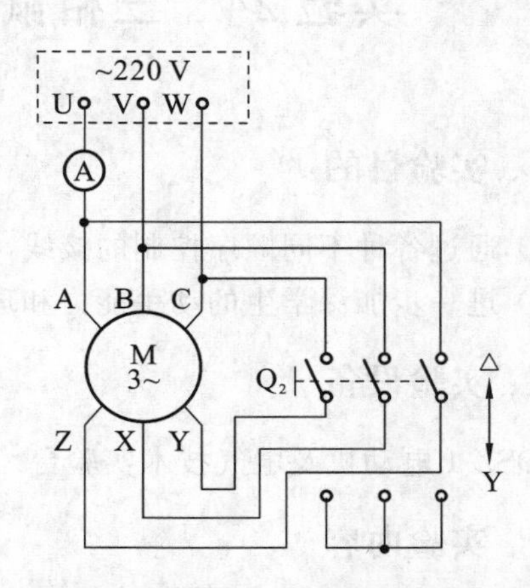

图 1-71 手动控制 Y-△降压启动电路

(3) 按控制屏"停止"按钮，切断三相交流电源，待电动机停稳后，开关 Q_2 合向下方，使电动机作 Y 连接。

(4) 按控制屏"启动"按钮，接通 220 V 三相交流电源，观察电动机作 Y 连接直接启动时电流表最大读数，$I_{Y启动}=$ ________ A。

(5) 按控制屏"停止"按钮，切断三相交流电源，待电动机停稳后，操作开关 Q_2，使电动机作 Y-△降压启动。

①先将 Q_2 合向下方，使电动机作 Y 连接，按控制屏"启动"按钮，记录电流表最大读数，$I_{Y启动}=$ ________ A。

②待电动机接近正常运转时，将 Q_2 合向上方△运行位置，使电动机正常运行。

实验完毕后，将自耦调压器调回零位，按控制屏"停止"按钮，切断实验电路电源。

五、实验注意事项

(1) 注意安全，严禁带电操作。

(2) 只有在断电的情况下，方可用万用电表欧姆挡来检查电路的接线正确与否。

六、预习思考题

(1) 采用 Y-△降压启动对三相鼠笼式异步电动机有哪些要求？

(2) 如果要用一个断电延时式时间继电器来设计异步电动机的 Y-△降压启动控制电路，试问三个接触器的动作次序应作如何改动？控制回路又应如何设计？

(3) 控制回路中的一对互锁触头有哪些作用？若取消这对触头对 Y-△降压换接启动有哪些影响？可能会出现什么结果？

(4) 降压启动的自动控制电路与手动控制电路相比较，有哪些优点？

实验 24　三相鼠笼式异步电动机顺序控制

一、实验目的

(1) 通过各种不同顺序控制的接线，加深对一些特殊要求机床控制电路的了解。
(2) 进一步加深学生的动手能力和理解能力，使理论知识和实际经验进行有效的结合。

二、实验设备

DDSZ-1 电动机及电气技术实验台。

三、实验内容

1. 三相异步电动机启动顺序控制(一)

按图 1-72 所示电路接线。本实验需用 M_1、M_2 两台电动机，如果只有一台电动机，则可用灯组负载来模拟 M_2。图中，U、V、W 为实验台上三相调压器的输出插孔。

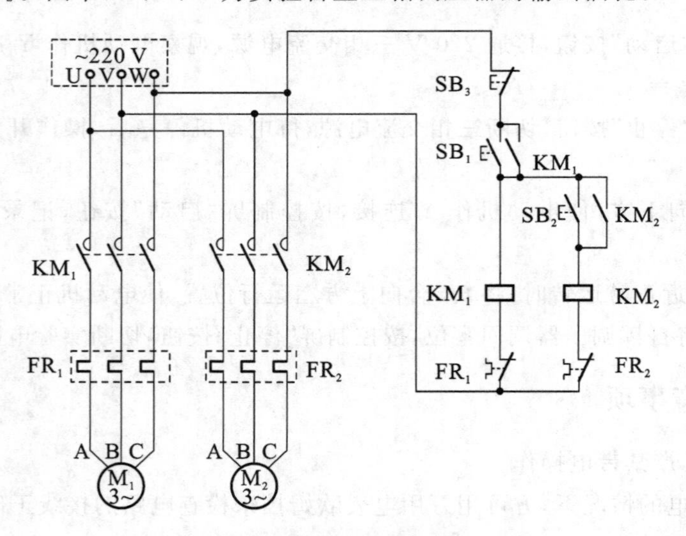

图 1-72　启动顺序控制电路(一)

(1) 将调压器手柄逆时针旋转到底，启动实验台电源，调节调压器使输出线电压为 220 V。
(2) 按下按钮 SB_1，观察电动机运行情况及接触器吸合情况。
(3) 保持 M_1 运转时按下按钮 SB_2，观察电动机运转及接触器吸合情况。
(4) 当 M_1 和 M_2 都运行时，能不能单独停止 M_2？
(5) 按下按钮 SB_3 使电动机停转后，按下按钮 SB_2，电动机 M_2 是否启动？为什么？

2. 三相异步电动机启动顺序控制(二)

按图 1-73 所示电路接线。图中 U、V、W 为实验台上三相调压器的输出插孔。
(1) 将调压器手柄逆时针旋转到底，启动实验台电源，调节调压器使输出线电压为 220 V。

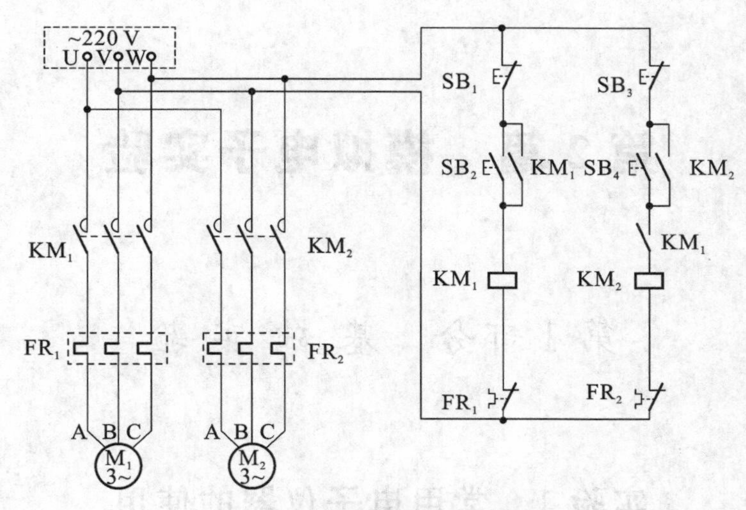

图 1-73　启动顺序控制电路(二)

(2) 按下按钮 SB_2,观察并记录电动机及各接触器运行状态。

(3) 按下按钮 SB_4,观察并记录电动机及各接触器运行状态。

(4) 单独按下按钮 SB_3,观察并记录电动机及各接触器运行状态。

(5) 当 M_1 和 M_2 都运行时,按下按钮 SB_1,观察电动机及各接触器运行状态。

3. 三相异步电动机停止顺序控制

实验电路如图 1-73 所示。

(1) 接通 220 V 三相交流电源。

(2) 按下按钮 SB_2,观察并记录电动机及接触器运行状态。

(3) 同时按下按钮 SB_4,观察并记录电动机及接触器运行状态。

(4) 当 M_1 与 M_2 都运行时,单独按下按钮 SB_1,观察并记录电动机及接触器运行状态。

(5) 当 M_1 与 M_2 都运行时,单独按下按钮 SB_3,观察并记录电动机及接触器运行状态。

(6) 按下按钮 SB_3 使 M_2 停止后再按按钮 SB_1,观察并记录电动机及接触器运行状态。

四、预习思考题

(1) 画出图 1-72、图 1-73 的运行原理流程图。

(2) 比较图 1-72、图 1-73 两种电路的不同点和各自的特点。

(3) 列举几个顺序控制的机床控制实例,并说明其用途。

第 2 篇　模拟电子实验

第 1 部分　基 础 实 验

实验 1　常用电子仪器的使用

一、实验目的

(1) 掌握模拟电子电路实验中常用的电子仪器如示波器、函数信号发生器、直流稳压电源、交流毫伏表、频率计等的主要技术指标、性能及正确使用方法。

(2) 掌握用双踪示波器观察正弦信号波形和读取波形参数的方法。

二、实验原理

在模拟电子电路实验中，经常使用的电子仪器有示波器、函数信号发生器、直流稳压电源、交流毫伏表及频率计等。它们和万用电表一起，可以完成对模拟电子电路的静态和动态工作情况的测试。

实验中要对各种电子仪器进行综合使用，可按照信号流向，以连线简捷、调节顺手、观察与读数方便等原则进行合理布局，各仪器与被测实验装置之间的布局与连接如图 2-1 所示。接线时应注意，为防止外界干扰，各仪器的接地端应连接共地。信号源和交流毫伏表的引线通常用屏蔽线或专用电缆线，示波器接线使用专用电缆线，直流电源的接线用普通导线。

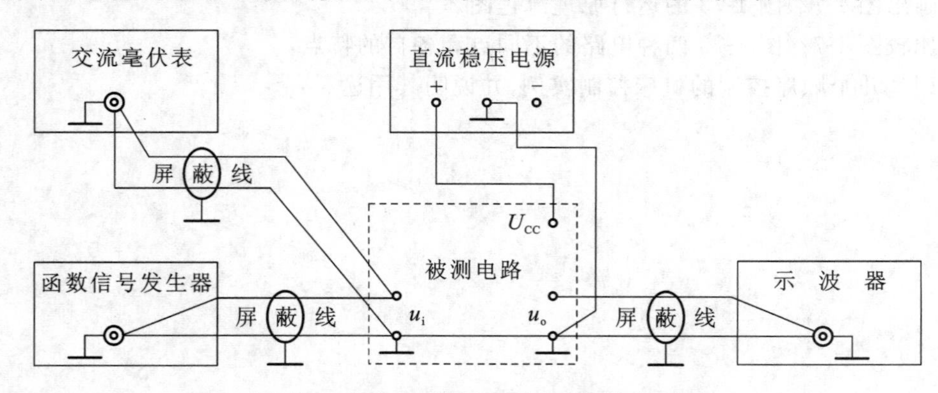

图 2-1　模拟电子电路中常用电子仪器布局

1. 示波器

示波器是一种用途很广的电子测量仪器，它既能直接显示电信号的波形，又能对电信号进行幅度、周期、频率、相位等各种参数的测量。

下面着重指出示波器在使用时应注意的要点。

（1）寻找扫描光迹。

将示波器 Y 轴显示方式置“Y_A”或“Y_B”，输入耦合方式置“GND”，开机预热后，若在显示屏上不出现光点和扫描基线，可按下列操作去找到扫描线：① 适当调节亮度旋钮；② 触发方式开关置“自动”；③ 适当调节垂直(⇅)、水平(⇆)“位移”旋钮，使扫描光迹位于屏幕中央(若示波器设有“寻迹”按钮，可按下“寻迹”按钮，判断光迹偏移基线的方向)。

（2）双踪示波器一般有五种显示方式，即“Y_A”“Y_B”“Y_A+Y_B”三种单踪显示方式和“交替”“断续”两种双踪显示方式。“交替”显示一般适宜于输入信号频率较高时使用，“断续”显示一般适宜于输入信号频率较低时使用。

（3）为了显示稳定的被测信号波形，“触发源选择”开关一般选为“内”触发，使扫描触发信号取自示波器内部的 Y 通道。

（4）触发方式开关通常先置“自动”调出波形后，若被显示的波形不稳定，可置触发方式开关于“常态”，通过调节“触发电平”旋钮找到合适的触发电压，使被测试的波形稳定地显示在示波器屏幕上。

有时，由于选择了较慢的扫描速率，显示屏将会出现闪烁的光迹，但被测信号的波形不在 X 轴方向左右移动，这样的现象仍属于稳定显示。

（5）适当调节“扫描速率”开关及“Y 轴灵敏度”开关，使屏幕上显示 1～2 个周期的被测信号波形。在测量幅值时，应注意将“Y 轴灵敏度微调”旋钮置“校准”位置，即顺时针旋到底且听到关闭的声音。在测量周期时，应注意将“X 轴扫速微调”旋钮置“校准”位置，即顺时针旋到底，且听到关闭的声音，还要注意“扩展”旋钮的位置。

根据被测波形在屏幕坐标刻度上垂直方向所占的格数(div 或 cm)与“Y 轴灵敏度”开关指示值(V/div)的乘积，即可算得信号幅值的实测值。

根据被测信号波形 1 个周期在屏幕坐标刻度水平方向所占的格数(div 或 cm)与“扫速”开关指示值(t/div)的乘积，即可算得信号周期的实测值，进而算出频率值。

2. 函数信号发生器

函数信号发生器按需要输出正弦波、方波、三角波三种信号波形。输出电压最大可达 20 V。通过“输出衰减”开关和“输出幅度”调节旋钮，可使输出电压在毫伏级到伏级范围内连续调节。函数信号发生器的输出信号频率可以通过“频率分挡”开关进行调节。

函数信号发生器作为信号源，它的输出端不允许短路。

3. 交流毫伏表

交流毫伏表只能在其工作频率范围之内用来测量正弦交流电压的有效值。为了防止过载而损坏，测量前一般先把“量程”开关置于量程较大位置上，然后在测量中逐挡减小量程。

三、实验设备与器件

函数信号发生器，双踪示波器，交流毫伏表，模拟电路学习机。

四、实验内容

1. 用示波器内校正信号对示波器进行自检

(1) 扫描基线调节。

将示波器的显示方式开关置“单踪”显示(Y_A或Y_B),输入耦合方式开关置“GND”,触发方式开关置“自动”。开启电源开关后,调节“辉度”“聚焦”“辅助聚焦”等旋钮,使荧光屏上显示一条细而且亮度适中的扫描基线。然后调节“X轴位移”(⇆)和“Y轴位移”(⇅)旋钮,使扫描线位于屏幕中央,并且能上下左右移动自如。

(2) 测试“校正信号”波形的幅度、频率。

将示波器的“校正信号”通过专用电缆线引入选定的Y通道(Y_A或Y_B),将Y轴输入耦合方式开关置“AC”或“DC”,触发源选择开关置“内”,内触发源选择开关置“Y_A”或“Y_B”。调节X轴“扫描速率”开关(t/div)和Y轴“输入灵敏度”开关(V/div),使示波器显示屏上显示出一个或数个周期稳定的方波波形。

① 校准“校正信号”幅度。

将“Y轴灵敏度微调”旋钮置“校准”位置,“Y轴灵敏度”开关置适当位置,读取校正信号幅度,记入表2-1中。

表 2-1 信号的标准值和实测值

	标准值	实测值
幅度 V_p/V		
频率 f/kHz		
上升时间/μs		
下降时间/μs		

注:不同型号示波器标准值有所不同,请按所使用示波器将标准值填入表格中。

② 校准“校正信号”频率。

将“扫速微调”旋钮置“校准”位置,“扫速”开关置适当位置,读取校正信号周期,记入表2-1中。

③ 测量“校正信号”的上升时间和下降时间。

调节“Y轴灵敏度”开关及微调旋钮,并移动波形,使方波波形在垂直方向正好占据中心轴上,且上、下对称,便于阅读。调节“扫速”开关逐级提高扫描速度,使波形在X轴方向扩展(必要时可以利用“扫速扩展”开关将波形再扩展10倍),并同时调节“触发电平”旋钮,从显示屏上清楚地读出上升时间和下降时间,记入表2-1中。

2. 用示波器和交流毫伏表测量信号参数

调节函数信号发生器有关旋钮,使输出频率分别为100 Hz、1 kHz、10 kHz、100 kHz,有效值均为1 V(交流毫伏表测量值)的正弦波信号。

改变示波器“扫速”开关、“Y轴灵敏度”开关等的位置,测量信号源输出电压频率及波峰值,记入表2-2中。

表 2-2　测量的信号参数值

信号电压频率	示波器测量值		信号电压毫伏表读数/V	示波器测量值	
	周期/ms	频率/Hz		波峰值/V	有效值/V
100 Hz					
1 kHz					
10 kHz					
100 kHz					

3. 测量两波形间相位差

(1) 观察双踪显示波形“交替”与“断续”两种显示方式的特点。

Y_A、Y_B均不加输入信号，“输入耦合方式”开关置“GND”，“扫速”开关置扫速较低挡位（如 0.5 s/div 挡）和扫速较高挡位（如 5 μs/div 挡），把“显示方式”开关分别置“交替”和“断续”位置，观察两条扫描基线的显示特点，记录下来。

(2) 用双踪显示测量两波形间相位差。

① 按图 2-2 所示连接实验电路，将函数信号发生器的输出电压调至频率为 1 kHz，幅值为 2 V的正弦波，经 RC 移相网络获得频率相同但相位不同的两路信号 u_i 和 u_R，分别加到双踪示波器的 Y_A 和 Y_B 输入端。

为便于稳定波形，比较两波形相位差，应使内触发信号取自被设定作为测量基准的一路信号。

② 把“显示方式”开关置“交替”挡位，将“Y_A 和 Y_B 输入耦合方式”开关置“⊥”挡位，调节 Y_A、Y_B的垂直(↑↓)“位移”旋钮，使两条扫描基线重合。

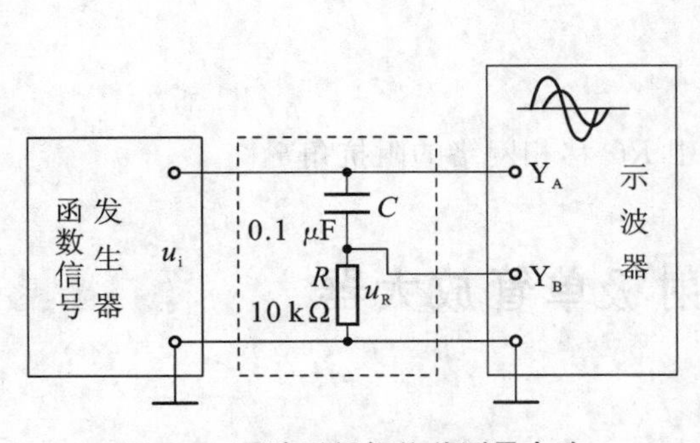

图 2-2　两波形间相位差测量电路

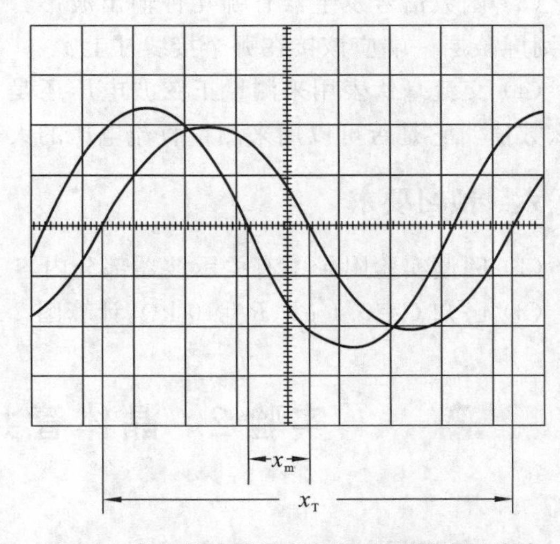

图 2-3　双踪示波器显示两相位不同的正弦波

③ 将“Y_A、Y_B输入耦合方式”开关置“AC”挡位，调节“触发电平”旋钮、“扫速”开关及“ Y_A、Y_B灵敏度”开关的位置，使在荧屏上显示出易于观察的两个相位不同的正弦波形 u_i 及 u_R，如图 2-3 所示。根据两波形在水平方向差距 x_m 及信号周期 x_T，则可求得两波形相位差 θ，即

$$\theta=\frac{x_m(\text{div})}{x_T(\text{div})}\times 360°$$

式中，x_T 为1个周期所占格数；x_m 为两波形在 X 轴方向差距格数。

将两波形相位差记入表2-3中。

表2-3 两波形相位差

1周期格数	两波形 在X轴方向差距格数	相位差	
		实测值	计算值
$x_T=$	$x_m=$	$\theta=$	$\theta=$

为读数和计算方便，可适当调节"扫速"开关及"微调"旋钮，使波形1个周期占整数格。

五、实验总结

（1）整理实验数据，并进行分析。

（2）问题讨论。

① 如何操作示波器有关旋钮？以便从示波器显示屏上观察到稳定、清晰的波形。

② 用双踪显示波形，并要求比较相位时，为在显示屏上得到稳定波形，应怎样选择下列开关的位置？

a. 显示方式选择（Y_A、Y_B、Y_A+Y_B、交替、断续）。

b. 触发方式（常态、自动）。

c. 触发源选择（内、外）。

d. 内触发源选择（Y_A、Y_B、交替）。

（3）函数信号发生器有哪几种输出波形？它的输出端能否短接？如用屏蔽线作为输出引线，则屏蔽层一端应该接在哪个接线柱上？

（4）交流毫伏表用来测量正弦波电压还是非正弦波电压？它的表头指示值是被测信号的什么数值？它是否可以用来测量直流电压的大小？

六、预习要求

（1）阅读实验附录中有关示波器部分内容。

（2）已知 $C=0.1\ \mu\text{F}$、$R=10\ \text{k}\Omega$，计算图2-2中 RC 移相网络的阻抗角 θ。

实验2 晶体管共射极单管放大器

一、实验目的

（1）学会放大器静态工作点的调试方法，分析静态工作点对放大器性能的影响。

（2）掌握放大器电压放大倍数、输入电阻、输出电阻、最大不失真输出电压的测试方法。

（3）熟悉常用电子仪器及模拟电路实验设备的使用。

二、实验原理

图 2-4 所示为共射极单管放大器实验电路。它的偏置电路采用 R_{B1} 和 R_{B2} 组成的分压电路，并在发射极中接有电阻 R_E，以稳定放大器的静态工作点。当在放大器的输入端加入输入信号 u_i 后，在放大器的输出端便可得到一个与 u_i 相位相反、幅值被放大了的输出信号 u_o，从而实现了电压放大。

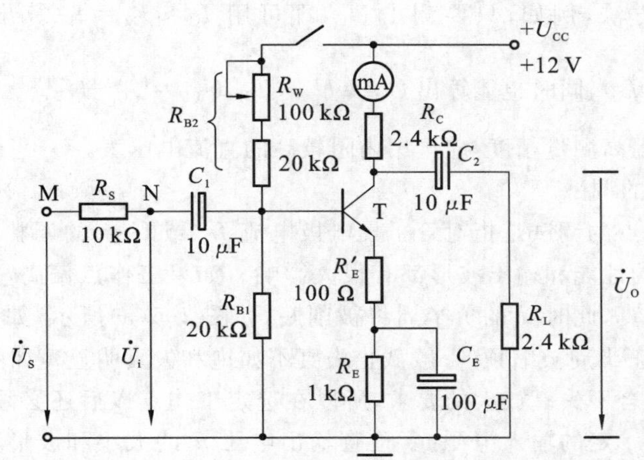

图 2-4　共射极单管放大器实验电路

在图 2-4 中，当流过偏置电阻 R_{B1} 和 R_{B2} 的电流远大于晶体管 T 的基极电流 I_B 时（一般 5～10 倍），则它的静态工作点可用下式估算

$$U_B \approx \frac{R_{B1}}{R_{B1}+R_{B2}}U_{CC}$$

$$I_E \approx \frac{U_B - U_{BE}}{R_E} \approx I_C$$

$$U_{CE} = U_{CC} - I_C(R_C + R_E)$$

电压放大倍数

$$A_V = -\beta \frac{R_C /\!/ R_L}{r_{be}}$$

输入电阻

$$R_i = R_{B1} /\!/ R_{B2} /\!/ [r_{be} + (1+\beta)R'_E]$$

输出电阻

$$R_o \approx R_C$$

由于电子器件性能的分散性比较大，因此在设计和制作晶体管放大电路时，离不开测量和调试技术。在设计前应测量所用元器件的参数，为电路设计提供必要的依据，在完成设计和装配以后，还必须测量和调试放大器的静态工作点和各项性能指标。一个优质的放大器，必定是理论设计与实验调整相结合的产物。因此，除了学习放大器的理论知识和设计方法外，还必须掌握必要的测量和调试技术。

放大器的测量和调试一般包括：放大器静态工作点的测量与调试、消除干扰与自激振荡及放大器各项动态参数的测量与调试等。

1. 放大器静态工作点的测量与调试

(1) 静态工作点的测量。

测量放大器的静态工作点,应在输入信号 $u_i=0$ V 的情况下进行,即将放大器输入端与地端短接,然后选用量程合适的直流毫安表和直流电压表,分别测量晶体管的集电极电流 I_C 以及各电极对地的电位 U_B、U_C 和 U_E。一般实验中,为了避免断开集电极,所以采用测量电压 U_E 或 U_C,然后算出 I_C 的方法,例如,只要测出 U_E,即可用 $I_C \approx I_E = \frac{U_E}{R_E}$ 算出 I_C(也可根据 $I_C = \frac{U_{CC}-U_C}{R_C}$,由 U_C 确定 I_C),同时也能算出 $U_{BE}=U_B-U_E$,$U_{CE}=U_C-U_E$。

为了减小误差,提高测量精度,应选用内阻较高的直流电压表。

(2) 静态工作点的调试。

放大器静态工作点的调试是指对管子集电极电流 I_C(或 U_{CE})的调整与测试。静态工作点是否合适,对放大器的性能和输出波形都有很大影响。如果工作点偏高,放大器在加入交流信号以后易产生饱和失真,此时 u_o 的负半周将被削底,如图 2-5(a)所示;如果工作点偏低则易产生截止失真,即 u_o 的正半周被缩顶(一般截止失真不如饱和失真明显),如图 2-5(b)所示。

这些情况都不符合不失真放大的要求,所以在选定工作点以后还必须进行动态调试,即在放大器的输入端加入一定的输入电压 u_i,检查输出电压 u_o 的大小和波形是否满足要求。如果不满足,则应调节静态工作点的位置。

改变电路参数 U_{CC}、R_C、R_B(R_{B1}、R_{B2})都会引起静态工作点的变化,如图 2-6 所示。但通常多采用调节偏置电阻 R_{B2} 的方法来改变静态工作点,如减小 R_{B2},则可使静态工作点提高等。

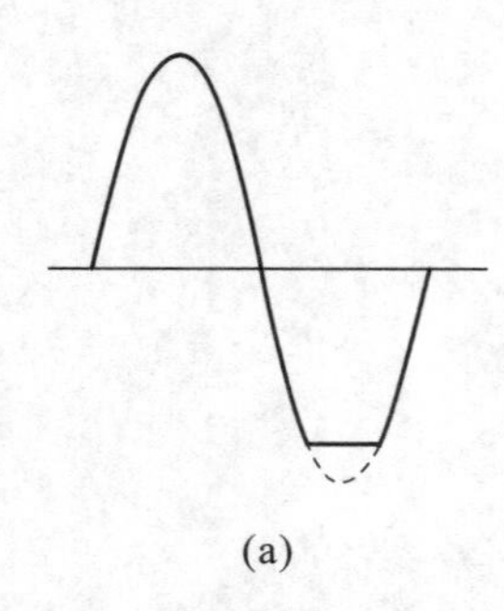

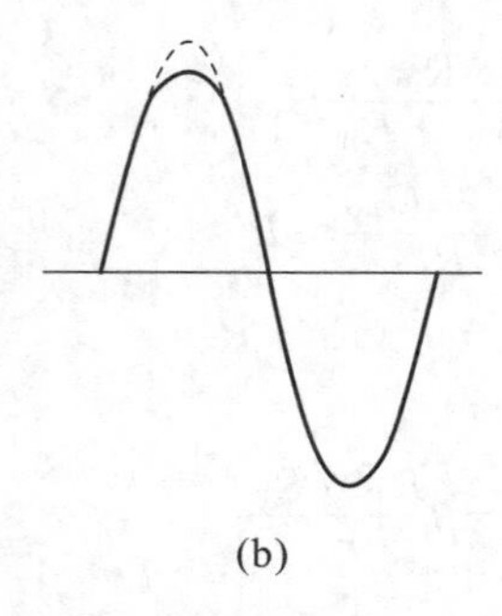

图 2-5 静态工作点对 u_o 波形失真的影响

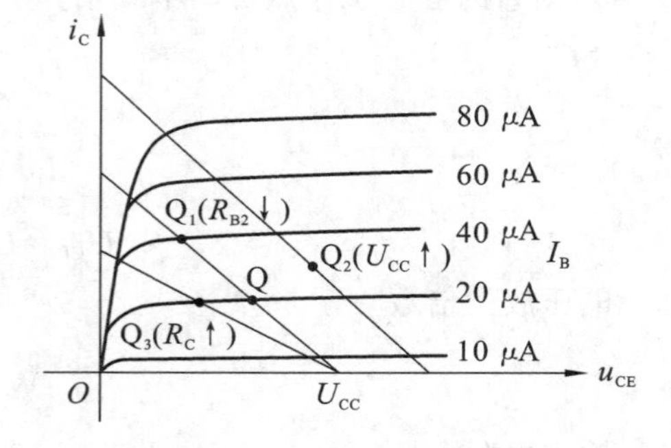

图 2-6 电路参数对静态工作点的影响

最后还要说明的是,上面所说的工作点"偏高"或"偏低"不是绝对的,应该是相对信号的幅度而言,如输入信号幅度很小,即使工作点较高或较低也不一定会出现失真。所以确切地说,产生波形失真是信号幅度与静态工作点设置配合不当所致。如需满足较大信号幅度的要求,静态工作点最好尽量靠近交流负载线的中点。

2. 放大器动态指标的测试

放大器动态指标包括电压放大倍数、输入电阻、输出电阻、最大不失真输出电压(动态范围)和通频带等。

(1) 电压放大倍数 A_V 的测量。

调整放大器到合适的静态工作点,然后加入输入电压 u_i,在输出电压 u_o 不失真的情况下,

用交流毫伏表测出 u_i 和 u_o 的有效值 U_i 和 U_o，则

$$A_V=\frac{U_o}{U_i}$$

(2) 输入电阻 R_i 的测量。

为了测量放大器的输入电阻，按图 2-7 所示电路在被测放大器的输入端与信号源之间串接一已知电阻 R，在放大器正常工作的情况下，用交流毫伏表测出 U_S 和 U_i，则根据输入电阻的定义可得

$$R_i=\frac{U_i}{I_i}=\frac{U_i}{\frac{U_R}{R}}=\frac{U_i}{U_S-U_i}R$$

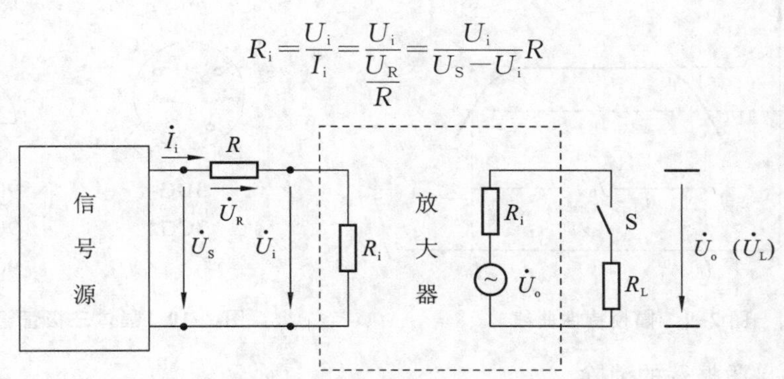

图 2-7　输入、输出电阻测量电路

测量时应注意下列几点。

① 由于电阻 R 两端没有电路公共接地点，所以测量 R 两端电压 U_R 时必须分别测出 U_S 和 U_i，然后按 $U_R=U_S-U_i$ 求出 U_R 值。

② 电阻 R 的值不宜取得过大或过小，以免产生较大的测量误差，通常取 R 与 R_i 为同一数量级为好，本实验可取 $R=1\sim2\ \text{k}\Omega$。

(3) 输出电阻 R_o 的测量。

按图 2-7 所示电路，在放大器正常工作条件下，测出输出端不接负载 R_L 的输出电压 U_o 和接入负载后的输出电压 U_L，根据 $U_L=\frac{R_L}{R_o+R_L}U_o$，即可求出 $R_o=\left(\frac{U_o}{U_L}-1\right)R_L$。

在测试中应注意，必须保持 R_L 接入前后输入信号的大小不变。

(4) 最大不失真输出电压 $U_{oP\text{-}P}$ 的测量（最大动态范围）。

如上所述，为了得到最大动态范围，应将静态工作点调至在交流负载线的中点。为此在放大器正常工作情况下，逐步增大输入信号的幅度，并同时调节 R_W（改变静态工作点），用示波器观察 u_o，当输出波形同时出现削底和缩顶现象（见图 2-8）时，说明静态工作点已调至在交流负载线的中点。然后反复调整输入信号，使波形输出幅度最大，且无明显失真时，用交流毫伏表测出 U_o（有效值），则动态范围等于 $2\sqrt{2}U_o$，或用示波器直接读出 $U_{oP\text{-}P}$ 来。

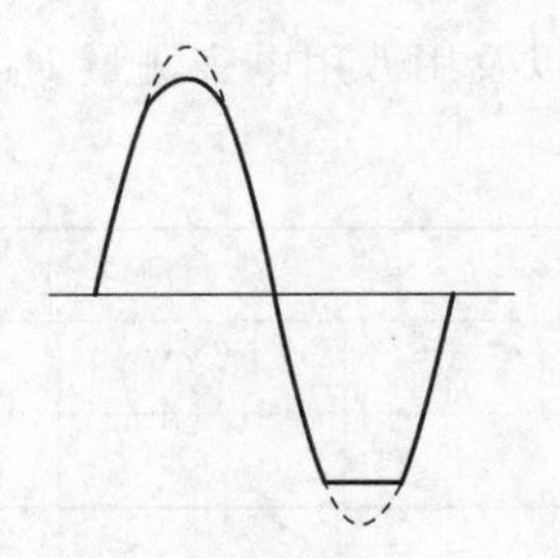

图 2-8　静态工作点正常，输入信号太大引起的失真

(5) 放大器幅频特性的测量。

放大器的幅频特性是指放大器的电压放大倍数 A_V 与输入信号频率 f 之间的关系曲线。单管阻容耦合放大电路的幅频特性曲线如图 2-9 所示，A_{Vm} 为中频电压放大倍数，通常规定电压

放大倍数随频率变化下降到中频放大倍数的 $1/\sqrt{2}$ 倍，即 0.707 A_{Vm} 所对应的频率分别称为下限频率 f_L 和上限频率 f_H，则通频带 $f_{BW}=f_H-f_L$。

放大器幅频特性的测量就是测量不同频率信号时的电压放大倍数 A_V。为此，可采用前述测 A_V 的方法，每改变一个信号频率，测量其相应的电压放大倍数，测量时应注意取点要恰当，在低频段与高频段应多测几点，在中频段可以少测几点。此外，在改变频率时，要保持输入信号的幅度不变，且输出波形不得失真。晶体三极管管脚排列如图 2-10 所示。

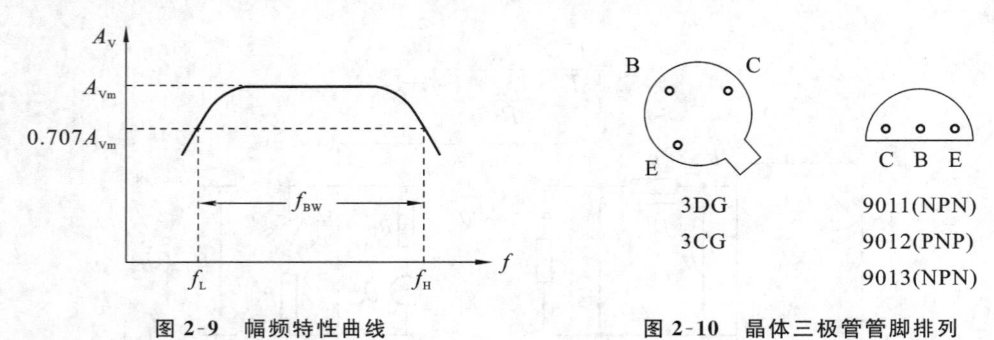

图 2-9 幅频特性曲线　　图 2-10 晶体三极管管脚排列

(6) 干扰和自激振荡的消除。

三、实验设备与器件

模拟电路学习机，函数信号发生器，双踪示波器，交流毫伏表，频率计，万用电表。

四、实验内容

实验电路如图 2-3 所示。各电子仪器可按图 2-1 所示方式连接，为防止干扰，各仪器的公共端必须连在一起，同时信号源、交流毫伏表和示波器的引线应采用专用电缆线或屏蔽线，如果使用屏蔽线，则屏蔽线的外包金属网应接在公共接地端上。

1. 调试静态工作点

接通直流电源前，先将 R_W 调至最大，函数信号发生器输出旋钮旋至零。接通 +12 V 电源、调节 R_W，使 $I_C=2.0$ mA(即 $U_E=2.0$ V)，用直流电压表测量三极管三个极对地电压 U_B、U_E、U_C，以及用万用电表测量 R_{B2} 值，记入表 2-4 中。

表 2-4 调试静态工作点各参数

测量值				计算值		
U_B/V	U_E/V	U_C/V	R_{B2}/kΩ	U_{BE}/V	U_{CE}/V	I_C/mA

2. 测量电压放大倍数

在放大器输入端加入频率为 1 kHz 的正弦信号 u_S，调节函数信号发生器的输出旋钮，使放大器输入电压 $U_i\approx10$ mV，如遇信号源质量不好，可适当加大输入信号幅度，同时用示波器观察放大器输出电压 u_o 波形，在波形不失真的条件下用交流毫伏表测量下述两种情况下的 U_o 值，并用双踪示波器观察 u_o 和 u_i 的相位关系，记入表 2-5 中。

表 2-5　测量 u_o、A_V 值并记录 U_o 和 U_i 的相位关系

$I_C=2.0\ mA, U_i=$ ______ mV

$R_C/k\Omega$	$R_L/k\Omega$	U_o/V	A_V	观察记录一组 u_o 和 u_i 波形
2.4	∞			u_i (O, t)　u_o (O, t)
2.4	2.4			

3. 观察静态工作点对电压放大倍数的影响

置 $R_C=2.4\ k\Omega$，$R_L=\infty$，U_i 适量，调节 R_W，用示波器监视输出电压波形，在 u_o 不失真的条件下，测量数组 I_C 和 U_o 值，记入表 2-6 中。

表 2-6　测量数组 I_C 和 U_o 值

$R_C=2.4\ k\Omega, R_L=\infty, U_i=$ ______ mV

I_C/mA			2.0		
U_o/V					
A_V					

测量 I_C 时，要先将信号源输出旋钮旋至零(即 $U_i=0$)。

4. 观察静态工作点对输出波形失真的影响

置 $R_C=2.4\ k\Omega$，$R_L=\infty$，$u_i=0$，调节 R_W，使 $I_C=2.0\ mA$，测出 U_{CE} 值，再逐步加大输入信号，使输出电压 u_o 足够大但不失真。然后保持输入信号不变，分别增大和减小 R_W，使波形出现失真，绘出 u_o 的波形，并测出失真情况下的 I_C 和 U_{CE} 值，记入表 2-7 中。每次测 I_C 和 U_{CE} 值时都要将信号源的输出旋钮旋至零。

表 2-7　测失真情况下的 I_C 和 U_{CE} 值

$R_C=2.4\ k\Omega, R_L=\infty, U_i=$ ______ mV

I_C/mA	U_{CE}/V	u_o 波形	失真情况	管子工作状态
		u_o (O, t)		
2.0		u_o (O, t)		
		u_o (O, t)		

5. 测量最大不失真输出电压

置 $R_C=2.4\ k\Omega$，$R_L=2.4\ k\Omega$，按照实验原理中所述方法，同时调节输入信号的幅度和电位器 R_W，用示波器和交流毫伏表测量 U_{oP-P} 及 U_o 值，记入表 2-8 中。

表 2-8 测量 U_{oP-P} 和 U_o 值 $R_C=2.4\ k\Omega, R_L=2.4\ k\Omega$

I_C/mA	U_{im}/mV	U_{om}/V	U_{oP-P}/V

6. 测量输入电阻和输出电阻

置 $R_C=2.4\ k\Omega, R_L=2.4\ k\Omega, I_C=2.0\ mA$。输入 $f=1\ kHz$ 的正弦信号，在输出电压 u_o 不失真的情况下，用交流毫伏表测出 U_S、U_i 和 U_L 值记入表 2-9 中。保持 U_S 不变，断开 R_L，测量输出电压 U_o，记入表 2-9 中。

表 2-9 测量 U_S、U_i 和 U_L 值

$I_C=2\ mA, R_C=2.4\ k\Omega, R_L=2.4\ k\Omega$

U_S/mV	U_i/mV	R_i/kΩ		U_L/V	U_o/V	R_o/kΩ	
		测量值	计算值			测量值	计算值

7. 测量幅频特性曲线

取 $I_C=2.0\ mA, R_C=2.4\ k\Omega, R_L=2.4\ k\Omega$。保持输入信号 u_i 的幅度不变，改变信号源频率 f，逐点测出相应的输出电压 U_o 值，记入表 2-10 中。

表 2-10 逐点测出相应的输出电压 U_o 值 $U_i=$ ______ mV

	1	2	3	…	n
f/kHz					
U_o/V					
$A_V=U_o/U_i$					

五、实验总结

（1）列表整理测量结果，并把实测的静态工作点、电压放大倍数、输入电阻、输出电阻之值与理论计算值比较（取一组数据进行比较），分析产生误差的原因。

（2）总结 R_C、R_L 及静态工作点对放大器电压放大倍数、输入电阻、输出电阻的影响。

（3）讨论静态工作点变化对放大器输出波形的影响。

（4）分析讨论在调试过程中出现的问题。

六、预习要求

（1）阅读教材中有关单管放大电路的内容并估算实验电路的性能指标。

假设：3DG6 的 $\beta=100, R_{B1}=20\ k\Omega, R_{B2}=60\ k\Omega, R_C=2.4\ k\Omega, R_L=2.4\ k\Omega$。估算放大器的静态工作点、电压放大倍数 A_V、输入电阻 R_i 和输出电阻 R_o。

（2）阅读实验附录中有关放大器干扰和自激振荡消除内容。

（3）能否用直流电压表直接测量晶体管的 U_{BE}？为什么实验中要采用先测 U_B、U_E，再间接

算出 U_{BE} 的方法？

(4) 怎样测量 R_{B2} 阻值？

(5) 当调节偏置电阻 R_{B2}，使放大器输出波形出现饱和或截止失真时，晶体管的管压降 U_{CE} 怎样变化？

(6) 改变静态工作点对放大器的输入电阻 R_i 是否有影响？改变外接电阻 R_L 对输出电阻 R_o 是否有影响？

(7) 在测试 A_V、R_i 和 R_o 时怎样选择输入信号的大小和频率？为什么信号频率一般选 1 kHz，而不选 100 kHz 或更高？

实验3　射极跟随器

一、实验目的

(1) 掌握射极跟随器的特性及测试方法。

(2) 进一步学习放大器各项参数测试方法。

二、实验原理

射极跟随器的原理图如图 2-11 所示。这是一个电压串联负反馈放大电路，它具有输入电阻高、输出电阻低、电压放大倍数接近于1、输出电压能够在较大范围内跟随输入电压作线性变化，以及输入、输出信号同相等特点。

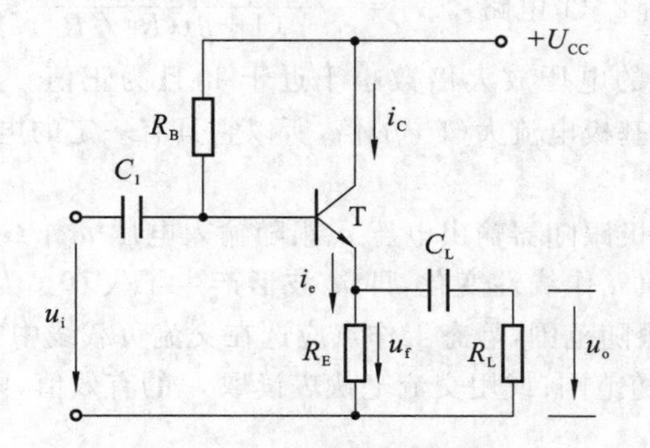

图 2-11　射极跟随器原理图

射极跟随器的输出取自发射极，故称其为射极输出器。

(1) 输入电阻 R_i（图 2-11 电路），$R_i = r_{be} + (1+\beta)R_E$。

如考虑偏置电阻 R_B 和负载 R_L 的影响，则 $R_i = R_B \mathbin{/\!/} [r_{be} + (1+\beta)(R_E \mathbin{/\!/} R_L)]$。

由上式可知射极跟随器的输入电阻 R_i 比共射极单管放大器的输入电阻 $R_i = R_B \mathbin{/\!/} r_{be}$ 要高得多，但由于偏置电阻 R_B 的分流作用，输入电阻难以进一步提高。

输入电阻的测试方法同单管放大器，射极跟随器实验电路如图 2-12 所示。

其中
$$R_i = \frac{U_i}{I_i} = \frac{U_i}{U_s - U_i}R$$

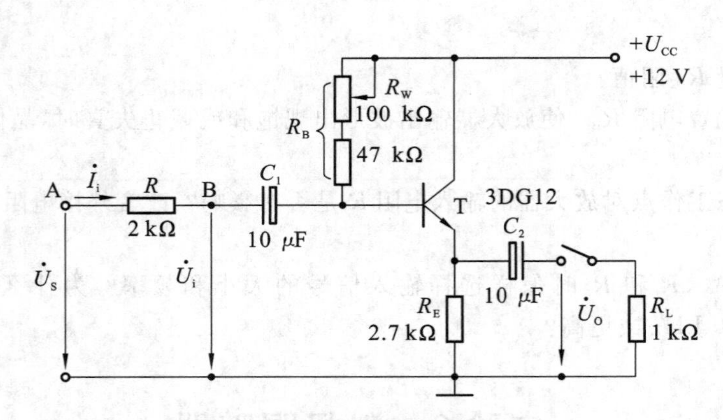

图 2-12　射极跟随器实验电路

即只要测得 A、B 两点的对地电位即可计算出 R_i。

（2）输出电阻 R_o（图 2-11 电路），$R_o=\frac{r_{be}}{\beta}/\!/R_E\approx\frac{r_{be}}{\beta}$。

如考虑信号源内阻 R_S，则 $R_o=\frac{r_{be}+(R_S/\!/R_B)}{\beta}/\!/R_E\approx\frac{r_{be}+(R_S/\!/R_B)}{\beta}$。

由上式可知射极跟随器的输出电阻 R_o 比共射极单管放大器的输出电阻 $R_o\approx R_C$ 低得多。三极管的 β 越高，输出电阻越小。

输出电阻 R_o 的测试方法也同单管放大器，即先测出空载输出电压 U_o，再测接入负载 R_L 后的输出电压 U_L，根据 $U_L=\frac{R_L}{R_o+R_L}U_o$，即可求出 $R_o=\left(\frac{U_o}{U_L}-1\right)R_L$。

（3）电压放大倍数（图 2-11 电路），$A_V=\frac{(1+\beta)(R_E/\!/R_L)}{r_{be}+(1+\beta)(R_E/\!/R_L)}\leqslant 1$。

上式说明射极跟随器的电压放大倍数小于近于 1，且为正值。这是深度电压负反馈的结果。但它的射极电流仍比基极电流大 $(1+\beta)$ 倍，所以它具有一定的电流和功率放大作用。

（4）电压跟随范围。

电压跟随范围是指射极跟随器输出电压 u_o 跟随输入电压 u_i 作线性变化的区域。当 u_i 超过一定范围时，u_o 便不能跟随 u_i 作线性变化，即 u_o 波形产生了失真。为了使输出电压 u_o 正、负半周对称，并充分利用电压跟随范围，静态工作点应选在交流负载线中点，测量时可直接用示波器读取 u_o 的峰值，即电压跟随范围；或用交流毫伏表读取 u_o 的有效值，则电压跟随范围为 $U_{oP\text{-}P}=2\sqrt{2}U_o$。

三、实验设备与器件

模拟电路学习机，函数信号发生器，双踪示波器，交流毫伏表，万用表，频率计，3DG12 或 9013，电阻器、电容器若干。

四、实验内容

按图 2-12 所示连接电路。

1. 静态工作点的调整

接通 +12 V 直流电源，在 A 点加入 $f=1$ kHz 正弦信号 u_S，输出端用示波器监视输出波形，反复调整 R_W 及信号源的输出幅度，使在示波器的屏幕上得到一个最大不失真输出波形，然后置 $u_i=0$，用直流电压表测量晶体管各电极对地电位，记入表 2-11 中。

表 2-11　测量晶体管各电极对地电位

U_E/V	U_B/V	U_C/V	I_E/mA

在下面整个测试过程中应保持 R_W 值不变（即保持静态工作点 I_E 不变）。

2. 测量电压放大倍数 A_V

接入负载 $R_L=1\ \text{k}\Omega$，在 A 点加 $f=1$ kHz 正弦信号 u_S，调节输入信号幅度，用示波器观察 B 点输入波形 U_i 和输出波形 U_o，在输出最大不失真情况下，用交流毫伏表测 U_i、U_L 值，记入表 2-12 中。

表 2-12　测量 U_i、U_L 和 A_V 的值

U_i/V	U_L/V	A_V

3. 测量输出电阻 R_o

接上负载 $R_L=1\ \text{k}\Omega$，在 B 点加 $f=1$ kHz 正弦信号 u_i，用示波器监视输出波形，测空载输出电压 U_o 和有负载时输出电压 U_L，记入表 2-13 中。

表 2-13　测量 U_o、U_L 和 R_o 的值

U_o/V	U_L/V	R_o/kΩ

4. 测量输入电阻 R_i

在 A 点加 $f=1$ kHz 的正弦信号 u_S，用示波器监视输出波形，用交流毫伏表分别测出 A、B 点对地的电位 U_S、U_i，记入表 2-14 中。

表 2-14　测量 U_S、U_i 和 R_i 的值

U_S/V	U_i/V	R_i/kΩ

5. 测试跟随特性

接入负载 $R_L=1\ \text{k}\Omega$，在 A 点加入 $f=1$ kHz 正弦信号 u_S，逐渐增大信号 u_S 幅度，B 点信号 U_i 的幅度也会随之增加，用示波器监视输出波形直至输出波形达最大不失真，测量对应的 U_L 值，记入表 2-15 中。

表 2-15　测量 U_i 和 U_L 的值

U_i/V						
U_L/V						

6. 测试频率响应特性

保持输入信号 u_i 幅度不变，改变信号源频率，用示波器监视输出波形，用交流毫伏表测量不同频率下的输出电压 U_L 值，记入表 2-16 中。

表 2-16　测量 f 和 U_L 的值

f/kHz						
U_L/V						

五、预习要求

(1) 复习射极跟随器的工作原理。

(2) 根据图 2-12 所示的元件参数值估算静态工作点，并画出交、直流负载线。

六、实验报告

(1) 整理实验数据，并画出曲线 $U_L=f(U_i)$ 及 $U_L=f(f)$ 曲线。

(2) 分析射极跟随器的性能和特点。

实验 4　场效应管放大器

一、实验目的

(1) 了解结型场效应管的性能和特点。

(2) 进一步熟悉放大器动态参数的测试方法。

二、实验原理

场效应管是一种电压控制型器件，按结构可分为结型和绝缘栅型两种类型。由于场效应管栅源之间处于绝缘或反向偏置，所以输入电阻很高(一般可达百兆欧)，又由于场效应管是一种多数载流子控制器件，因此热稳定性好，抗辐射能力强，噪声系数小。加之制造工艺较简单，便于大规模集成，因此得到越来越广泛的应用。

1. 结型场效应管的特性和参数

场效应管的特性主要有输出特性和转移特性。图 2-13 所示为 N 沟道结型场效应管 3DJ6F 的输出特性和转移特性曲线，其直流参数主要有饱和漏极电流 I_{DSS}、夹断电压 U_P 等；交流参数主要有低频跨导，可表示为

$$g_m=\frac{\Delta I_D}{\Delta U_{GS}}\bigg|U_{DS}=\text{常数}$$

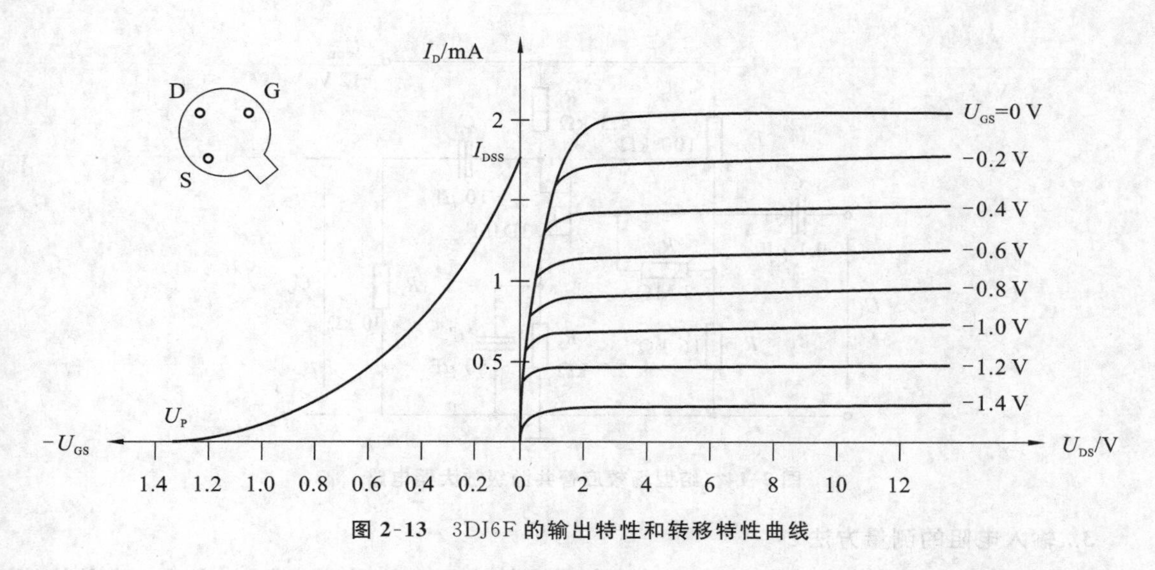

图 2-13　3DJ6F 的输出特性和转移特性曲线

表 2-17 列出了 3DJ6F 的典型参数值及测试条件。

表 2-17　3DJ6F 的典型参数值及测试条件

参数名称	饱和漏极电流 I_{DSS}/mA	夹断电压 U_P/V	跨导 g_m/μA/V
测试条件	$U_{DS}=10$ V $U_{GS}=0$ V	$U_{DS}=10$ V $I_{DS}=50$ μA	$U_{DS}=10$ V $I_{DS}=3$ mA $f=1$ kHz
参数值	1～3.5	1～91	>100

2. 场效应管放大器性能分析

图 2-14 所示为结型场效应管组成的共源级放大器电路。其静态工作点为

$$U_{GS}=U_G-U_S=\frac{R_{g1}}{R_{g1}+R_{g2}}U_{DD}-I_DR_S$$

$$I_D=I_{DSS}\left(1-\frac{U_{GS}}{U_P}\right)^2$$

中频电压放大倍数

$$A_V=-g_mR'_L=-g_mR_D//R_L$$

输入电阻

$$R_i=R_G+R_{g1}//R_{g2}$$

输出电阻

$$R_o\approx R_D$$

式中，跨导 g_m 可由特性曲线用作图法求得，或用公式 $g_m=-\frac{2I_{DSS}}{U_P}\left(1-\frac{U_{GS}}{U_P}\right)$计算。但要注意，计算时 U_{GS}要用静态工作点处的数值。

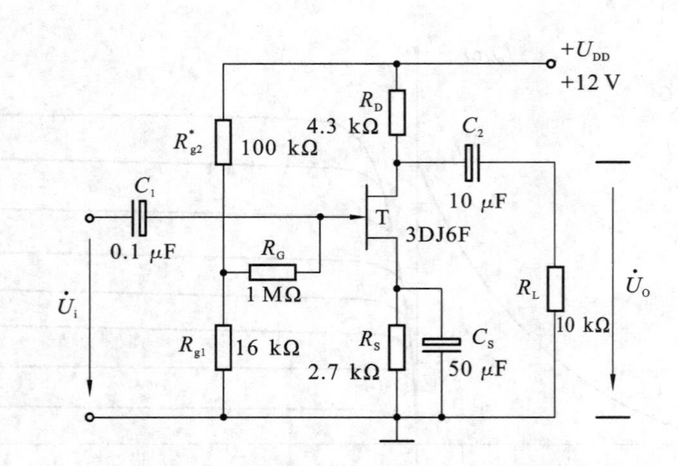

图 2-14 结型场效应管共源级放大器电路

3. 输入电阻的测量方法

场效应管放大器的静态工作点、电压放大倍数和输出电阻的测量方法，与实验 2 中晶体管放大器的测量方法相同。其输入电阻的测量，从原理上讲，也可采用实验 2 中所述方法，但由于场效应管的 R_i 比较大，如果直接测输入电压 U_S 和 U_i，则限于测量仪器的输入电阻有限，必然会带来较大的误差。为了减小误差，常利用被测放大器的隔离作用，通过测量输出电压 U_o 来计算输入电阻。测量电路如图 2-15 所示。

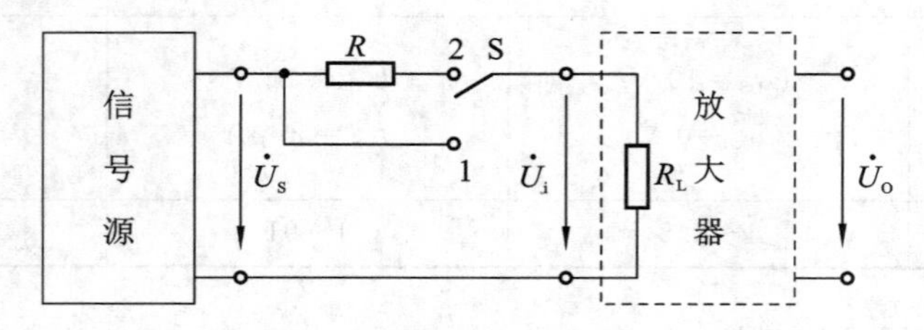

图 2-15 输入电阻测量电路

在放大器的输入端串接电阻 R，把开关 S 掷向位置 1(即 $R=0$)，测量放大器的输出电压 $U_{o1}=A_V U_S$；保持 U_S 不变，再把 S 掷向位置 2(即接入 R)，测量放大器的输出电压 U_{o2}。由于两次测量中 A_V 和 U_S 保持不变，故

$$U_{o2}=A_V U_i=\frac{R_i}{R+R_i}U_S A_V$$

由此可以求出

$$R_i=\frac{U_{o2}}{U_{o1}-U_{o2}}R$$

式中，R 和 R_i 不要相差太大，本实验可取 $R=100\sim200\ \text{k}\Omega$。

三、实验设备与器件

模拟电路学习机，函数信号发生器，双踪示波器，交流毫伏表，万用表，结型场效应管 3DJ6F 及电阻器、电容器若干。

四、实验内容

1. 静态工作点的测量和调整

按图 2-14 所示连接电路，令 $u_i=0$ V，接通 +12 V 电源，用直流电压表测量 U_G、U_S 和 U_D。检查静态工作点是否在特性曲线放大区的中间部分。若合适则把结果记入表 2-18；若不合适，则适当调整 R_{g2} 和 R_S，调好后，再测量 U_G、U_S 和 U_D，记入表 2-18 中。

表 2-18　U_G、U_S、U_D 等测量值和计算值

测量值						计算值		
U_G/V	U_S/V	U_D/V	U_{DS}/V	U_{GS}/V	I_D/mA	U_{DS}/V	U_{GS}/V	I_D/mA

2. 电压放大倍数 A_V、输入电阻 R_i 和输出电阻 R_o 的测量

(1) A_V 和 R_o 的测量。

在放大器的输入端加入 $f=1$ kHz 的正弦信号 U_i(≈50～100 mV)，并用示波器监视输出电压 u_o 的波形。在输出电压 u_o 没有失真的条件下，用交流毫伏表分别测量 $R_L=\infty$ 和 $R_L=10$ kΩ时的输出电压 U_o(注意：保持 U_i 幅值不变)，记入表 2-19 中。

表 2-19　A_V、R_o 的测量值和计算值及 u_i、u_o 波形

	测量值				计算值		u_i 和 u_o 波形
	U_i/V	U_o/V	A_V	R_o/kΩ	A_V	R_o/kΩ	u_i (O, t)
$R_L=\infty$							
$R_L=10$ kΩ							u_o (O, t)

用示波器同时观察 u_i 和 u_o 的波形，描绘出并分析它们的相位关系。

(2) R_i 的测量。

按图 2-15 所示改接实验电路，选择合适大小的输入电压 U_S(约 50～100 mV)，将开关 S 掷向位置 1，测量 $R=0$ 时的输出电压 U_{o1}，然后将开关掷向位置 2(接入 R)，保持 U_S 不变，再测量 U_{o2}，根据公式

$$R_i=\frac{U_{o2}}{U_{o1}-U_{o2}}R$$

求出 R_i，记入表 2-20 中。

表 2-20　R_i 的测量值和计算值

测量值			计算值
U_{o1}/V	U_{o2}/V	R_i/kΩ	R_i/kΩ

五、实验总结

(1) 整理实验数据，将测得的 A_V、R_i、R_o和理论计算值进行比较。

(2) 把场效应管放大器与晶体管放大器进行比较，总结场效应管放大器的特点。

(3) 分析测试中的问题，总结实验收获。

六、预习要求

(1) 复习有关场效应管部分的内容，并分别用图解法与计算法估算管子的静态工作点(根据实验电路参数)，求出工作点处的跨导 g_m。

(2) 场效应管放大器输入回路的电容 C_1为什么可以取得小一些(取 $C_1=0.1\ \mu F$)?

(3) 在测量场效应管静态工作电压 U_{GS}时，能否用直流电压表直接并接在 G、S 两端测量？为什么？

(4) 为什么测量场效应管输入电阻时要用测量输出电压的方法？

实验 5　低频功率放大器——OTL 功率放大器

一、实验目的

(1) 进一步理解 OTL 功率放大器的工作原理。

(2) 学会 OTL 电路的调试及主要性能指标的测试方法。

二、实验原理

图 2-16 所示为 OTL 低频功率放大器电路。其中由晶体三极管 T_1组成推动级(也称前置放大级)，T_2、T_3是一对参数对称的 NPN 和 PNP 型晶体三极管，它们组成互补推挽 OTL 功率放大电路。由于每一个管子都接成射极输出器形式，因此具有输出电阻低、负载能力强等优点，适合于作功率输出级。T_1工作于甲类状态，它的集电极电流 I_{C1}由电位器 R_{W1}进行调节。I_{C1}的一部分流经电位器 R_{W2}及二极管 D，给 T_2、T_3提供偏压。调节 R_{W2}，可以使 T_2、T_3得到合适的静态电流而工作于甲、乙类状态，以克服交越失真。静态时要求输出端中点 A 的电位 $U_A=\frac{1}{2}U_{CC}$，可以通过调节 R_{W1}来实现，又由于 R_{W1}的一端接在 A 点，因此在电路中引入交、直流电压并联负反馈，能够稳定放大器的静态工作点，同时也改善了非线性失真。

当输入正弦交流信号 u_i时，经 T_1放大、倒相后同时作用于 T_2、T_3的基极，u_i的负半周使 T_2导通(T_3截止)，有电流通过负载 R_L，同时向电容 C_0充电，在 u_i的正半周，T_3导通(T_2截止)，则已充好电的电容器 C_0起到电源的作用，通过负载 R_L放电，这样在 R_L上就得到完整的正弦波。

C_2和 R 构成自举电路，用于提高输出电压正半周的幅度，以得到大的动态范围。

OTL 电路的主要性能指标如下。

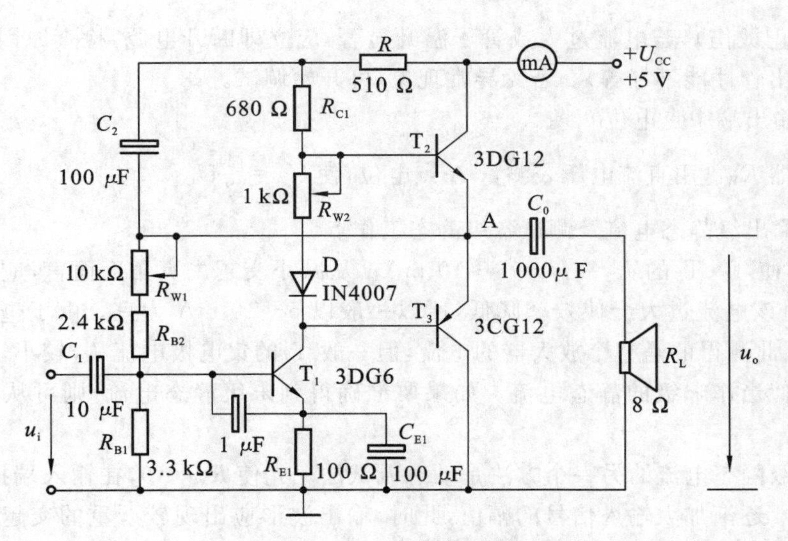

图 2-16　OTL 功率放大器电路

1. 最大不失真输出功率

理想情况下，$P_{om}=\frac{1}{8}\frac{U_{CC}^2}{R_L}$，在实验中可通过测量 R_L 两端的电压有效值求得实际的 $P_{om}=\frac{U_o^2}{R_L}$。

2. 效率

效率的计算公式为

$$\eta=\frac{P_{om}}{P_E}\times 100\%$$

式中，P_E 为直流电源供给的平均功率。

理想情况下，$\eta_{max}=78.5\%$。在实验中，可测量电源供给的平均电流 I_{DC}，从而求得 $P_E=U_{CC}\cdot I_{DC}$，负载上的交流功率已用上述方法求出，因而也就可以计算实际效率了。

3. 频率响应

详见第 2 篇实验 2 有关部分内容。

4. 输入灵敏度

输入灵敏度是指输出最大不失真功率时，输入信号 U_i 的值。

三、实验设备与器件

模拟电路学习机，交流毫伏表，函数信号发生器，频率计，双踪示波器。

四、实验内容

在整个测试过程中，电路不应有自激现象。

1. 静态工作点的测量

按图 2-16 连接实验电路，将输入信号旋钮旋至零（$u_i=0$），电源进线中串接直流毫安表，电位器 R_{W2} 置最小值，R_{W1} 置中间位置。接通＋5 V 电源，观察毫安表指示，同时用手触摸输出级管子(注意:防止烫伤),若电流过大或管子温升显著,应立即断开电源,检查原因(如 R_{W2} 开路、电路自激或输出管性能不好等)。若无异常现象,可开始调试。

(1) 调节输出端中点电位 U_A。

调节电位器 R_{W1},用直流电压表测量 A 点电位,使 $U_A=\frac{1}{2}U_{CC}$。

(2) 调整输出级静态电流及测试各级静态工作点。

调节 R_{W2},使 T_2、T_3 的 $I_{C2}=I_{C3}=5\sim10$ mA。从减小交越失真角度而言,应适当加大输出级静态电流,但该电流过大会使效率降低,所以一般以 5~10 mA 为宜。由于毫安表是串接在电源进线中,因此测得的是整个放大器的电流,但一般 T_1 的集电极电流 I_{C1} 较小,从而可以把测得的总电流近似当作末级的静态电流。如果要准确得到末级静态电流,则可从总电流中减去 I_{C1} 的值。

调整输出级静态电流的另一个方法是动态调试法。先使 $R_{W2}=0$,在输入端接入 $f=1$ kHz 的正弦信号 u_i。逐渐加大输入信号的幅值,此时,输出波形应出现较严重的交越失真(注意:没有饱和失真和截止失真),然后缓慢增大 R_{W2},当交越失真刚好消失时,停止调节 R_{W2},恢复 $u_i=0$,此时直流毫安表读数即为输出级静态电流。一般读数也应在 5~10 mA,如果数值过大,则要检查电路。

输出级电流调好以后,测量各级静态工作点,记入表 2-21 中。

表 2-21 测量各级静态工作点的状况

$I_{C2}=I_{C3}=$ ______ mA, $U_A=2.5$ V

	T_1	T_2	T_3
U_B/V			
U_C/V			
U_E/V			

注意:① 在调整 R_{W2} 时,一是要注意旋转方向,不要调得过大,更不能开路,以免损坏输出管。

② 调好输出管静态电流,若无特殊情况,不得随意旋动 R_{W2} 的位置。

2. 最大输出功率 P_{om} 和效率 η 的测量

(1) 测量 P_{om}。

输入端接 $f=1$ kHz 的正弦信号 u_i,输出端用示波器观察输出电压 u_o 波形。逐渐增大 u_i,使输出电压达到最大不失真输出,用交流毫伏表测出负载 R_L 上的电压 U_{om},则 $P_{om}=\frac{U_{om}^2}{R_L}$。

(2) 测量 η。

当输出电压为最大不失真输出时,读出直流毫安表中的电流值,此电流即为直流电源供给的平均电流 I_{DC}(有一定误差),由此可近似求得 $P_E=U_{CC}I_{DC}$,再根据上面测得的 P_{om},即可求出 $\eta=\frac{P_{om}}{P_E}$。

3. 输入灵敏度的测量

根据输入灵敏度的定义，只要测出输出功率 $P_o = P_{om}$ 时的输入电压值 U_i 即可。

4. 频率响应的测量

测量方法同第 2 篇实验 2，将测量值记入表 2-22 中。

表 2-22　频率响应的测量　　$U_i =$ ________ mV

			$f_L=$		$f_o=$			$f_H=$			
f/Hz					1 000						
U_o/V											
A_V											

在测量时，为保证电路的安全，应在较低电压下进行，通常取输入信号为输入灵敏度的 50%。在整个测量过程中，应保持 U_i 为恒定值，且输出波形不得失真。

5. 研究自举电路的作用

（1）测量自举电路，且 $P_o = P_{omax}$ 时的电压增益 $A_V = \frac{U_{om}}{U_i}$。

（2）将 C_2 开路，R 短路（无自举），再测量 $P_o = P_{omax}$ 时的 A_V。

用示波器观察(1)(2)两种情况下的输出电压波形，并将以上两项测量结果进行比较，分析研究自举电路的作用。

6. 噪声电压的测量

测量时将输入端短路（$u_i = 0$），观察输出噪声波形，并用交流毫伏表测量输出电压，即为噪声电压 U_N，本电路若 $U_N < 15$ mV，即满足要求。

7. 试听

输入信号改为录音机输出，输出端接试听音箱及示波器。开机试听，并观察语言和音乐信号的输出波形。

五、实验总结

（1）整理实验数据，计算静态工作点、最大不失真输出功率 P_{om}、效率 η 等，并与理论值进行比较。画频率响应曲线。

（2）分析自举电路的作用。

（3）讨论实验中发生的问题及解决办法。

六、预习要求

（1）复习有关 OTL 功率放大器工作原理部分的内容。

（2）为什么引入自举电路能够扩大输出电压的动态范围？

（3）交越失真产生的原因是什么？怎样克服交越失真？

（4）电路中电位器 R_{W2} 如果开路或短路，对电路工作有何影响？

（5）为了不损坏输出管，调试中应注意什么问题？

（6）如电路有自激现象，应如何消除？

实验6 差动放大器

一、实验目的

(1) 加深对差动放大器性能及特点的理解。

(2) 学习差动放大器主要性能指标的测试方法。

二、实验原理

图 2-17 所示为差动放大器的基本结构，它由两个元件参数相同的基本共射放大电路组成。当开关 S 拨向左边时，构成典型的差动放大器。调零电位器 R_P 用来调节 T_1、T_2 管的静态工作点，使得输入信号 $U_i=0$ 时，双端输出电压 $U_o=0$。R_E 为两管共用的发射极电阻，它对差模信号无负反馈作用，因而不影响差模电压放大倍数，但对共模信号有较强的负反馈作用，故可以有效地抑制零漂，稳定静态工作点。

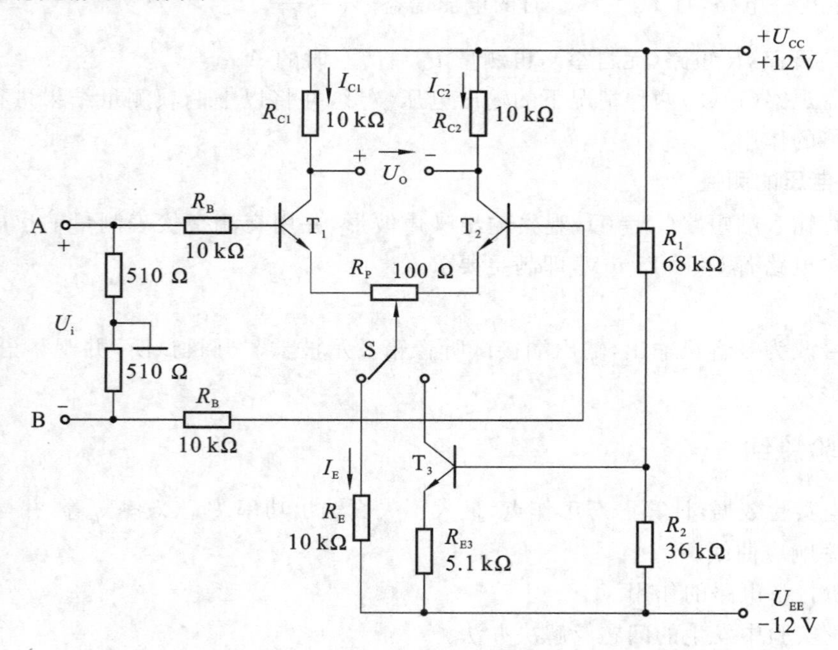

图 2-17 差动放大器电路

当开关 S 拨向右边时，构成具有恒流源的差动放大器。它用晶体管恒流源代替发射极电阻 R_E，可以进一步提高差动放大器抑制共模信号的能力。

1. 静态工作点的估算

典型电路 $$I_E \approx \frac{|U_{EE}|-U_{BE}}{R_E} \quad (\text{认为 } U_{B1}=U_{B2}\approx 0)$$

$$I_{C1}=I_{C2}=\frac{1}{2}I_E$$

恒流源电路
$$I_{C3} \approx I_{E3} \approx \frac{\frac{R_2}{R_1+R_2}(U_{CC}+|U_{EE}|)-U_{BE}}{R_{E3}}$$
$$I_{C1}=I_{C2}=\frac{1}{2}I_{C3}$$

2. 差模电压放大倍数和共模电压放大倍数

当差动放大器的射极电阻 R_E 足够大，或采用恒流源电路时，差模电压放大倍数 A_d 由输出端方式决定，而与输入方式无关。

双端输出 $R_E=\infty$，R_P 在中心位置时，有
$$A_d=\frac{\Delta U_o}{\Delta U_i}=-\frac{\beta R_C}{R_B+r_{be}+\frac{1}{2}(1+\beta)R_P}$$

单端输出
$$A_{d1}=\frac{\Delta U_{C1}}{\Delta U_i}=\frac{1}{2}A_d$$
$$A_{d2}=\frac{\Delta U_{C2}}{\Delta U_i}=-\frac{1}{2}A_d$$

当输入共模信号时，若为单端输出，则有
$$A_{C1}=A_{C2}=\frac{\Delta U_{C1}}{\Delta U_i}=\frac{-\beta R_C}{R_B+r_{be}+(1+\beta)\left(\frac{1}{2}R_P+2R_E\right)}\approx-\frac{R_C}{2R_E}$$

若为双端输出，在理想情况下 $A_C=\frac{\Delta U_o}{\Delta U_i}=0$。

实际上由于元件不可能完全对称，因此 A_C 也不会绝对等于零。

3. 共模抑制比 CMRR

为了表征差动放大器对有用信号（差模信号）的放大作用和对共模信号的抑制能力，通常用一个综合指标来衡量，即共模抑制比
$$\mathrm{CMRR}=\left|\frac{A_d}{A_C}\right| \quad 或 \quad \mathrm{CMRR}=20\log\left|\frac{A_d}{A_C}\right|(\mathrm{dB})$$

差动放大器的输入信号既可采用直流信号也可采用交流信号。本实验由函数信号发生器提供频率 $f=1$ kHz 的正弦信号作为输入信号。

三、实验设备与器件

模拟电路学习机，函数信号发生器，双踪示波器，交流毫伏表，万用表，晶体三极管 3DG6，电阻器、电容器若干。

四、实验内容

1. 典型差动放大器性能测试

按图 2-17 所示连接实验电路，开关 S 拨向左边，构成典型差动放大器。

(1) 测量静态工作点。

① 调节放大器零点。

信号源不接入，将放大器输入端 A、B 与地短接，接通 ±12 V 直流电源，用直流电压表测量

输出电压 U_o，调节调零电位器 R_P，使 $U_o=0$ V。调节要仔细，力求准确。

② 测量静态工作点。

零点调好以后，用直流电压表测量 T_1、T_2 管各电极电位及射极电阻 R_E 两端电压 U_{RE}，记入表 2-23 中。

表 2-23 测量静态工作点的各值

测量值	U_{C1}/V	U_{B1}/V	U_{E1}/V	U_{C2}/V	U_{B2}/V	U_{E2}/V	U_{RE}/V
计算值	I_C/mA		I_B/mA		U_{CE}/V		

(2) 测量差模电压放大倍数。

断开直流电源，将函数信号发生器的输出端接放大器输入 A 端，地端接放大器输入 B 端，构成单端输入方式，调节输入信号为频率 $f=1$ kHz 的正弦信号，并使输出旋钮旋至零，用示波器监视输出端(集电极 C_1 或 C_2 与地之间)。

接通±12 V 直流电源，逐渐增大输入电压 U_i(约 100 mV)，在输出波形无失真的情况下，用交流毫伏表测 U_i、U_{C1}、U_{C2}，记入表 2-24 中，并观察 u_i、u_{C1}、u_{C2} 之间的相位关系及 U_{RE} 随 U_i 改变而变化的情况。

(3) 测量共模电压放大倍数。

将放大器 A、B 短接，信号源接 A 端与地之间，构成共模输入方式，调节输入信号 $f=1$ kHz，$U_i=1$ V，在输出电压无失真的情况下，测量 U_{C1}、U_{C2}，记入表 2-24 中，并观察 u_i、u_{C1}、u_{C2} 之间的相位关系及 U_{RE} 随 U_i 改变而变化的情况。

表 2-24 测量差模电压放大倍数和共模电压放大倍数及差动放大电路性能

	典型差动放大电路		具有恒流源差动放大电路	
	单端输入	共模输入	单端输入	共模输入
U_i	100 mV	1 V	100 mV	1 V
U_{C1}/V				
U_{C2}/V				
$A_{d1}=\frac{U_{C1}}{U_i}$		—		—
$A_d=\frac{U_o}{U_i}$		—		—
$A_{C1}=\frac{U_{C1}}{U_i}$	—		—	
$A_C=\frac{U_o}{U_i}$	—		—	
$\text{CMRR}=\left\|\frac{A_{d1}}{A_{C1}}\right\|$				

2. 具有恒流源的差动放大电路性能测试

将图 2-17 所示电路中开关 S 拨向右边，构成具有恒流源的差动放大电路。重复本实验内容1-(2)、1-(3)的要求，记入表 2-24 中。

五、实验总结

(1) 整理实验数据，列表比较实验结果和理论估算值，分析误差原因。

① 静态工作点和差模电压放大倍数。

② 典型差动放大电路单端输出时 CMRR 实测值与理论值比较。

③ 典型差动放大电路单端输出时 CMRR 的实测值与具有恒流源的差动放大器 CMRR 实测值比较。

(2) 比较 u_i、u_{C1} 和 u_{C2} 之间的相位关系。

(3) 根据实验结果，总结电阻 R_E 和恒流源的作用。

六、预习要求

(1) 根据实验电路参数，估算典型差动放大器和具有恒流源的差动放大器的静态工作点及差模电压放大倍数(取 $\beta_1=\beta_2=100$)。

(2) 测量静态工作点时，放大器输入端 A、B 与地应如何连接？

(3) 实验中怎样获得双端和单端输入差模信号？怎样获得共模信号？画出 A、B 端与信号源之间的连接图。

(4) 怎样进行静态调零？用什么仪表测量 U_o？

(5) 怎样用交流毫伏表测量双端输出电压 U_o？

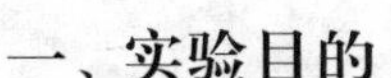

实验 7　负反馈放大器

一、实验目的

加深理解放大电路中引入负反馈的方法和负反馈对放大器各项性能指标的影响。

二、实验原理

负反馈在电路中有着非常广泛的应用，虽然它使放大器的放大倍数降低，但能在多方面改善放大器的动态指标，如稳定放大倍数，改变输入、输出电阻，减小非线性失真和展宽通频带等。因此，几乎所有的实用放大器都带有负反馈。

负反馈放大器有四种组态，即电压串联、电压并联、电流串联、电流并联。本实验以电压串联负反馈为例，分析负反馈对放大器各项性能指标的影响。

(1) 图 2-18 所示为带有负反馈的两级阻容耦合放大器电路，在电路中通过 R_f 把输出电压 u_o 引回到输入端，加在晶体管 T_1 的发射极上，在发射极电阻 R_{F1} 上形成反馈电压 u_f。根据反馈的判断法可知，它属于电压串联负反馈。

该放大器主要性能指标如下。

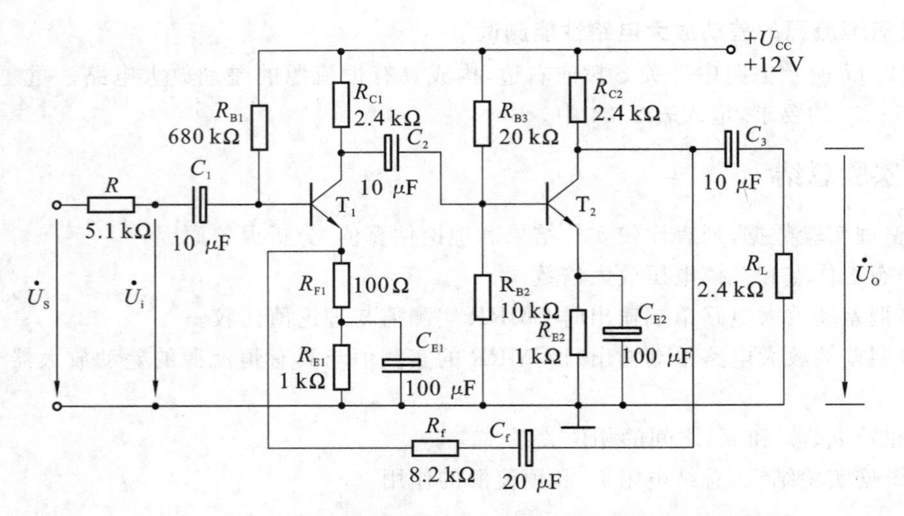

图 2-18　带有电压串联负反馈的两级阻容耦合放大器电路

① 闭环电压放大倍数。

$$A_{Vf}=\frac{A_V}{1+A_VF_V}$$

式中，$A_V=U_o/U_i$为基本放大器（无反馈）的电压放大倍数，即开环电压放大倍数；$1+A_VF_V$为反馈深度，它的大小决定了负反馈对放大器性能改善的程度。

② 反馈系数。

$$F_V=\frac{R_{F1}}{R_f+R_{F1}}$$

③ 输入电阻。

$$R_{if}=(1+A_VF_V)R_i$$

式中，R_i 为基本放大器的输入电阻。

④ 输出电阻。

$$R_{of}=\frac{R_o}{1+A_{VO}F_V}$$

式中，R_o为基本放大器的输出电阻，A_{Vo}为基本放大器 $R_L=\infty$时的电压放大倍数。

(2) 本实验还需要测量基本放大器的动态参数，怎样实现无反馈而得到基本放大器呢？不能简单地断开反馈支路，而是要去掉反馈作用，但又要把反馈网络的影响（负载效应）考虑到基本放大器中去。因此：

① 在画基本放大器的输入回路时，因为是电压负反馈，所以可将负反馈放大器的输出端交流短路，即令 $u_o=0$ V，此时 R_f相当于并联在 R_{F1}上；

② 在画基本放大器的输出回路时，由于输入端是串联负反馈，因此需将反馈放大器的输入端（T_1管的射极）开路，此时 R_f+R_{F1}相当于并接在输出端。可近似认为 R_f并接在输出端。

根据上述规律，就可得到所要求的如图 2-19 所示的基本放大器电路。

三、实验设备与器件

模拟电路学习机，函数信号发生器，双踪示波器，频率计，交流毫伏表，万用表，晶体三极管

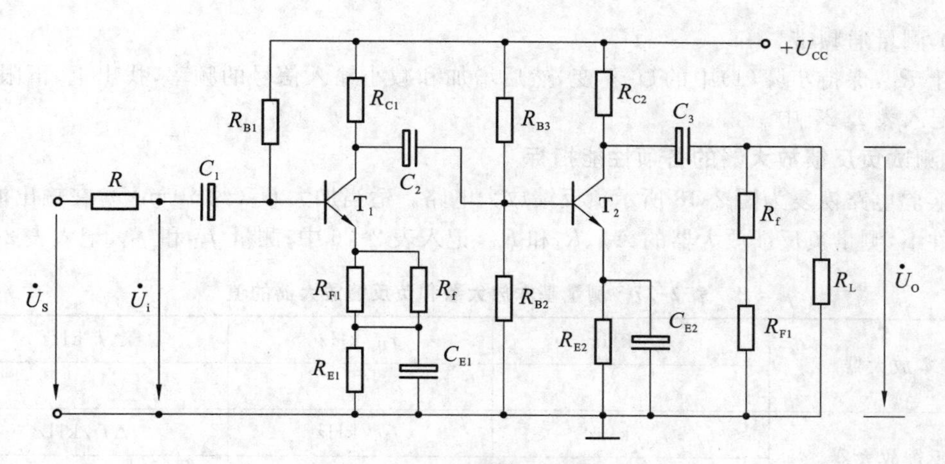

图 2-19　基本放大器电路

3DG6 或 9011，电阻器、电容器若干。

四、实验内容

1. 测量静态工作点

按图 2-18 所示连接实验电路，取 $U_{CC}=+12$ V，$U_i=0$，用直流电压表分别测量第一级、第二级的静态工作点，记入表 2-25 中。

表 2-25　测量第一级、第二级的静态工作点

	U_B/V	U_E/V	U_C/V	I_C/mA
第一级				
第二级				

2. 测试基本放大器的各项性能指标

将实验电路按图 2-19 所示改接，即把 R_f 断开后分别并在 R_{F1} 和 R_L 上，其他连线不动。

(1) 测量中频电压放大倍数 A_V、输入电阻 R_i 和输出电阻 R_o。

① 以 $f=1$ kHz、$U_S\approx5$ mV 正弦信号输入放大器，用示波器监视输出波形 u_o，在 u_o 不失真的情况下，用交流毫伏表测量 U_S、U_i、U_L，记入表 2-26 中。

② 保持 U_S 不变，断开负载电阻 R_L（注意 R_f 不要断开），测量空载时的输出电压 U_o，记入表 2-26 中。

表 2-26　用交流毫伏表测量各数值

基本放大器	U_S/mV	U_i/mV	U_L/V	U_o/V	A_V	R_i/kΩ	R_o/kΩ
负反馈放大器	U_S/mV	U_i/mV	U_L/V	U_o/V	A_{Vf}	R_{if}/kΩ	R_{of}/kΩ

(2) 测量通频带。

接上 R_L,保持步骤(1)中的 U_S 不变,然后增加和减小输入信号的频率,找出上、下限频率 f_H 和 f_L,记入表 2-27 中。

3. 测试负反馈放大器的各项性能指标

将实验电路恢复为图 2-18 所示负反馈放大电路。适当加大 U_S(约 10 mV),在输出波形不失真的条件下,测量负反馈放大器的 A_{Vf}、R_{if} 和 R_{of},记入表 2-26 中;测量 f_{Hf} 和 f_{Lf},记入表 2-27 中。

表 2-27 测量基本放大器和负反馈放大器的值

基本放大器	f_L/kHz	f_H/kHz	Δf/kHz
负反馈放大器	f_{Lf}/kHz	f_{Hf}/kHz	Δf_f/kHz

4. 观察负反馈对非线性失真的改善

(1) 实验电路改接成基本放大器形式,在输入端加入 f=1 kHz 的正弦信号,输出端接示波器,逐渐增大输入信号的幅度,使输出波形开始出现失真,记下此时的波形和输出电压的幅度。

(2) 再将实验电路改接成负反馈放大器形式,增大输入信号幅度,使输出电压幅度的大小与(1)相同,比较有负反馈时,输出波形的变化。

五、实验总结

(1) 将基本放大器和负反馈放大器动态参数的实测值和理论估算值列表进行比较。

(2) 根据实验结果,总结电压串联负反馈对放大器性能的影响。

六、预习要求

(1) 复习教材中有关负反馈放大器的内容。

(2) 按实验电路图 2-18 估算放大器的静态工作点(取 $\beta_1=\beta_2=100$)。

(3) 怎样把负反馈放大器改接成基本放大器?为什么要把 R_f 并接在输入和输出端?

(4) 估算基本放大器的 A_V、R_i、R_o,估算负反馈放大器的 A_{Vf}、R_{if}、R_{of},并验算它们的关系。

(5) 如果按深负反馈估算,则闭环电压放大倍数 A_{Vf} 等于多少?和测量值是否一致?为什么?

(6) 如果输入信号存在失真,能否用负反馈来改善?

(7) 怎样判断放大器是否存在自激振荡?如何进行消振?

实验 8 集成运算放大器的基本应用——模拟运算电路

一、实验目的

(1) 研究由集成运算放大器组成的比例、加法、减法和积分等基本运算电路的功能。

(2) 了解运算放大器在实际应用时应考虑的一些问题。

二、实验原理

集成运算放大器是一种具有高电压放大倍数的直接耦合多级放大电路。当外部接入不同的线性或非线性元器件组成输入和负反馈电路时，可以灵活地实现各种特定的函数关系。在线性应用方面，可组成比例、加法、减法、积分、微分、对数等模拟运算电路。

在大多数情况下，理想运算放大器特性将运算放大器视为理想运算放大器，就是将运算放大器的各项技术指标理想化，满足下列条件的运算放大器称为理想运算放大器：开环电压增益 $A_{Vd}=\infty$，输入阻抗 $r_i=\infty$，输出阻抗 $r_o=0$，带宽 $f_{BW}=\infty$，失调与漂移均为零。

理想运算放大器在线性应用时的两个重要特性如下。

（1）输出电压 U_o 与输入电压之间满足关系式 $U_o=A_{ud}(U_+-U_-)$。由于 $A_{Vd}=\infty$，而 U_o 为有限值，因此，$U_+-U_-\approx0$，即 $U_+\approx U_-$，称为“虚短”。

（2）由于 $r_i=\infty$，故流进运算放大器两个输入端的电流可视为零，即 $I_{IB}=0$，称为“虚断”。这说明运算放大器对其前级吸取电流极小。

上述两个特性是分析理想运算放大器应用电路的基本原则，可简化运算放大器电路的计算。

基本运算电路有以下几种。

1. 反相比例运算电路

反相比例运算电路如图 2-20 所示，对于理想运算放大器，该电路的输出电压与输入电压之间的关系为了减小输入级偏置电流引起的运算误差，在同相输入端应接入平衡电阻 $R_2=R_1 /\!/ R_F$，$U_o=-\dfrac{R_F}{R_1}U_i$。

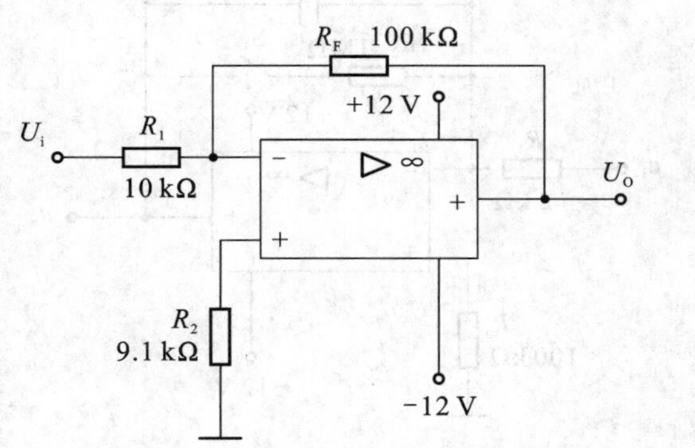

图 2-20　反相比例运算电路

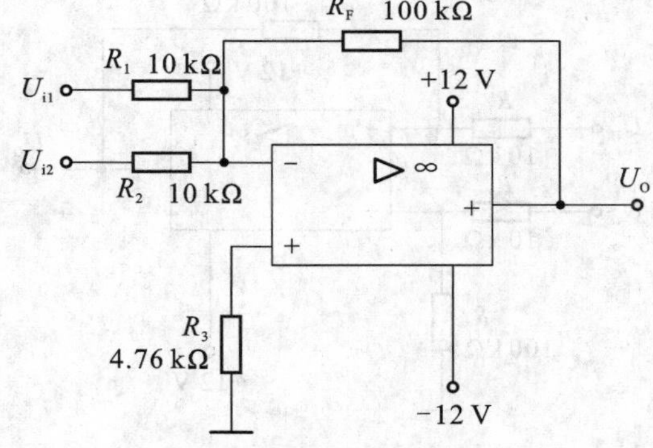

图 2-21　反相加法运算电路

2. 反相加法运算电路

反相加法运算电路如图 2-21 所示，输出电压与输入电压之间的关系为

$$U_o=-\left(\frac{R_F}{R_1}U_{i1}+\frac{R_F}{R_2}U_{i2}\right),\quad R_3=R_1 /\!/ R_2 /\!/ R_F$$

3. 同相比例运算电路

同相比例运算电路如图 2-22(a)所示，它的输出电压与输入电压之间的关系为

$$U_o=\left(1+\frac{R_F}{R_1}\right)U_i,\quad R_2=R_1 /\!/ R_F$$

当 $R_1\to\infty$ 时，$U_o=U_i$，即得到如图 2-22(b)所示的电压跟随器。图中 $R_2=R_F$，用于减小漂移和起保护作用。一般 R_F 取 10 kΩ，如果 R_F 太小起不到保护作用，太大则影响跟随性。

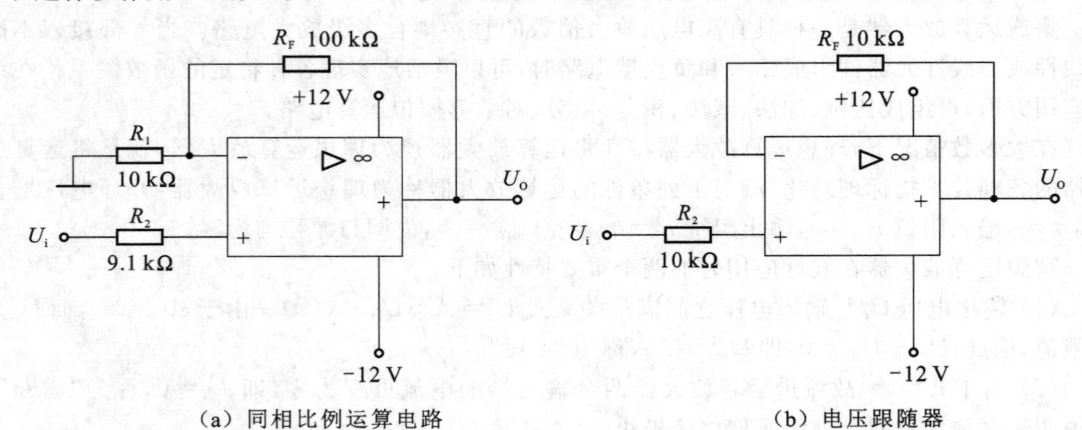

(a) 同相比例运算电路　　(b) 电压跟随器

图 2-22　同相比例运算电路

4. 减法运算电路(减法器)

减法运算电路如图 2-23 所示，当 $R_1=R_2$，$R_3=R_F$ 时，有

$$U_o=\frac{R_F}{R_1}(U_{i2}-U_{i1})$$

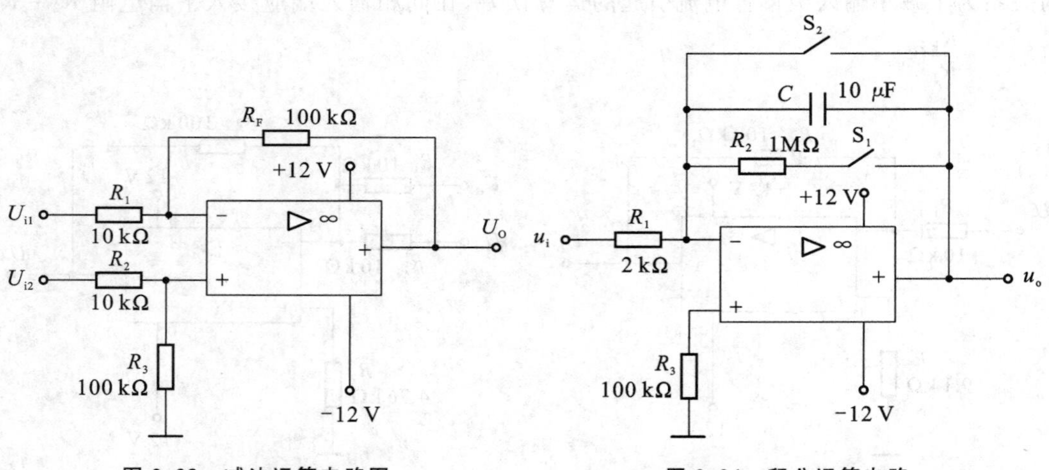

图 2-23　减法运算电路图　　**图 2-24　积分运算电路**

5. 积分运算电路

反相积分运算电路如图 2-24 所示，在理想化条件下，输出电压 u_o 可表示为

$$u_o(t)=-\frac{1}{R_1C}\int_0^t u_i\mathrm{d}t+u_C(0)$$

式中，$u_C(0)$ 是 $t=0$ 时刻电容 C 两端的电压值，即初始值。

如果 $u_i(t)$ 是幅值为 E 的阶跃电压，并设 $u_C(0)=0$，则

$$u_o(t)=-\frac{1}{R_1C}\int_0^t E\mathrm{d}t=-\frac{E}{R_1C}t$$

即输出电压 $u_o(t)$ 随时间增长而线性下降。显然 RC 的数值越大，达到给定的 U_o 值所需的时间就越长。积分输出电压所能达到的最大值受集成运算放大器最大输出范围的限值。

在进行积分运算之前，首先应对运算放大器调零。为了便于调节，将图中 S_1 闭合，即通过电阻 R_2 的负反馈作用帮助实现调零。但在完成调零后，应将 S_1 打开，以免因 R_2 的接入造成积分误差。S_2 的设置一方面为积分电容放电提供通路，同时可实现积分电容初始电压 $u_C(0)=0$ V；另一方面，可控制积分起始点，即在加入信号 u_i 后，只要 S_2 一打开，电容就将被恒流充电，电路也就开始进行积分运算。

三、实验设备与器件

模拟电路学习机，函数信号发生器，交流毫伏表，万用表，集成运算放大器 μA741，电阻器、电容器若干。

四、实验内容

实验前要看清运算放大器组件各管脚的位置，切忌正、负电源极性接反和输出端短路，否则将会损坏集成块。另外，实验中提到的调零消振步骤，由于实验设备限制，可省略该步。关于调零消振可参考第 2 篇实验 13 中“集成运算放大器在使用时应考虑的一些问题”部分。

1. 反相比例运算电路

（1）按图 2-20 所示连接实验电路，接通 ±12 V 电源，输入端对地短路，进行调零和消振。

（2）输入 $f=100$ Hz、$U_i=0.5$ V 的正弦交流信号，测量相应的 U_o，并用示波器观察 u_o 和 u_i 的相位关系，记入表 2-28 中。

表 2-28　测量反相比例运算电路　　$U_i=0.5$ V，$f=100$ Hz

U_i/V	U_o/V	u_i 波形	u_o 波形	A_V	
		u_i ↑ O → t	u_o ↑ O → t	实测值	计算值

2. 同相比例运算电路

（1）按图 2-22(a)所示连接实验电路。实验步骤同内容 1，将结果记入表 2-29 中。

（2）将图 2-22(a)中的 R_1 断开，得图 2-22(b)电路，然后重复内容 1。

表 2-29　测量同相比例运算电路　　$U_i=0.5$ V，$f=100$ Hz

U_i/V	U_o/V	u_i 波形	u_o 波形	A_V	
		u_i ↑ O → t	u_o ↑ O → t	实测值	计算值

3. 反相加法运算电路

（1）按图 2-21 所示连接实验电路，调零和消振。

（2）输入信号采用直流信号，图 2-25 所示电路为简易可调直流信号源电路，由实验者自行

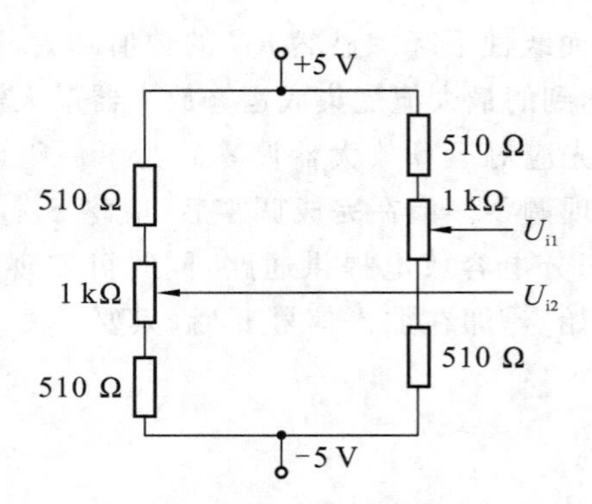

图 2-25　简易可调直流信号源电路

完成。实验时要注意选择合适的直流信号幅度以确保集成运算放大器工作在线性区。用直流电压表测量输入电压 U_{i1}、U_{i2} 及输出电压 U_o，记入表2-30中。

表 2-30　测量反相加法运算电路

U_{i1}/V					
U_{i2}/V					
U_o/V					

4. 减法运算电路

(1) 按图 2-23 所示连接实验电路，调零和消振。

(2) 采用直流输入信号，实验步骤同内容 3，记入表 2-31 中。

表 2-31　测量减法运算电路

U_{i1}/V					
U_{i2}/V					
U_o/V					

5. 积分运算电路

按图 2-24 所示连接实验电路。

(1) 打开 S_2，闭合 S_1，对运算放大器输出进行调零。

(2) 调零完成后，再打开 S_1，闭合 S_2，使 $u_C(0)=0$。

(3) 预先调好直流输入电压 $U_i=0.5$ V，接入实验电路，再打开 S_2，然后用直流电压表测量输出电压 U_o，每隔 5 秒读一次 U_o，记入表 2-32 中，直到 U_o 不继续明显增大为止。

表 2-32　测量积分运算电路 t 时刻的 U_o 值

t/s	0	5	10	15	20	25	30	…
U_o/V								

五、实验总结

(1) 整理实验数据，画出波形图(注意波形间的相位关系)。

(2) 将理论计算结果和实测数据相比较，分析产生误差的原因。

(3) 分析讨论实验中出现的现象和问题。

六、预习要求

(1) 复习集成运算放大器线性应用部分内容，并根据实验电路参数计算各电路输出电压的理论值。

(2) 在反相加法运算电路中，如果 U_{i1} 和 U_{i2} 均采用直流信号，并选定 $U_{i2}=-1$ V，当考虑到运算放大器的最大输出幅度(±12 V)时，$|U_{i1}|$ 的大小不应超过多少？

(3) 在积分运算电路中，如果 $R_1=100$ kΩ，$C=4.7$ μF，求时间常数。假设 $U_i=0.5$ V，问要使输出电压 U_o 达到 5 V，需多长时间(设 $u_C(0)=0$)？

(4) 为了不损坏集成块，实验中应注意什么问题？

实验 9　集成运算放大器的基本应用——有源滤波器

一、实验目的

(1) 熟悉用运算放大器、电阻和电容组成有源低通滤波器、高通滤波器、带通滤波器和带阻滤波器。

(2) 学会测量有源滤波器的幅频特性。

二、实验原理

由 *RC* 元件与运算放大器组成的滤波器称为 *RC* 有源滤波器，其功能是让一定频率范围内的信号通过，抑制或急剧衰减此频率范围以外的信号。*RC* 有源滤波器可应用在信息处理、数据传输、抑制干扰等方面，但因受运算放大器频带限制，这类滤波器主要用于低频范围。根据对频率范围的选择不同，*RC* 有源滤波器可分为低通(LPF)、高通(HPF)、带通(BPF)和带阻(BEF)等四种滤波器，它们的幅频特性如图 2-26 所示。

具有理想幅频特性的滤波器是很难实现的，只能用实际的幅频特性去逼近理想的。一般来说，滤波器的幅频特性越好，相频特性就越差，反之亦然。滤波器的阶数越高，幅频特性衰减的速率就越快，但 *RC* 网络的节数越多，元件参数计算就越烦琐，电路调试就越困难。任何高阶滤波器均可以用较低的二阶 *RC* 有源滤波器级联实现。

1. 低通滤波器(LPF)

低通滤波器的作用是通过低频信号衰减或抑制高频信号。如图 2-27(a)所示为典型的二阶有源低通滤波器电路。它由两级 *RC* 滤波环节与同相比例运算电路组成，其中第一级电容 *C* 接至输出端，引入适量的正反馈，以改善幅频特性。图 2-27(b)所示为二阶低通滤波器的幅频特性曲线。

电路性能参数如下。

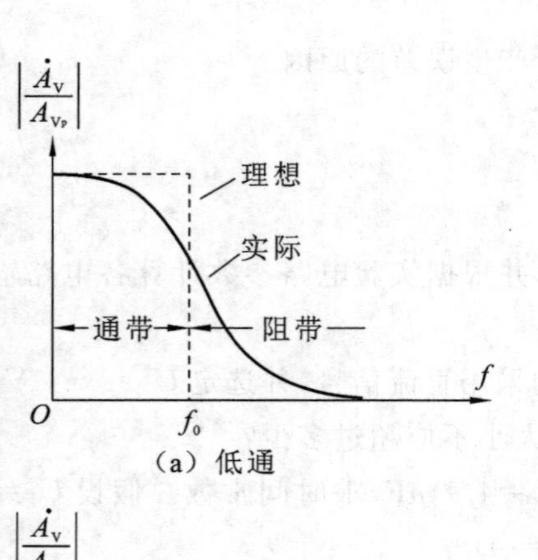

（a）低通

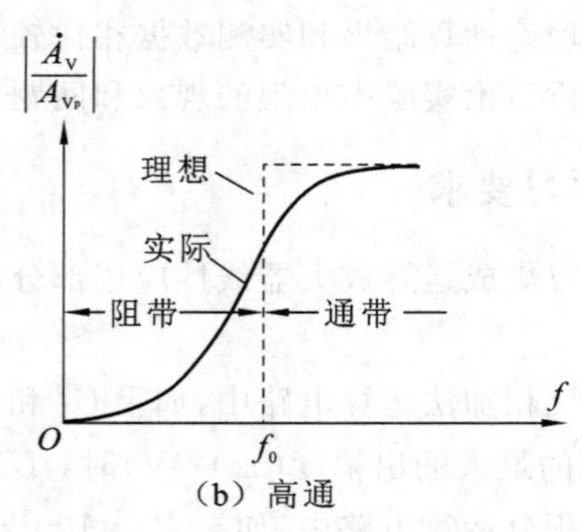

（b）高通

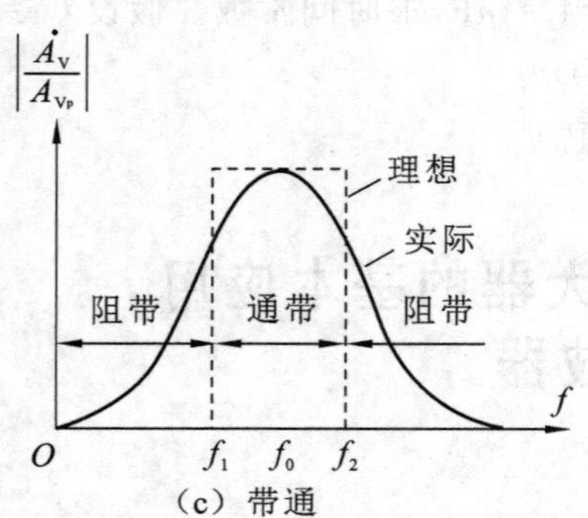

（c）带通

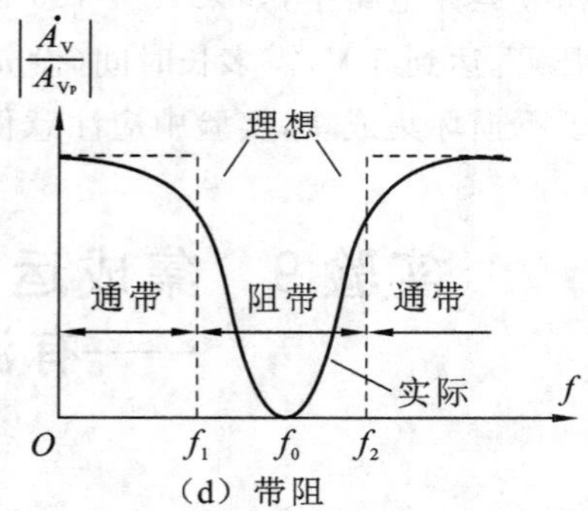

（d）带阻

图 2-26　四种滤波电路的幅频特性曲线

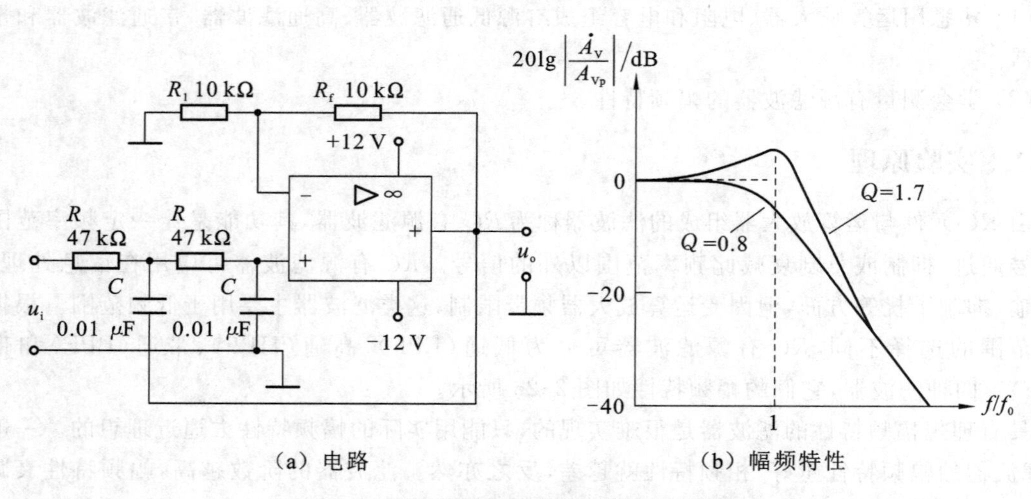

（a）电路　　（b）幅频特性

图 2-27　二阶低通滤波器及其幅频特性曲线

（1）通带增益　$$A_{Vp}=1+\frac{R_f}{R_1}$$

（2）截止频率　$$f_0=\frac{1}{2\pi RC}$$

它是二阶低通滤波器通带与阻带的界限频率。

（3）品质因数　$$Q=\frac{1}{3-A_{Vp}}$$

它的大小影响低通滤波器在截止频率处幅频特性的形状。

2. 高通滤波器(HPF)

与低通滤波器相反,高通滤波器的作用是通过高频信号,衰减或抑制低频信号。只要将图 2-27 所示低通滤波电路中起滤波作用的电阻、电容互换,即可变成二阶有源高通滤波器,如图 2-28(a)所示。

高通滤波器的性能与低通滤波器的相反,其频率响应和低通滤波器是"镜像"关系,电路性能参数 A_{Vp}、f_0、Q 各量的含义同二阶低通滤波器。图 2-28(b)所示为二阶高通滤波器的幅频特性曲线。

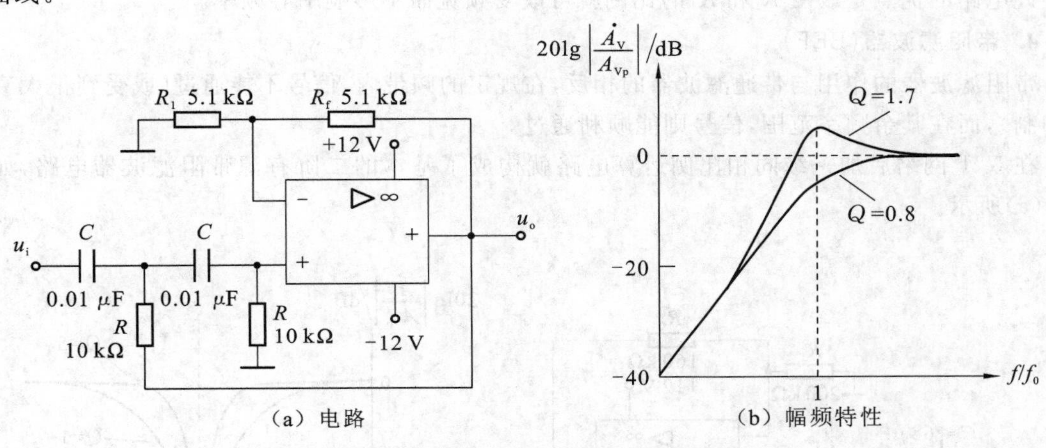

图 2-28　二阶高通滤波器及其幅频特性曲线

3. 带通滤波器(BPF)

带通滤波器的作用是只允许在某一个通频带范围内的信号通过,而对比通频带下限频率低、比上限频率高的信号均加以衰减或抑制。典型的带通滤波器可以从二阶低通滤波器中将其中一级改成高通而成,如图 2-29(a)所示。

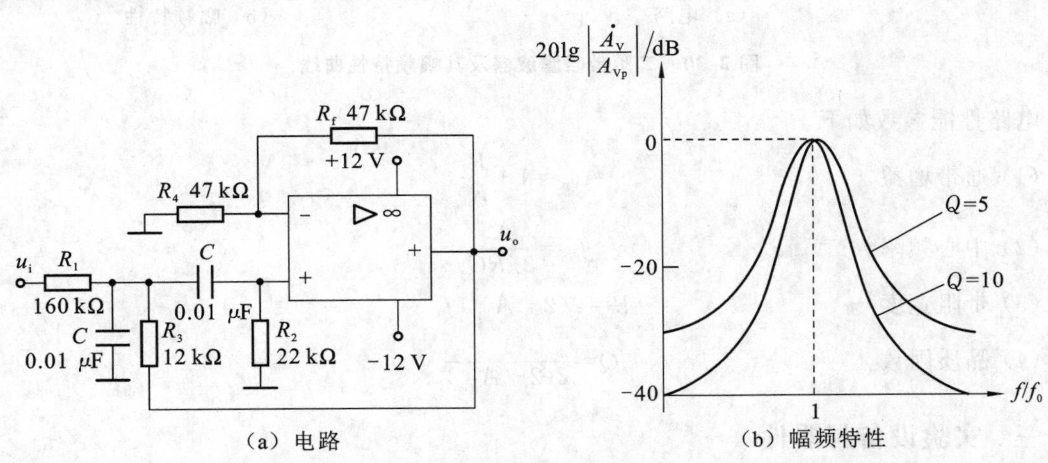

图 2-29　二阶带通滤波器及其幅频特性曲线

电路性能参数如下。

(1) 通带增益 $A_{\mathrm{Vp}}=\dfrac{R_4+R_f}{R_4R_1CB}$

(2) 中心频率 $f_0=\dfrac{1}{2\pi}\sqrt{\dfrac{1}{R_2C^2}\left(\dfrac{1}{R_1}+\dfrac{1}{R_3}\right)}$

(3) 通带宽度 $B=\dfrac{1}{C}\left(\dfrac{1}{R_1}+\dfrac{2}{R_2}-\dfrac{R_f}{R_3R_4}\right)$

(4) 品质因数 $Q=\dfrac{\omega_0}{B}$

此电路的优点是改变 R_f 和 R_4 的比例就可改变频宽而不影响中心频率。

4. 带阻滤波器(BEF)

带阻滤波器的作用与带通滤波器的相反,在规定的频带内,信号不能通过(或受到很大衰减或抑制),而在其余频率范围,信号则能顺利通过。

在双 T 网络后加一级同相比例运算电路就构成了基本的二阶有源带阻滤波器电路,如图 2-30(a)所示。

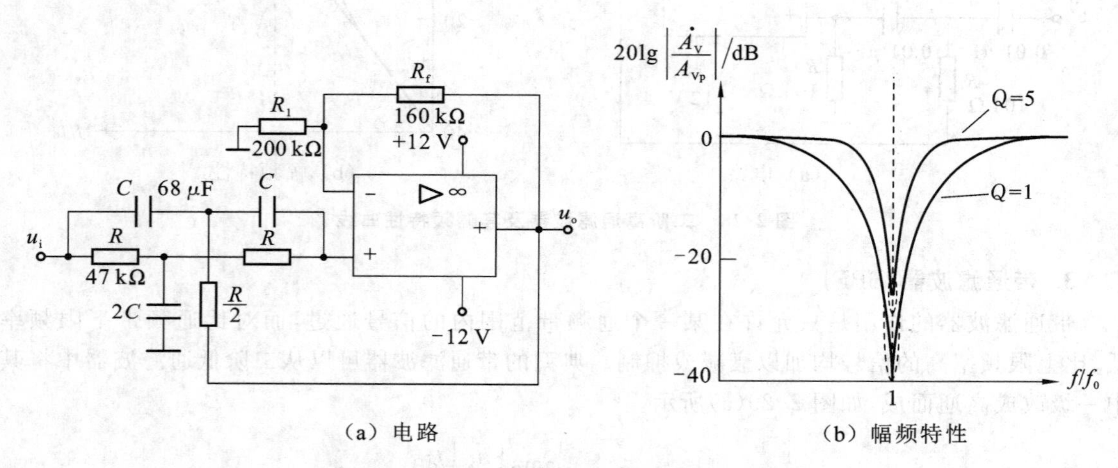

(a) 电路 (b) 幅频特性

图 2-30 二阶带阻滤波器及其幅频特性曲线

电路性能参数如下。

(1) 通带增益 $A_{\mathrm{Vp}}=1+\dfrac{R_f}{R_1}$

(2) 中心频率 $f_0=\dfrac{1}{2\pi RC}$

(3) 带阻宽度 $B=2(2-A_{\mathrm{Vp}})f_0$

(4) 品质因数 $Q=\dfrac{1}{2(2-A_{\mathrm{Vp}})}$

三、实验设备与器件

模拟电路学习机,函数信号发生器,双踪示波器,交流毫伏表,频率计,集成运算放大器 μA741,电阻器、电容器若干。

四、实验内容

1. 二阶低通滤波器

实验电路如图 2-27(a)所示。

(1) 粗测。接通±12 V 电源，u_i接函数信号发生器，令其输出为 $U_i=1$ V 的正弦波信号，在滤波器截止频率附近改变输入信号频率，用示波器或交流毫伏表观察输出电压幅度的变化是否具备低通特性，如不具备，应排除电路故障。

(2) 在输出波形不失真的条件下，选取适当幅度的正弦输入信号，在维持输入信号幅度不变的情况下，逐点改变输入信号频率。测量输出电压，记入表 2-33 中，描绘频率特性曲线。

表 2-33　测量二阶低通滤波器的 f 和 U_o 值

f/Hz									
U_o/V									

2. 二阶高通滤波器

实验电路如图 2-28(a)所示。

(1) 粗测。输入 $U_i=1$ V 正弦波信号，在滤波器截止频率附近改变输入信号频率，观察电路是否具备高通特性。

(2) 测绘电路的幅频特性，记入表 2-34 中。

表 2-34　测量二阶高通滤波器的 f 和 U_o 值

f/Hz									
U_o/V									

3. 带通滤波器

实验电路如图 2-29(a)所示。

(1) 实测电路的中心频率 f_0。

(2) 以实测中心频率为中心，测绘电路的幅频特性，记入表 2-35 中。

表 2-35　测量带通滤波器的 f 和 U_o 值

f/Hz									
U_o/V									

4. 带阻滤波器

实验电路如图 2-30(a)所示。

(1) 实测电路的中心频率 f_0。

(2) 测绘电路的幅频特性，记入表 2-36 中。

表 2-36　测量带阻滤波器的 f 和 U_o 值

f/Hz								
U_o/V								

五、实验总结

(1) 整理实验数据,画出各电路实测的幅频特性曲线。

(2) 根据实验曲线,计算截止频率、中心频率、带宽及品质因数。

(3) 总结有源滤波电路的特性。

六、预习要求

(1) 复习教材有关滤波器的内容。

(2) 分析图 2-27、图 2-28、图 2-29、图 2-30 所示电路,写出它们的增益特性表达式。

(3) 计算图 2-27、图 2-28 的截止频率,计算图 2-29、图 2-30 的中心频率。

(4) 画出上述四种电路的幅频特性曲线。

实验 10　RC 正弦波振荡器

一、实验目的

(1) 进一步学习 RC 正弦波振荡器的组成及其振荡条件。

(2) 学会测量、调试振荡器。

二、实验原理

从结构上看,正弦波振荡器是没有输入信号而带有选频网络的正反馈放大器。若用 R、C 元件组成选频网络,就称其为 RC 振荡器,一般用来产生 1 Hz～1 MHz 的低频信号。

1. RC 移相振荡器

RC 移相振荡器电路如图 2-31 所示,选择 $R \gg R_i$。

振荡频率
$$f_0=\frac{1}{2\pi\sqrt{6}RC}$$

起振条件
$$|\dot{A}|>29$$

电路特点:简便,但选频作用差,振幅不稳,频率调节不便,一般用于频率固定且稳定性要求不高的场合。

频率范围:几赫至数十千赫。

2. RC 串并联网络(文氏桥)振荡器

RC 串并联网络振荡器电路如图 2-32 所示。

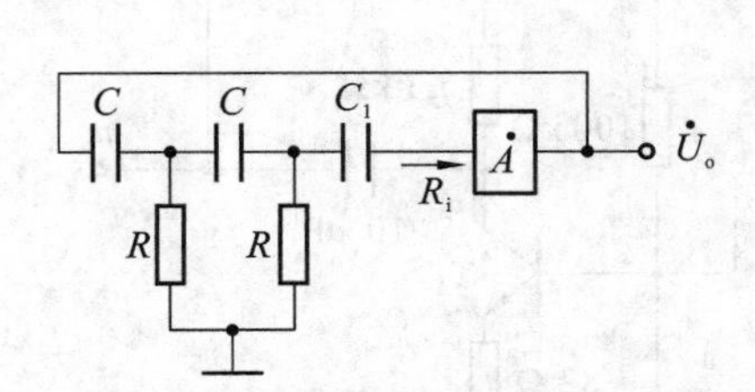

图 2-31　RC 移相振荡器电路

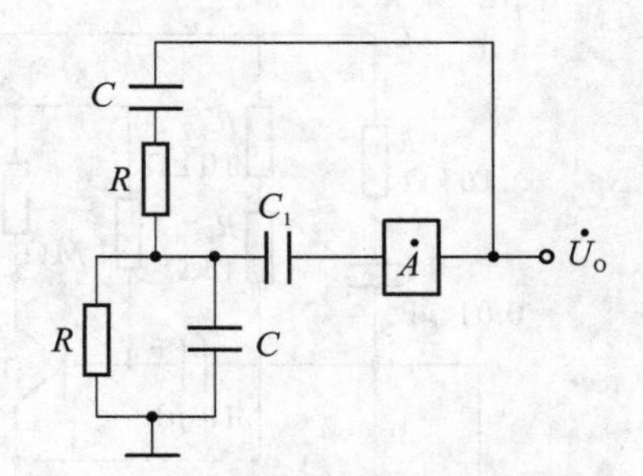

图 2-32　RC 串并联网络振荡器电路

振荡频率
$$f_0=\frac{1}{2\pi RC}$$

起振条件
$$|\dot{A}|>3$$

电路特点：可方便地连续改变振荡频率，便于加负反馈稳幅，容易得到良好的振荡波形。

3. 双 T 选频网络振荡器

双 T 选频网络振荡器电路如图 2-33 所示。

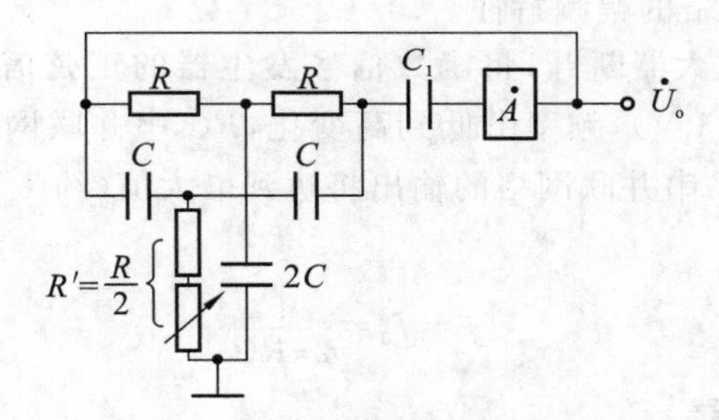

图 2-33　双 T 选频网络振荡器电路

振荡频率
$$f_0=\frac{1}{5RC}$$

起振条件
$$R'<\frac{R}{2},\quad |\dot{A}|>1$$

电路特点：选频特性好，调频困难，适于产生单一频率的振荡。

三、实验设备与器件

模拟电路学习机，函数信号发生器，双踪示波器，频率计，直流电压表，3DG12 或 9013，电阻器、电容器、电位器若干。

四、实验内容

1. RC 串并联选频网络振荡器

（1）按图 2-34 所示连接线路。

（2）断开 RC 串并联网络，测量放大器静态工作点及电压放大倍数。

（3）接通 RC 串并联网络，并使电路起振，用示波器观测输出电压 u_o 波形，调节 R_f，获得满意的正弦信号，记录波形及其参数。

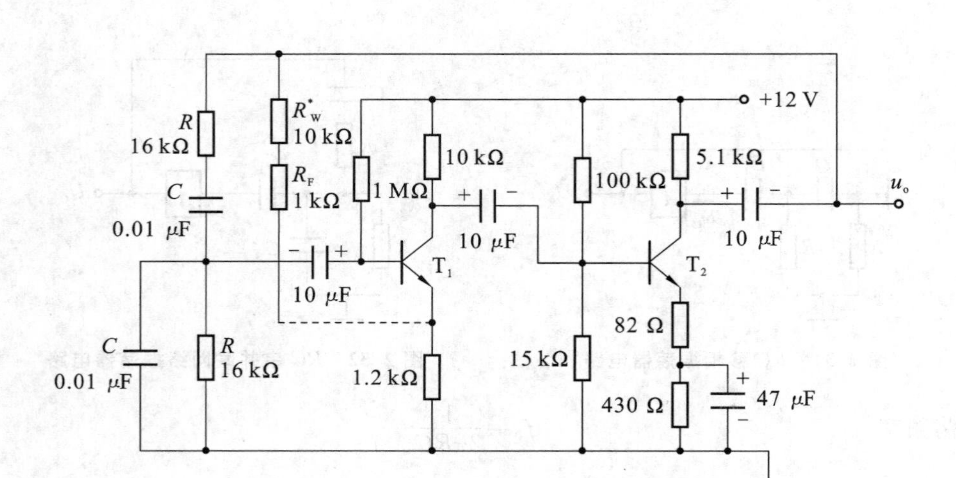

图 2-34　*RC* 串并联选频网络振荡器电路

(4) 测量振荡频率，并与计算值进行比较。

(5) 改变 *R* 或 *C* 值，观察振荡频率的变化情况。

(6) 观察 *RC* 串并联网络的幅频特性。

将 *RC* 串并联网络与放大器断开，将函数信号发生器的正弦信号注入 *RC* 串并联网络，保持输入信号的幅度不变(约 3 V)，频率由低到高变化，*RC* 串并联网络输出幅值将随之变化，当信号源达到某一频率时，*RC* 串并联网络的输出将达到最大值(约 1 V)，且输入、输出同相位，此时信号源频率为

$$f=f_0=\frac{1}{2\pi RC}$$

2. 双 T 选频网络振荡器

(1) 按图 2-35 所示连接线路。

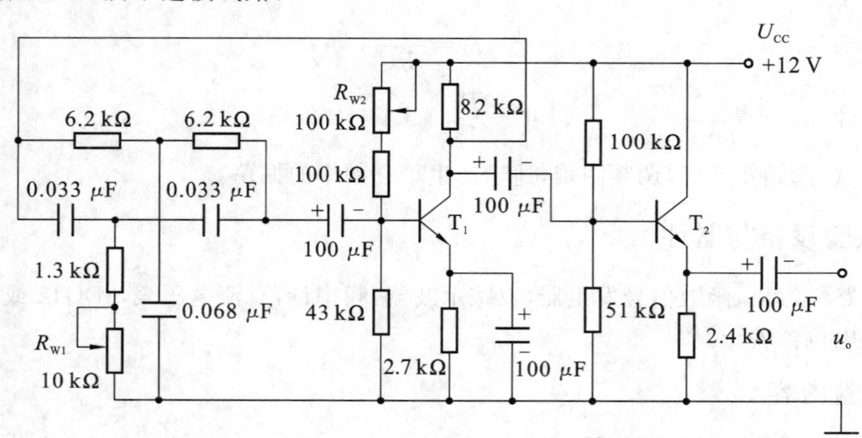

图 2-35　双 T 网络 *RC* 正弦波振荡器电路

(2) 断开双 T 网络，调试 T_1 管静态工作点，使 U_{C1} 为 6～7 V。

(3) 接入双 T 网络，用示波器观察输出波形。若不起振，调节 R_{W1}，使电路起振。

(4) 测量电路振荡频率，并与计算值比较。

*3. RC 移相式振荡器

(1) 按图 2-36 所示连接线路。

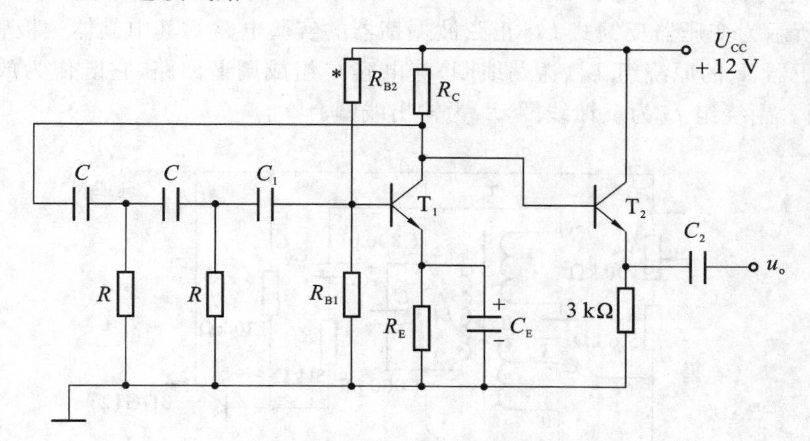

图 2-36　RC 移相式振荡器电路

(2) 断开 RC 移相电路，调整放大器的静态工作点，测量放大器电压放大倍数。

(3) 接通 RC 移相电路，调节 R_{B2} 使电路起振，并使输出波形幅度最大，用示波器观测输出电压 u_o 波形，同时用频率计和示波器测量振荡频率，并与理论值比较。

五、实验总结

(1) 由给定电路参数计算振荡频率，并与实测值比较，分析误差产生的原因。
(2) 总结三种类型 RC 振荡器的特点。

六、预习要求

(1) 复习教材有关三种类型 RC 振荡器的结构与工作原理。
(2) 计算三种实验电路的振荡频率。
(3) 如何用示波器来测量振荡电路的振荡频率？

实验 11　LC 正弦波振荡器

一、实验目的

(1) 掌握变压器反馈式 LC 正弦波振荡器的调整和测试方法。
(2) 研究电路参数对 LC 振荡器起振条件及输出波形的影响。

二、实验原理

LC 正弦波振荡器是用 L、C 元件组成选频网络的振荡器，一般用来产生 1 MHz 以上的高

* 选做，参数自选。

频正弦信号。根据 LC 调谐回路连接方式的不同，LC 正弦波振荡器可分为变压器反馈式（或称互感耦合式）、电感三点式和电容三点式三种。

图 2-37 所示为变压器反馈式 LC 正弦波振荡器的实验电路。其中晶体三极管 T_1 组成共射放大电路，变压器 T_r 的原绕组 L_1（振荡线圈）与电容 C 组成调谐回路，它既作为放大器的负载，又起选频作用。副绕组 L_2 为反馈线圈，L_3 为输出线圈。

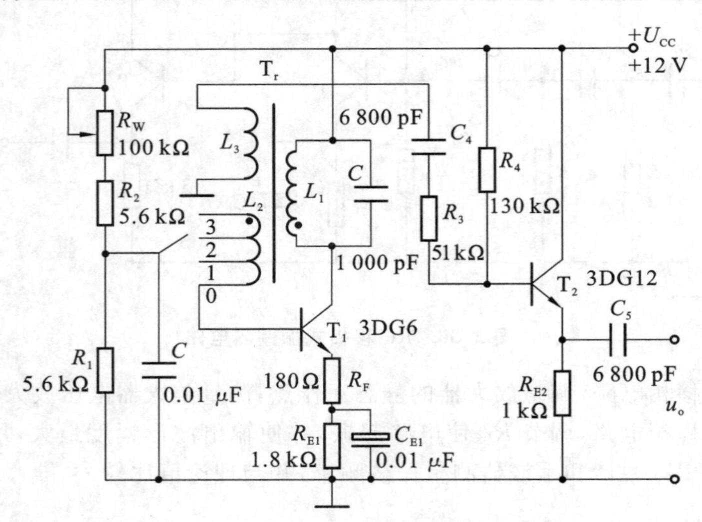

图 2-37 LC 正弦波振荡器实验电路

该电路是靠变压器原、副绕组同名端的正确连接来满足自激振荡的相位条件，即满足正反馈条件。在实际调试中，可以把振荡线圈 L_1 或反馈线圈 L_2 的首、末端对调，来改变反馈的极性。而振幅条件的满足，首先是靠合理选择电路参数，使放大器建立合适的静态工作点；其次是改变线圈 L_2 的匝数或 L_2 与 L_1 之间的耦合程度，以得到足够强的反馈量。稳幅作用是利用晶体管的非线性来实现的。由于 LC 并联谐振回路具有良好的选频作用，因此输出电压波形一般失真不大。

振荡器的振荡频率由谐振回路的电感和电容决定，即

$$f_0=\frac{1}{2\pi\sqrt{LC}}$$

式中，L 为并联谐振回路的等效电感（即考虑其他绕组的影响）。

三、实验设备与器件

模拟电路学习机，双踪示波器，交流毫伏表，直流电压表，频率计，振荡线圈。

四、实验内容

按图 2-37 所示连接实验电路。电位器 R_W 置最大位置，振荡电路的输出端接示波器。

1. 静态工作点的调整

（1）接通 $U_{CC}=+12$ V 电源，调节电位器 R_W，使输出端得到不失真的正弦波形，如果不起振，可改变 L_2 的首末端位置，使之起振。

测量两管的静态工作点及正弦波的有效值 U_0，记入表 2-37 中。

(2) 调小 R_W，观察输出波形的变化。测量有关数据，记入表 2-37 中。

(3) 调大 R_W，使振荡波形刚刚消失，测量有关数据，记入表 2-37 中。

表 2-37　测量静态工作点的各值

		U_B/V	U_E/V	U_C/V	I_C/mA	U_0/V	u_o 波形
R_W居中	t_1						u_o 0 t
	t_2						
R_W小	t_1						u_o 0 t
	t_2						
R_W大	t_1						u_o 0 t
	t_2						

根据以上三组数据，分析静态工作点对电路起振、输出波形幅度和失真的影响。

2. 观察反馈量大小对输出波形的影响

置反馈线圈 L_2 于位置 0(无反馈)、1(反馈量不足)、2(反馈量合适)、3(反馈量过强)，测绘相应的输出电压波形，记入表 2-38 中。

表 2-38　测绘相应的输出电压波形

L_2位置	0	1	2	3
u_o波形	u_o 0 t	u_o 0 t	u_o 0 t	u_o 0 t

3. 验证相位条件

改变线圈 L_2 的首、末端位置，观察停振现象；恢复 L_2 的正反馈接法，改变 L_1 的首末端位置，观察停振现象。

4. 测量振荡频率

调节 R_W 使电路正常起振，同时用示波器和频率计测量两种情况下的振荡频率 f_0，记入表 2-39 中。谐振回路电容：(1) C=1 000 pF；(2) C=100 pF。

表 2-39　测量振荡频率

C/pF	1 000	100
f/kHz		

5. 观察谐振回路 Q 值对电路工作的影响

谐振回路两端并入 R=5.1 kΩ 的电阻，观察 R 并入前后振荡波形的变化情况。

五、实验总结

(1) 整理实验数据,并分析讨论。

① LC 正弦波振荡器的相位条件和幅值条件。

② 电路参数对 LC 振荡器起振条件及输出波形的影响。

(2) 讨论实验中发现的问题及解决办法。

六、预习要求

(1) 复习教材中有关 LC 振荡器的内容。LC 振荡器是怎样进行稳幅的?在不影响起振的条件下,晶体管的集电极电流是大一些好还是小一些好?

(2) 为什么通过测量停振和起振两种情况下晶体管的 U_{BE} 变化来判断振荡器是否起振?

实验 12 直流稳压电源——串联型晶体管稳压电源

一、实验目的

(1) 研究单相桥式整流、电容滤波电路的特性。

(2) 掌握串联型晶体管稳压电源主要技术指标的测试方法。

二、实验原理

电子设备一般都需要直流电源供电。这些直流电除了少数直接利用电池和直流发电机外,大多数是采用把交流电(市电)转变为直流电的直流稳压电源。

直流稳压电源由电源变压器、整流电路、滤波电路和稳压电路四部分组成,其原理图如图2-38所示。电网供给的交流电压 u_1(220 V,50 Hz)经电源变压器降压后,得到符合电路需要的交流电压 u_2,然后由整流电路变换成方向不变、大小随时间变化的脉动电压 u_3,再用滤波器滤去其交流分量,就可得到比较平直的直流电压 U_i。但这样的直流输出电压,还会随交流电网电压的波动或负载的变动而变化。在对直流供电要求较高的场合,还需要使用稳压电路,以保证输出直流电压更加稳定。

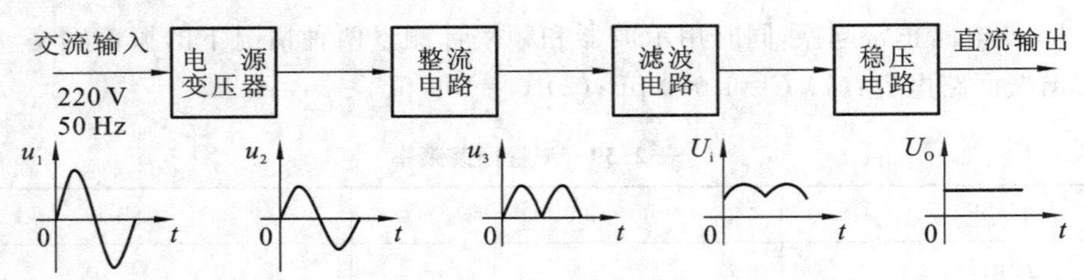

图 2-38 直流稳压电源原理图

图 2-39 所示为由分立元件组成的串联型稳压电源实验电路。其整流部分为单相桥式整

流、电容滤波电路，稳压部分为串联型稳压电路，它由调整元件（晶体管 T_1）、比较放大器（T_2、R_7）、取样电路（R_1、R_2、R_W）、基准电压（D_W、R_3）、过流保护电路（晶体管 T_3）及电阻（R_4、R_5、R_6）等组成。整个稳压电路是一个具有电压串联负反馈的闭环系统，其稳压过程：当电网电压波动或负载变动引起输出直流电压发生变化时，取样电路取出输出电压的一部分送入比较放大器，并与基准电压进行比较，产生的误差信号经 T_2 放大后送至调整管 T_1 的基极，使调整管改变其管压降，以补偿输出电压的变化，从而达到稳定输出电压的目的。

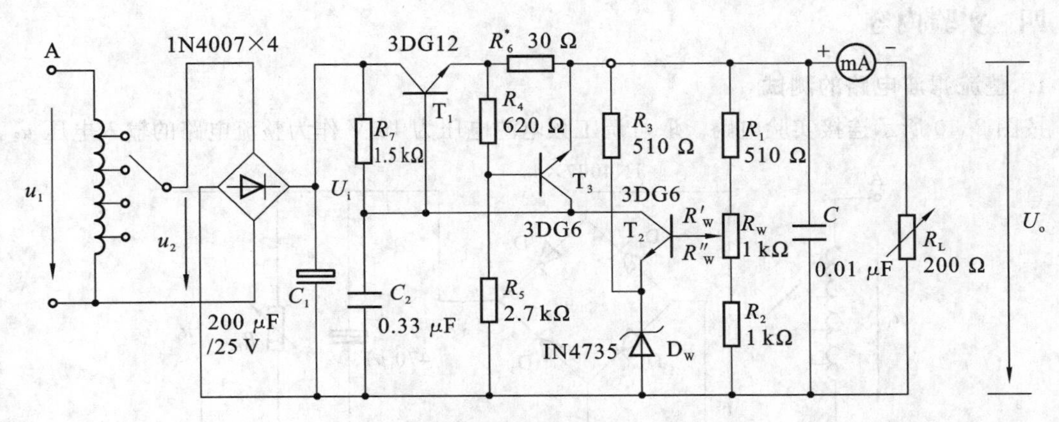

图 2-39　串联型稳压电源实验电路

在稳压电路中，调整管与负载串联，因此流过它的电流与负载电流一样大。当输出电流过大或发生短路时，调整管会因电流过大或电压过高而损坏，所以需要对调整管加以保护。在图 2-39 所示电路中，晶体管 T_3、R_4、R_5、R_6 组成减流型保护电路。此电路设计在 $I_{oP}=1.2I_o$ 时开始起保护作用，此时输出电流减小，输出电压降低。故障排除后电路应能自动恢复正常工作。在调试时，若保护作用提前，应减少 R_6 值；若保护作用滞后，则应增大 R_6 值。

稳压电源的主要性能指标如下。

（1）输出电压 U_o 和输出电压调节范围。

$$U_o=\frac{R_1+R_W+R_2}{R_2+R''_W}(U_Z+U_{BE2})$$

调节 R_W 可以改变输出电压 U_o。

（2）最大负载电流 I_{om}。

（3）输出电阻 R_o。

输出电阻 R_o 是指，当输入电压 U_i（指稳压电路输入电压）保持不变，由于负载变化而引起的输出电压变化量与输出电流变化量之比，即

$$R_o=\left.\frac{\Delta U_o}{\Delta I_o}\right|_{U_i=\text{常数}}$$

（4）稳压系数 S（电压调整率）。

稳压系数是指，当负载保持不变，输出电压相对变化量与输入电压相对变化量之比，即

$$S=\left.\frac{\Delta U_o/U_o}{\Delta U_i/U_i}\right|_{R_L=\text{常数}}$$

由于工程上常把电网电压波动±10％作为极限条件，因此也有将此时输出电压的相对变化

$\Delta U_o/U_o$作为衡量指标，称为电压调整率。

（5）纹波电压。

纹波电压是指在额定负载条件下，输出电压中所含交流分量的有效值（或峰值）。

三、实验设备与器件

模拟电路学习机，双踪示波器，交流毫伏表，万用表。

四、实验内容

1．整流滤波电路的测试

按图 2-40 所示连接实验电路。取可调工频电源电压为 16 V 作为整流电路的输入电压 u_2。

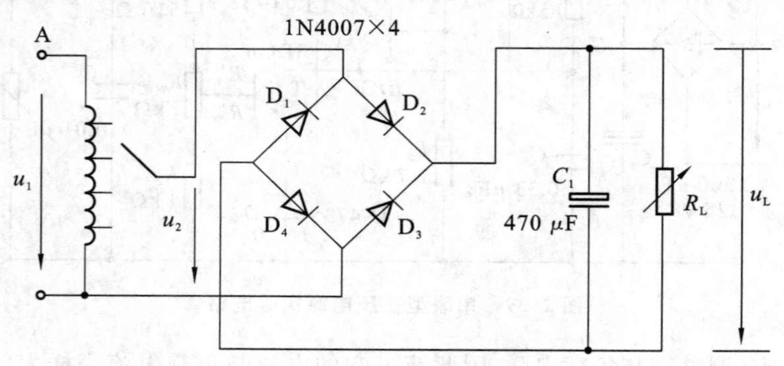

图 2-40　整流滤波电路

（1）取 $R_L=240\ \Omega$，不加滤波电容，测量直流输出电压 U_L 及纹波电压 $\widetilde{U}_L$，并用示波器观察 u_2 和 U_L 波形，记入表 2-40 中。

（2）取 $R_L=240\ \Omega$，$C=470\ \mu F$，重复内容（1）的要求，记入表 2-40 中。

表 2-40　测量输出电压和滤波电压并绘制 U_L 波形　　$U_2=16$ V

电路形式		U_L/V	$\widetilde{U}_L$/V	U_L波形
$R_L=240\ \Omega$	~			
$R_L=240\ \Omega$ $C=470\ \mu F$	~			
$R_L=120\ \Omega$ $C=470\ \mu F$	~			

(3) 取 $R_L=120\ \Omega$，$C=470\ \mu F$，重复内容(1)的要求，记入表2-40中。

注意：① 每次改接电路时，必须切断工频电源。

② 在观察输出电压 U_L 波形的过程中，"Y轴灵敏度"旋钮位置调好以后，不要再变动，否则将无法比较各波形的脉动情况。

2. 串联型稳压电源性能的测试

切断工频电源，在图2-40的基础上按图2-39连接实验电路。

(1) 初测。稳压器输出端负载开路，断开保护电路，接通16 V工频电源，测量整流电路输入电压 u_2、滤波电路输出电压 U_i（稳压器输入电压）及输出电压 U_o。调节电位器 R_W，观察 U_o 的大小和变化情况，如果 U_o 能跟随 R_W 线性变化，这说明稳压电路各反馈环路工作基本正常；否则，说明稳压电路有故障，因为稳压器是一个深负反馈的闭环系统，只要环路中任一个环节出现故障（某管截止或饱和），稳压器就会失去自动调节作用。此时可分别检查基准电压 U_Z、输入电压 U_i、输出电压 U_o，以及比较放大器和调整管各电极的电位（主要是 U_{BE} 和 U_{CE}），分析它们的工作状态是否都处在线性区，从而找出不能正常工作的原因。排除故障以后就可以进行下一步测试。

(2) 测量输出电压可调范围。接入负载 R_L（滑线变阻器），并调节 R_L，使输出电流 $I_o\approx100$ mA，再调节电位器 R_W，测量输出电压可调范围 $U_{omin}\sim U_{omax}$，且使 R_W 动点在中间位置附近时 $U_o=12$ V。若不满足要求，可适当调整 R_1、R_2 值。

(3) 测量各级静态工作点。调节输出电压 $U_o=12$ V，输出电流 $I_o=100$ mA，测量各级静态工作点，记入表2-41中。

表2-41　测量各级静态工作点　　$u_2=16$ V，$U_o=12$ V，$I_o=100$ mA

	T_1	T_2	T_3
U_B/V			
U_C/V			
U_E/V			

(4) 测量稳压系数 S。取 $I_o=100$ mA，按表2-42改变整流电路输入电压 u_2（模拟电网电压波动），分别测出相应的稳压器输入电压 U_i 及输出直流电压 U_o，记入表2-42中。

表2-42　测量稳压器输入电压和输出电压　　$I_o=100$ mA

测试值			计算值
u_2/V	U_i/V	U_o/V	S
14		12	$S_{12}=$ ____ $S_{23}=$ ____
16			
18			

(5) 测量输出电阻 R_o。取 $u_2=16$ V，改变滑线变阻器位置，使 I_o 为空载、50 mA和100 mA，测量相应的 U_o 值，记入表2-43中。

表 2-43 测量相应的 U_o 值 $U_2=16$ V

测试值		计算值
I_o/mA	U_o/V	R_o/Ω
空载		$R_{o12}=$____
50	12	
100		$R_{o23}=$____

(6) 测量输出纹波电压。取 $u_2=16$ V，$U_o=12$ V，$I_o=100$ mA，测量输出纹波电压 $\widetilde{U}_o$，并作记录。

(7) 调整过流保护电路。

① 断开工频电源，接上保护回路，再接通工频电源，调节 R_W、R_L，使 $U_o=12$ V，$I_o=100$ mA，此时保护电路应不起作用。测出 T_3 管各极电位值。

② 逐渐减小 R_L，使 I_o增加到 120 mA，观察 U_o是否下降，并测出起保护作用时 T_3 管各极的电位值。若保护作用过早或滞后，可改变 R_6 值进行调整。

③ 用导线瞬时短接一下输出端，测量 U_o值，然后去掉导线，检查电路是否能自动恢复正常工作。

五、实验总结

(1) 对表 2-40 所测结果进行全面分析，总结桥式整流、电容滤波电路的特点。

(2) 根据表 2-42 和表 2-43 所测数据，计算稳压电路的稳压系数 S 和输出电阻 R_o，并进行分析。

(3) 分析讨论实验中出现的故障及其排除方法。

六、预习要求

(1) 复习教材中有关分立元件稳压电源部分内容，并根据实验电路参数估算 U_o的可调范围及 $U_o=12$ V 时 T_1、T_2 管的静态工作点(假设调整管的饱和压降 $U_{CE1S}\approx1$ V)。

(2) 说明图 2-39 中 u_2、U_i、U_o及 $\widetilde{U}_0$ 的物理意义，选择合适的测量仪表。

(3) 在桥式整流电路实验中，能否用双踪示波器同时观察 u_2 和 u_L 波形？为什么？

(4) 在桥式整流电路中，如果某个二极管发生开路、短路或反接三种情况，将会出现什么问题？

(5) 为了使稳压电源的输出电压 $U_o=12$ V，则其输入电压的最小值 U_{imin} 应等于多少？交流输入电压 u_{2min} 又怎样确定？

(6) 当稳压电源输出不正常或输出电压 U_o不随取样电位器 R_W 而变化时，应如何进行检查找出故障所在？

(7) 分析保护电路的工作原理。

(8) 怎样提高稳压电源的性能指标(减小 S 和 R_o)？

第 2 部分　综合性实验

实验 13　集成运算放大器指标测试

一、实验目的

(1) 掌握集成运算放大器主要指标的测试方法。

(2) 通过对集成运算放大器主要指标的测试,了解集成运算放大器组件的主要参数的定义和表示方法。

二、实验原理

集成运算放大器是一种线性集成电路,和其他半导体器件一样,它用一些性能指标来衡量其质量的优劣。为了正确使用集成运算放大器,就必须了解它的主要参数指标。集成运算放大器组件的各项指标通常是由专用仪器进行测试的,这里介绍的是一种简易测试方法。

本实验采用的集成运算放大器型号为 μA741(或 F007),引脚排列如图 2-41 所示。它是八脚双列直插式组件,脚 2 和脚 3 为反相和同相输入端,脚 6 为输出端,脚 7 和脚 4 为正、负电源端,脚 1 和脚 5 为失调调零端,脚 1、5 之间可接入一只几十千欧的电位器并将滑动触头接到负电源端,脚 8 为空脚。

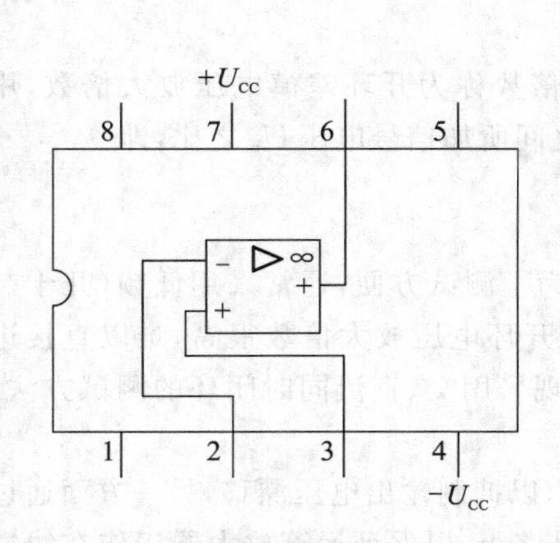

图 2-41　集成运算放大器 μA741 管脚图

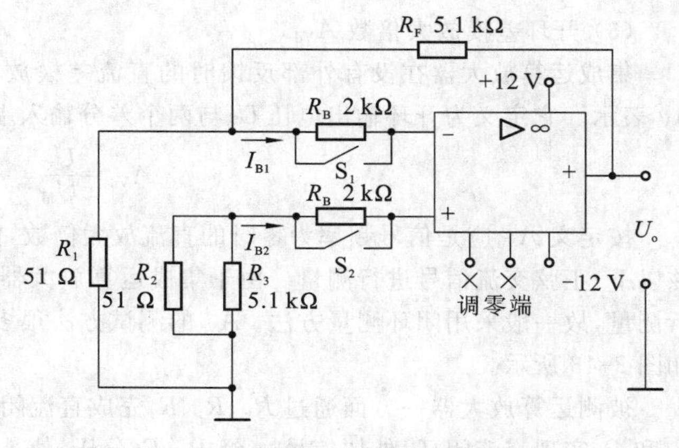

图 2-42　U_{oS}、I_{oS} 测试电路

1. 集成运算放大器主要指标测试

(1) 输入失调电压 U_{oS}。

理想运算放大器组件,当输入信号为零时,其输出也为零。但是即使是最优质的集成组件,由于运算放大器内部差动输入级参数的不完全对称,输出电压往往不为零。这种零输入时输出不为零的现象称为集成运算放大器的失调。

输入失调电压U_{oS}是指输入信号为零时，输出端出现的电压折算到同相输入端的数值。

失调电压测试电路如图 2-42 所示。闭合开关 S_1 及 S_2，使电阻 R_B 短接，测量此时的输出电压 U_{o1} 即为输出失调电压，则输入失调电压为

$$U_{oS}=\frac{R_1}{R_1+R_F}U_{o1}$$

实际测出的U_{o1}可能为正，也可能为负，一般在 1～5 mV。对于高质量的运算放大器，U_{oS}在 1 mV以下。

测试中注意：① 将运算放大器调零端开路；② 要求电阻 R_1 和 R_2、R_3 和 R_F 的参数严格对称。

(2) 输入失调电流 I_{oS}。

输入失调电流 I_{oS}是指当输入信号为零时，运算放大器的两个输入端的基极偏置电流之差，即

$$I_{oS}=|I_{B1}-I_{B2}|$$

输入失调电流的大小反映了运算放大器内部差动输入级两个晶体管 β 的失配度，由于 I_{B1}、I_{B2} 本身的数值已很小(微安级)，因此它们的差值通常不是直接测量的。失调电流测试电路如图 2-42 所示，测试分两步进行：

① 闭合开关 S_1、S_2，在低输入电阻下，测出输出电压 U_{o1}，如前所述，这是由输入失调电压U_{oS}所引起的输出电压。

② 断开 S_1、S_2，两输入端电阻 R_B接入，由于 R_B阻值较大，流经它们的输入电流的差异，将变成输入电压的差异，因此，也会影响输出电压的大小，可见测出两个电阻 R_B 接入时的输出电压 U_{o2}，若从中扣除输入失调电压 U_{0S}的影响，则输入失调电流 I_{oS}为

$$I_{oS}=|I_{B1}-I_{B2}|=|U_{o2}-U_{o1}|\frac{R_1}{R_1+R_F}\frac{1}{R_B}$$

一般来说，I_{oS}约为几十至几百 nA(10^{-9} A)。高质量的运算放大器，I_{oS}低于 1 nA。

测试中注意：① 将运算放大器调零端开路；② 两输入端电阻 R_B必须精确配对。

(3) 开环差模放大倍数 A_{Vd}。

集成运算放大器在没有外部反馈时的直流差模放大倍数称为开环差模电压放大倍数，用 A_{Vd}表示。它定义为开环输出电压 U_o与两个差分输入端之间所加信号电压 U_{id}之比，即

$$A_{Vd}=\frac{U_o}{U_{id}}$$

按定义 A_{Vd}应是信号频率为零时的直流放大倍数，但为了测试方便，通常采用低频(几十赫兹以下)正弦交流信号进行测量。由于集成运算放大器的开环电压放大倍数很高，难以直接进行测量，故一般采用闭环测量方法。A_{Vd}的测试方法很多，现采用交、直流同时闭环的测试方法，如图 2-43 所示。

被测运算放大器一方面通过 R_F、R_1、R_2完成直流闭环，以抑制输出电压漂移，另一方面通过 R_F和 R_S实现交流闭环，外加信号 u_S经 R_1、R_2分压，使 u_{id}足够小，以保证运算放大器工作在线性区，同相输入端电阻 R_3应与反相输入端电阻 R_2相匹配，以减小输入偏置电流的影响，电容 C 为隔直电容。被测运算放大器的开环电压放大倍数为

$$A_{Vd}=\frac{U_o}{U_{id}}=\left(1+\frac{R_1}{R_2}\right)\frac{U_o}{U_i}$$

通常低增益运算放大器 A_{Vd}约为 60～70 dB，中增益运算放大器约为 80 dB，高增益运算放大器可达 120～140 dB。

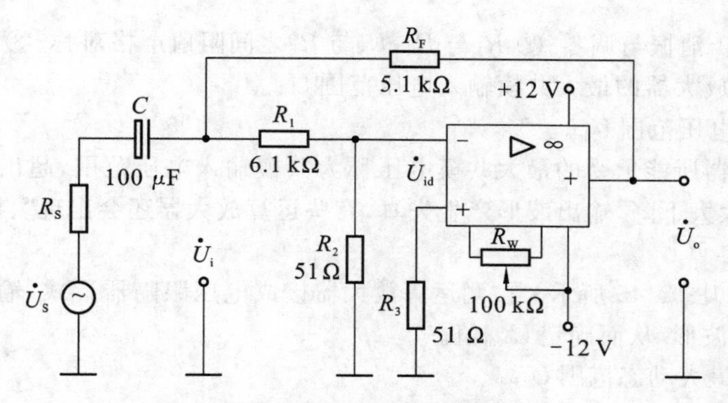

图 2-43　A_{Vd}测试电路

测试中注意：① 测试前电路应首先消振及调零；② 被测运算放大器要工作在线性区；③ 输入信号频率应较低，一般在 50～100 Hz，输出信号幅度应较小，且无明显失真。

(4) 共模抑制比 CMRR。

集成运算放大器的差模电压放大倍数 A_d 与共模电压放大倍数 A_C 之比称为共模抑制比，即

$$\mathrm{CMRR}=\left|\frac{A_d}{A_c}\right| \quad \text{或} \quad \mathrm{CMRR}=20\lg\left|\frac{A_d}{A_c}\right| \text{(dB)}$$

在应用中，共模抑制比是一个很重要的参数，理想运算放大器对输入的共模信号其输出为零，但在实际的集成运算放大器中，其输出不可能没有共模信号的成分，输出端共模信号越小，说明电路对称性越好，也就是说运算放大器对共模干扰信号的抑制能力越强，即 CMRR 越大。CMRR 的测试电路如图 2-44 所示。

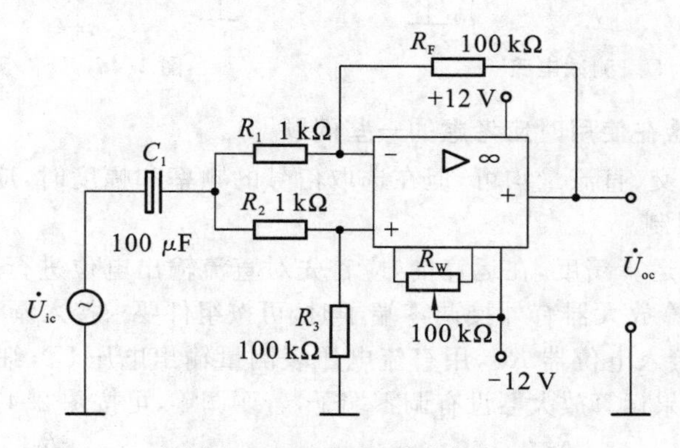

图 2-44　CMRR 测试电路

集成运算放大器工作在闭环状态下的差模电压放大倍数为

$$A_d=-\frac{R_F}{R_1}$$

当接入共模输入信号 U_{ic} 时，测得 U_{oc}，则共模电压放大倍数为

$$A_c=\frac{U_{oc}}{U_{ic}}$$

得共模抑制比为

$$\mathrm{CMRR}=\left|\frac{A_d}{A_c}\right|=\frac{R_F}{R_1}\frac{U_{ic}}{U_{oc}}$$

测试中注意：① 消振与调零；② R_1与R_2、R_3与R_F之间阻值严格对称；③ 输入信号U_{ic}幅度必须小于集成运算放大器的最大共模输入电压范围U_{icm}。

(5) 共模输入电压范围U_{icm}。

集成运算放大器所能承受的最大共模电压称为共模输入电压范围，超出这个范围，运算放大器的 CMRR 会大大下降，输出波形产生失真，有些运算放大器还会出现"自锁"现象及永久性的损坏。

U_{icm}测试电路如图 2-45 所示。被测运算放大器接成电压跟随器形式，输出端接示波器，观察最大不失真输出波形，从而确定U_{icm}值。

(6) 输出电压最大动态范围U_{oP-P}。

集成运算放大器的动态范围与电源电压、外接负载及信号源频率有关。U_{oP-P}测试电路如图 2-46 所示。改变u_S幅度，观察u_o削顶失真开始时刻，从而确定u_o的不失真范围，这就是运算放大器在某一定电源电压下可能输出的电压峰值U_{oP-P}。

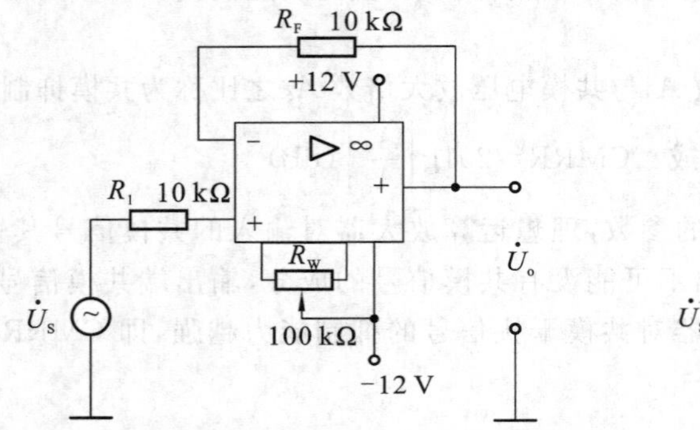

图 2-45 U_{icm}测试电路

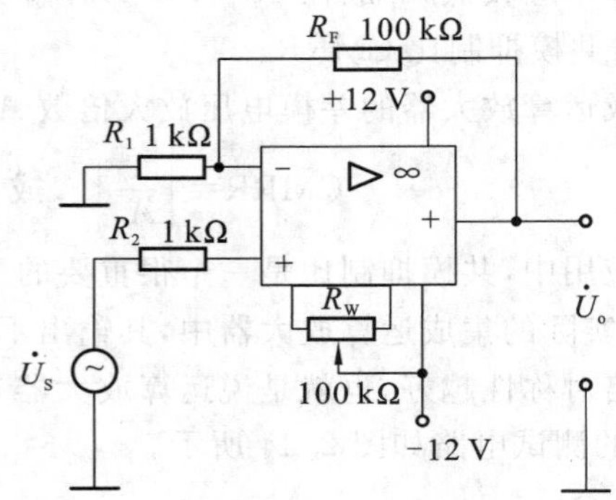

图 2-46 U_{oP-P}测试电路

2. 集成运算放大器在使用时应考虑的一些问题

(1) 输入信号选用交、直流量均可，但在选取信号的频率和幅度时，应考虑运算放大器的频响特性和输出幅度的限制。

(2) 调零。为提高运算精度，在运算前，应首先对直流输出电位进行调零，即保证输入为零时，输出也为零。当运算放大器有外接调零端子时，可按组件要求接入调零电位器R_W。调零时，将输入端接地，调零端接入电位器R_W，用直流电压表测量输出电压U_o，细心调节R_W，使U_o为零（即失调电压为零）。如果运算放大器没有调零端子，若要调零，可按图 2-47 所示电路进行调零。

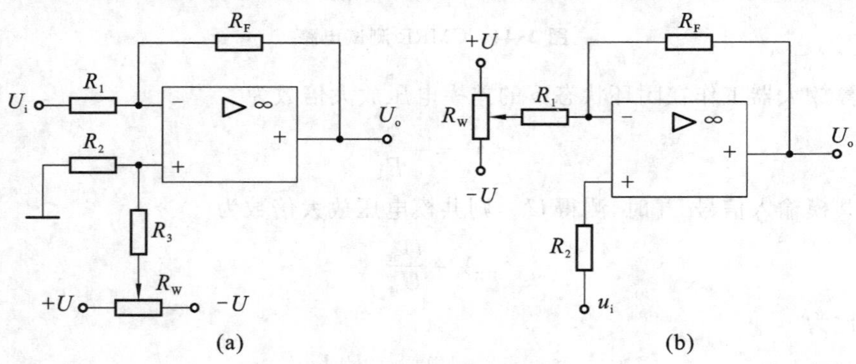

图 2-47 调零电路

一个运算放大器如果不能调零，大致有如下原因：① 组件正常，接线有错误；② 组件正常，但负反馈不够强（R_F/R_1 太大），为此可将 R_F 短路，观察是否能调零；③ 组件正常，但由于它所允许的共模输入电压太低，可能出现自锁现象，因而不能调零，为此可将电源断开后，再重新接通，如果能恢复正常，则属于这种情况；④ 组件正常，但电路有自激现象，应进行消振；⑤ 组件内部损坏，应更换好的集成块。

（3）消振。一个集成运算放大器自激时，表现为即使输入信号为零，亦会有输出，使各种运算功能无法实现，严重时还会损坏器件。在实验中，可用示波器监视输出波形。为消除运算放大器的自激，常采用如下措施：① 若运算放大器有相位补偿端子，可利用外接 RC 补偿电路，产品手册中有补偿电路及元件参数提供；② 电路布线、元器件布局应尽量减少分布电容；③ 在正、负电源进线与地之间接上几十微法的电解电容和 0.01～0.1 μF 的陶瓷电容相并联，以减小电源引线的影响。

三、实验设备与器件

模拟电路学习机，交流毫伏表，函数信号发生器，万用表，双踪示波器，集成运算放大器 μA741，电阻器、电容器若干。

四、实验内容

实验前看清运算放大器管脚排列及电源电压极性及数值，切忌正、负电源接反。

1. 测量输入失调电压 U_{oS}

按图 2-42 连接实验电路，闭合开关 S_1、S_2，用直流电压表测量输出端电压 U_{o1}，并计算 U_{oS}，记入表 2-44 中。

表 2-44　测量计算 U_{oS}、I_{oS}、A_{Vd} 和 CMRR

U_{oS}/mV		I_{oS}/nA		A_{Vd}/dB		CMRR/dB	
实测值	典型值	实测值	典型值	实测值	典型值	实测值	典型值
	2～10		50～100		100～106		80～86

2. 测量输入失调电流 I_{oS}

实验电路如图 2-42，打开开关 S_1、S_2，用直流电压表测量 U_{o2}，并计算 I_{oS}，记入表2-44中。

3. 测量开环差模电压放大倍数 A_{Vd}

按图 2-43 连接实验电路，运算放大器输入端加频率 100 Hz、大小约 30～50 mV 正弦信号，用示波器监视输出波形。用交流毫伏表测量 U_o、U_i，并计算 A_{Vd}，记入表 2-44 中。

4. 测量共模抑制比 CMRR

按图 2-44 连接实验电路，运算放大器输入端加 f=100 Hz、U_{ic}=1～2 V 正弦信号，监视输出波形。测量 U_{oc}、U_{ic}，计算 A_C、CMRR，记入表 2-44 中。

5. 测量共模输入电压范围 U_{icm} 及输出电压最大动态范围 $U_{oP\text{-}P}$

自拟实验步骤及方法。

五、实验总结

（1）将所测得的数据与典型值进行比较。

（2）对实验结果及实验中碰到的问题进行分析、讨论。

六、预习要求

（1）查阅集成运算放大器 μA741 典型指标数据及管脚功能。

（2）测量输入失调参数时，为什么运算放大器反相及同相输入端的电阻要精选？以保证严格对称。

（3）测量输入失调参数时，为什么要将运算放大器调零端开路？而在进行其他测试时，则要求对输出电压进行调零？

（4）测试信号的频率选取的原则是什么？

实验 14　集成运算放大器的基本应用——电压比较器

一、实验目的

（1）掌握电压比较器的电路构成及特点。

（2）学会测试比较器的方法。

二、实验原理

电压比较器是集成运算放大器非线性应用电路，它将一个模拟量电压信号和一个参考电压相比较，在两者幅度相等的附近，输出电压将产生跃变，相应输出高电平或低电平。比较器可以组成非正弦波形变换电路及应用于模拟与数字信号转换等领域。

图 2-48(a)所示为一最简单的电压比较器电路，U_R为参考电压，加在运算放大器的同相输入端，输入电压 u_i加在反相输入端。当 $u_i<U_R$时，运算放大器输出高电平，稳压管 D_Z 反向稳压工作。输出端电位被其箝位在稳压管的稳定电压 U_Z，即 $u_o=U_Z$。当 $u_i>U_R$时，运算放大器输出低电平，稳压管 D_Z正向导通，输出电压等于稳压管的正向压降 U_D，即$u_o=-U_D$。因此，以 U_R为界，当输入电压 u_i变化时，输出端反映出两种状态，即高电位和低电位。

表示输出电压与输入电压之间关系的特性曲线称为传输特性。图 2-48(b)所示为电压比较器的传输特性。

常用的电压比较器有过零比较器、具有滞回特性的过零比较器、双限比较器（又称窗口比较器）等。

1. 过零比较器

如图 2-49(a)所示为加限幅电路的过零比较器电路，D_Z为限幅稳压管。信号从运算放大器

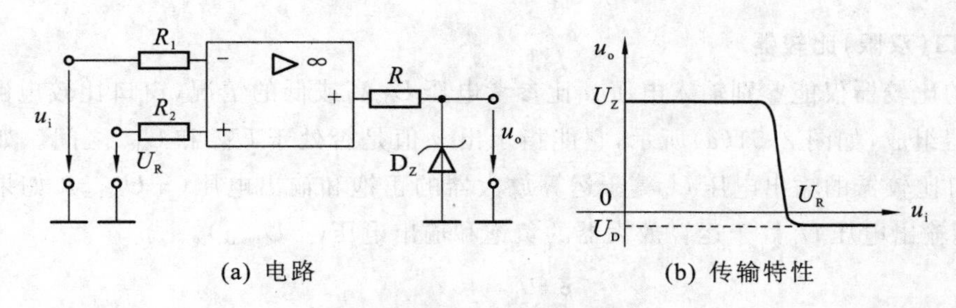

(a) 电路　　(b) 传输特性

图 2-48　电压比较器

的反相输入端输入，参考电压为零，从同相端输出。当 $u_i>0$ 时，输出 $u_o=-(U_Z+U_D)$，当 $u_i<0$ 时，$u_o=+(U_Z+U_D)$。其电压传输特性如图 2-49(b)所示。

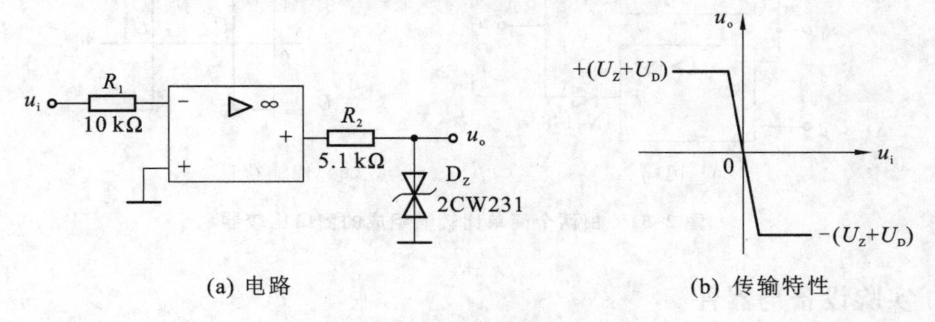

(a) 电路　　(b) 传输特性

图 2-49　过零比较器

过零比较器结构简单，灵敏度高，但抗干扰能力差。

2. 滞回比较器

图 2-50(a)所示为具有滞回特性的过零比较器电路。过零比较器在实际工作时，如果 u_i 恰好在过零值附近，则由于零点漂移的存在，u_o 将不断由一个极限值转换到另一个极限值，这在控制系统中对执行机构将是很不利的。为此，就需要输出特性具有滞回现象。如图 2-50(a)所示，从输出端引一个电阻分压正反馈支路到同相输入端，若 u_o 改变状态，Σ 点也随着改变电位，使过零点离开原来位置。当 u_o 为正(记作 $U+$)$U_\Sigma=\dfrac{R_2}{R_f+R_2}U_+$，则当 $u_i>U_\Sigma$ 后，u_o 即由正变负(记作 U_-)，此时 U_Σ 变为 $-U_\Sigma$。故只有当 u_i 下降到 $-U_\Sigma$ 以下，才能使 u_o 再度回升到 U_+，于是出现图 2-50(b)所示的滞回特性。$-U_\Sigma$ 与 U_Σ 的差别称为回差，改变 R_2 的数值可以改变回差的大小。

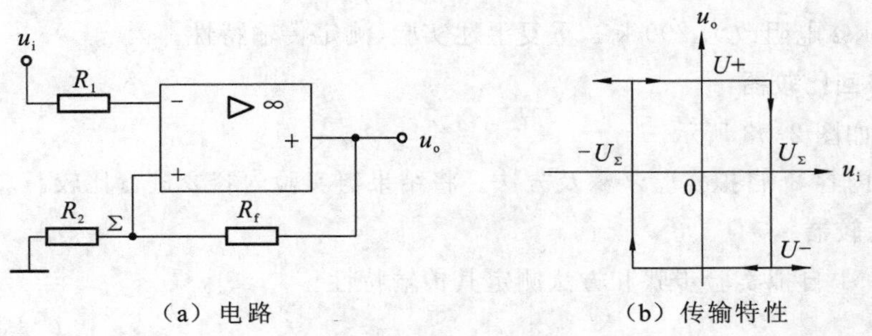

(a) 电路　　(b) 传输特性

图 2-50　滞回比较器

3. 窗口(双限)比较器

简单的比较器仅能鉴别输入电压 u_i 比参考电压 U_R 高或低的情况，窗口比较电路是由两个简单比较器组成，如图 2-51(a)所示，它能指示出 u_i 值是否处于 U_R^+ 和 U_R^- 之间。如 $U_R^- < u_i < U_R^+$，则窗口比较器的输出电压 U_o 等于运算放大器的正饱和输出电压($+U_{omax}$)，如果 $u_i < U_R^-$ 或 $u_i > U_R^+$，则输出电压 U_o 等于运算放大器的负饱和输出电压($-U_{omax}$)。

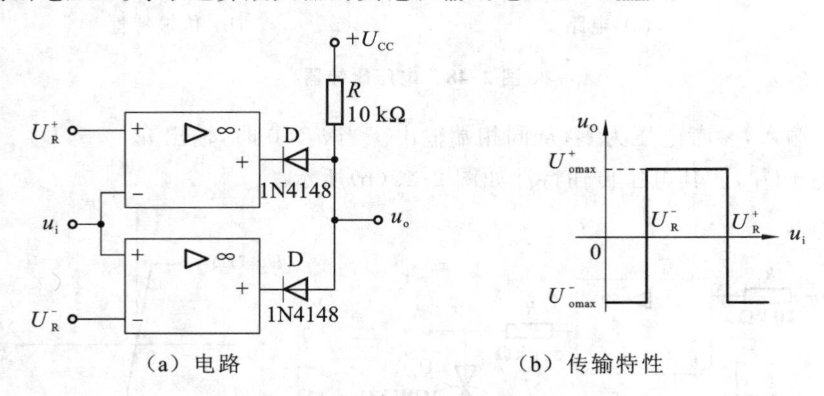

图 2-51　由两个简单比较器组成的窗口比较器

三、实验设备与器件

模拟电路学习机，函数信号发生器，双踪示波器，直流电压表，交流毫伏表，运算放大器 μA741×2，稳压管 2CW231×1，二极管 4148×2 电阻器等。

四、实验内容

1. 过零比较器

实验电路如图 2-49 所示。

接通±12 V 电源；测量 u_i 悬空时的 U_o 值；u_i 输入 500 Hz、幅值为 2 V 的正弦信号，观察 $u_i \to u_o$ 波形并记录；改变 u_i 幅值，测量传输特性曲线。

2. 反相滞回比较器

实验电路如图 2-52 所示。

按图接线，u_i 接+5 V 可调直流电源，测出 u_o 由 $+U_{omax} \to -U_{omax}$ 时 u_i 的临界值；测出 u_o 由 $-U_{omax} \to +U_{omax}$ 时 u_i 的临界值；u_i 接 500 Hz、峰值为 2 V 的正弦信号，观察并记录 $u_i \to u_o$ 波形；将分压支路 100 kΩ 电阻改为 200 kΩ，重复上述实验，测定传输特性。

3. 同相滞回比较器

实验线路如图 2-53 所示。

参照实验内容 2，自拟实验步骤及方法。将结果与实验内容 2 进行比较。

4. 窗口比较器

参照图 2-51 自拟实验步骤和方法测定其传输特性。

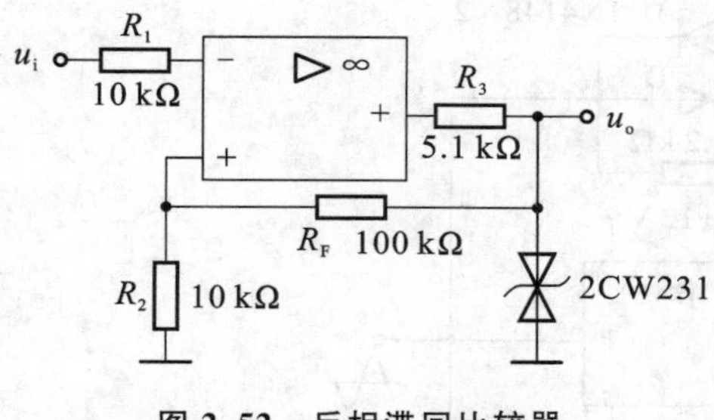

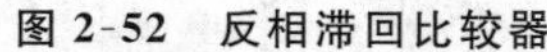
图 2-52　反相滞回比较器

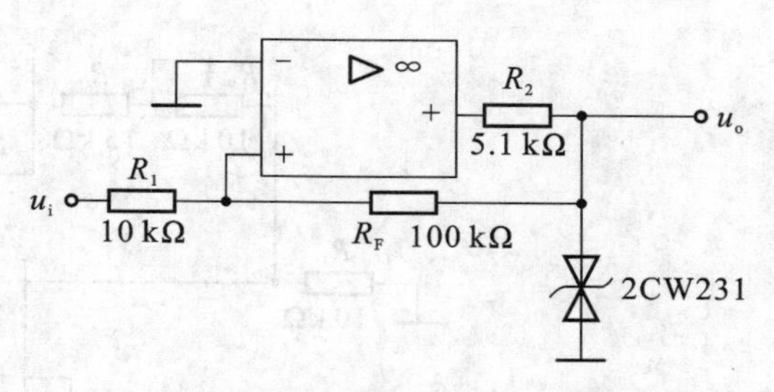

图 2-53　同相滞回比较器

五、实验总结

(1) 整理实验数据,绘制各类比较器的传输特性曲线。

(2) 总结几种比较器的特点,阐明它们的应用。

六、预习要求

(1) 复习教材有关比较器的内容。

(2) 画出各类比较器的传输特性曲线。

(3) 若要将图 2-51 窗口比较器的电压传输曲线高、低电平对调,应如何改动比较器电路?

实验 15　集成运算放大器的基本应用——波形发生器

一、实验目的

(1) 学习用集成运算放大器构成正弦波、方波和三角波发生器。

(2) 学习波形发生器的调整和主要性能指标的测试方法。

二、实验原理

由集成运算放大器构成的正弦波、方波和三角波发生器有多种形式,本实验选用最常用的、线路比较简单的几种电路加以分析。

1. *RC* 桥式正弦波振荡器(文氏电桥振荡器)

图 2-54 所示为 *RC* 桥式正弦波振荡器。其中 *RC* 串、并联电路构成正反馈支路,同时兼作选频网络,R_1、R_2、R_W及二极管等元件构成负反馈和稳幅环节。调节电位器 R_W可以改变负反馈深度,以满足振荡的振幅条件和改善波形。利用两个反向并联二极管 D_1、D_2正向电阻的非线性特性来实现稳幅,D_1、D_2采用硅管(温度稳定性好),且要求特性匹配,才能保证输出波形正、负半周对称。R_3的接入是为了削弱二极管非线性的影响,以改善波形失真。

电路的振荡频率
$$f_0=\frac{1}{2\pi RC}$$

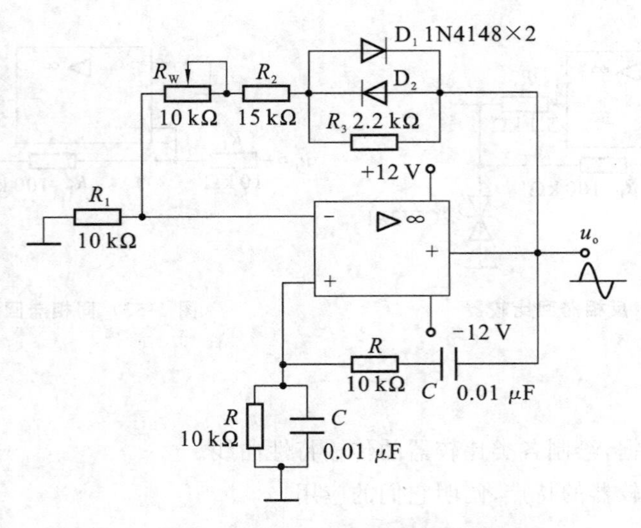

图 2-54　*RC* 桥式正弦波振荡器

起振的幅值条件

$$\frac{R_f}{R_1} \geqslant 2$$

式中，$R_f = R_W + R_2 + (R_3 /\!/ r_D)$，$r_D$为二极管正向导通电阻。

调整反馈电阻 R_f（调 R_W），使电路起振，且波形失真最小。如果不能起振，则说明负反馈太强，应适当加大 R_f。如果波形失真严重，则应适当减小 R_f。

改变选频网络的参数 C 或 R，即可调节振荡频率。一般采用改变电容 C 作频率量程切换，而调节 R 作量程内的频率细调。

2. 方波发生器

由集成运算放大器构成的方波发生器和三角波发生器均包括比较器和 *RC* 积分器两大部分。图 2-55 所示为由滞回比较器及简单 *RC* 积分电路组成的方波发生器。它的特点是线路简单，但三角波的线性度较差。这种电路主要用于产生方波或对三角波要求不高的场合。

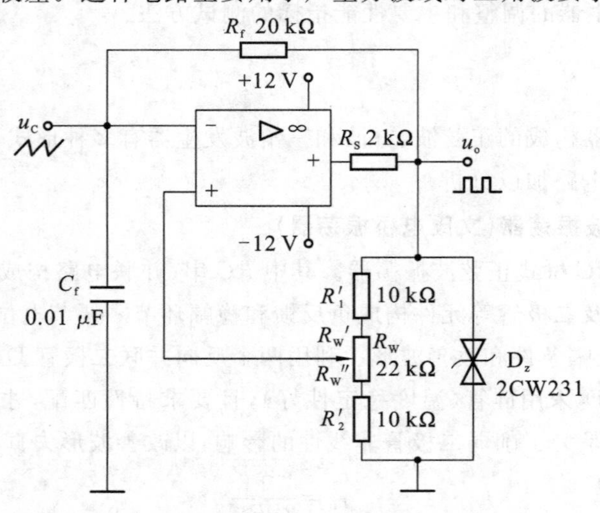

图 2-55　方波发生器

电路振荡频率

$$f_0=\frac{1}{2R_fC_f\ln\left(1+\frac{2R_2}{R_1}\right)}$$

式中，$R_1=R_1'+R_W'$，$R_2=R_2'+R_W''$。

方波输出幅值

$$U_{om}=\pm U_Z$$

调节电位器 R_W（即改变 R_2/R_1）可以改变振荡频率，但三角波输出幅值也随之变化。如果要互不影响，则可通过改变 R_f（或 C_f）来实现振荡频率的调节。

3. 三角波和方波发生器

如果把滞回比较器和积分器首尾相接形成正反馈闭环系统，则比较器 A_1 输出的方波经积分器 A_2 积分可得到三角波，三角波又触发比较器翻转形成方波，这样即可构成三角波和方波发生器，如图 2-56 所示。图 2-57 所示为三角波和方波发生器输出波形图。由于采用运算放大器组成积分电路，因此可实现恒流充电，使三角波线性大大改善。

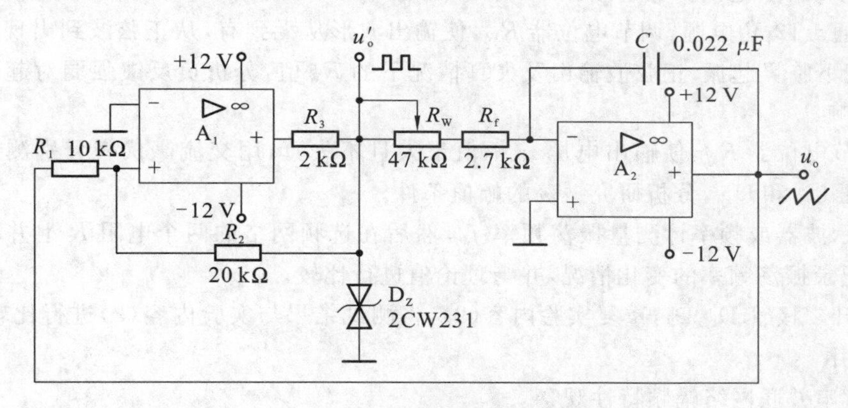

图 2-56　三角波和方波发生器

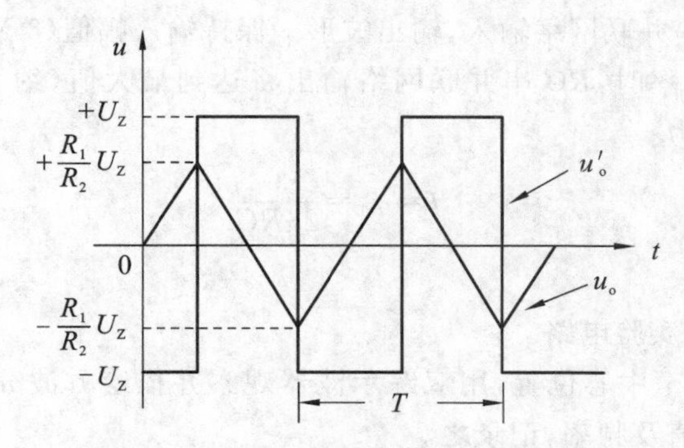

图 2-57　三角波和方波发生器输出波形图

电路振荡频率

$$f_0=\frac{R_2}{4R_1(R_f+R_W)C_f}$$

方波输出幅值

$$U'_{om}=\pm U_Z$$

三角波输出幅值

$$U_{om}=\frac{R_1}{R_2}U_Z$$

调节电位器 R_W 可以改变振荡频率，改变比值 $\frac{R_1}{R_2}$ 可调节三角波输出幅值。

三、实验设备与器件

模拟电路学习机，双踪示波器，交流毫伏表，频率计，集成运算放大器 μA741×2，二极管 1N4148×2，稳压管 2CW231×1，电阻器、电容器若干。

四、实验内容

1. *RC* 桥式正弦波振荡器

按图 2-54 所示连接实验电路。

(1) 接通±12 V 电源，调节电位器 R_W，使输出波形从无到有，从正弦波到出现失真。描绘 u_o 的波形，记下临界起振、正弦波输出及失真情况下的 R_W 值，分析负反馈强弱对起振条件及输出波形的影响。

(2) 调节电位器 R_W，使输出电压 u_o 幅值最大且不失真，用交流毫伏表分别测量输出电压 U_o、反馈电压 U_+ 和 U_-，分析研究振荡的幅值条件。

(3) 用示波器或频率计测量振荡频率 f_0，然后在选频网络的两个电阻 R 上并联同一阻值电阻，观察记录振荡频率的变化情况，并与理论值进行比较。

(4) 断开二极管 D_1、D_2，重复实验内容(2)，将测试结果与实验内容(2)进行比较，分析 D_1、D_2 的稳幅作用。

(5) *RC* 串并联网络幅频特性观察。

将 *RC* 串并联网络与运算放大器断开，由函数信号发生器注入 3 V 左右正弦信号，并用双踪示波器同时观察 *RC* 串并联网络输入、输出波形。保持输入幅值(3 V)不变，从低到高改变频率，当信号源达到某一频率时，*RC* 串并联网络输出将达到最大值(约 1 V)，且输入、输出同相位。此时的信号源频率为

$$f=f_0=\frac{1}{2\pi RC}$$

2. 方波发生器

按图 2-55 所示连接实验电路。

(1) 将电位器 R_W 调至中心位置，用双踪示波器观察并描绘方波 u_o 及三角波 u_C 的波形(注意对应关系)，测量其幅值及频率，记录之。

(2) 改变 R_W 动点的位置，观察 u_o、u_C 幅值及频率变化情况。把动点调至最上端和最下端，测出频率范围，记录之。

(3) 将 R_W 恢复至中心位置，将一个稳压管短接，观察 u_o 波形，分析 D_Z 的限幅作用。

3. 三角波和方波发生器

按图 2-56 所示连接实验电路。

(1) 将电位器 R_W 调至合适位置，用双踪示波器观察并描绘三角波输出 u_o 及方波输出 u_o'，测其幅值、频率及 R_W 值，记录之。

(2) 改变 R_W 的位置，观察对 u_o、u_o' 幅值及频率的影响。

(3) 改变 R_1（或 R_2），观察对 u_o、u_o' 幅值及频率的影响。

五、实验总结

1. 正弦波发生器

(1) 列表整理实验数据，画出波形，把实测频率与理论值进行比较。

(2) 根据实验分析 RC 振荡器的振幅条件。

(3) 讨论二极管 D_1、D_2 的稳幅作用。

2. 方波发生器

(1) 列表整理实验数据，在同一坐标纸上，按比例画出方波和三角波的波形图（标出时间和电压幅值）。

(2) 分析 R_W 变化时，对 u_o 波形的幅值及频率的影响。

(3) 讨论 D_Z 的限幅作用。

3. 三角波和方波发生器

(1) 整理实验数据，把实测频率与理论值进行比较。

(2) 在同一坐标纸上，按比例画出三角波及方波的波形，并标明时间和电压幅值。

(3) 分析电路参数变化（R_1、R_2 和 R_W）对输出波形频率及幅值的影响。

六、预习要求

(1) 复习有关 RC 正弦波振荡器、三角波及方波发生器的工作原理，并估算图 2-54、图 2-55、图 2-56 所示电路的振荡频率。

(2) 设计实验表格。

(3) 为什么在 RC 正弦波振荡电路中要引入负反馈支路？为什么要增加二极管 D_1 和 D_2？它们是怎样稳幅的？

(4) 电路参数变化对图 2-55、图 2-56 产生的方波和三角波频率及电压幅值有什么影响？（或者怎样改变图 2-55、图 2-56 电路中方波及三角波的频率及幅值？）

(5) 在波形发生器各电路中，“相位补偿”和“调零”是否需要？为什么？

实验 16　函数信号发生器的组装与调试

一、实验目的

(1) 了解单片多功能集成电路函数信号发生器的功能及特点。

(2) 进一步掌握波形参数的测试方法。

二、实验原理

(1) ICL8038 是单片集成函数信号发生器,其原理图如图 2-58 所示。它由恒流源 I_1 和 I_2、电压比较器 A 和 B、触发器、缓冲器和三角波变正弦波电路等组成。

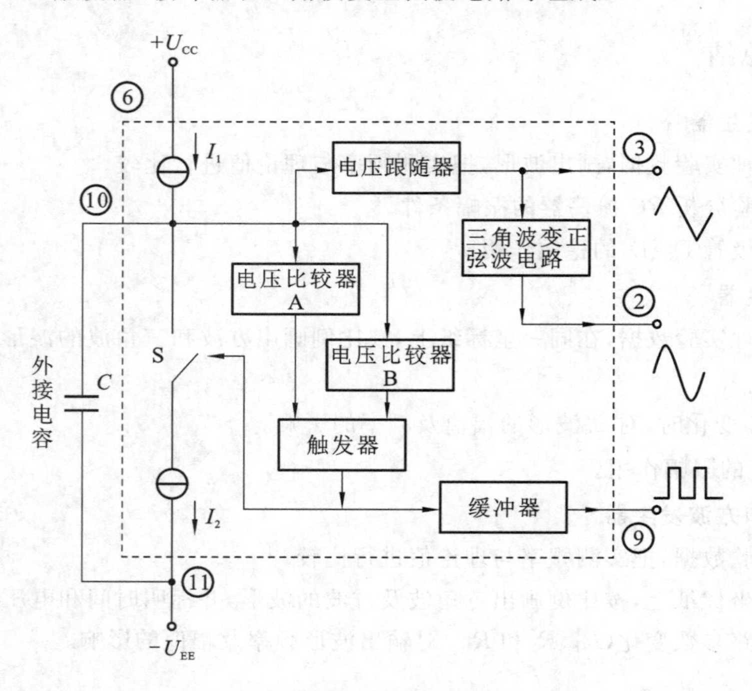

图 2-58 ICL8038 原理图

外接电容 C 由两个恒流源充电和放电,电压比较器 A、B 的阈值分别为电源电压(指 $U_{CC}+U_{EE}$)的 2/3 和 1/3。恒流源 I_1 和 I_2 的大小可通过外接电阻调节,但必须 $I_2>I_1$。当触发器的输出为低电平时,恒流源 I_2 断开,恒流源 I_1 给 C 充电,它的两端电压 u_C 随时间线性上升,当 u_C 达到电源电压的 2/3 时,电压比较器 A 的输出电压发生跳变,使触发器输出由低电平变为高电平,恒流源 I_2 接通,由于 $I_2>I_1$(设 $I_2=2I_1$),恒流源 I_2 将电流 $2I_1$ 加到 C 上反充电,相当于 C 由一个净电流 I 放电,C 两端的电压 u_C 又转为直线下降。当它下降到电源电压的 1/3 时,电压比较器 B 的输出电压发生跳变,使触发器的输出由高电平跳变为原来的低电平,恒流源 I_2 断开,I_1 再给 C 充电……如此周而复始,产生振荡。若调整电路,使 $I_2=2I_1$,则触发器输出为方波,经反相缓冲器由管脚⑨输出方波信号。C 上的电压 u_C 上升与下降时间相等,为三角波,经电压跟随器从管脚③输出三角波信号。将三角波变成正弦波是经过一个非线性的变换网络(正弦波变换器)而得以实现,在这个非线性网络中,当三角波电位向两端顶点摆动时,网络提供的交流通路阻抗会减小,这样就使三角波的两端变为平滑的正弦波,从管脚②输出。

(2) ICL8038 管脚功能图如图 2-59 所示。

(3) ICL8038 实验电路如图 2-60 所示。

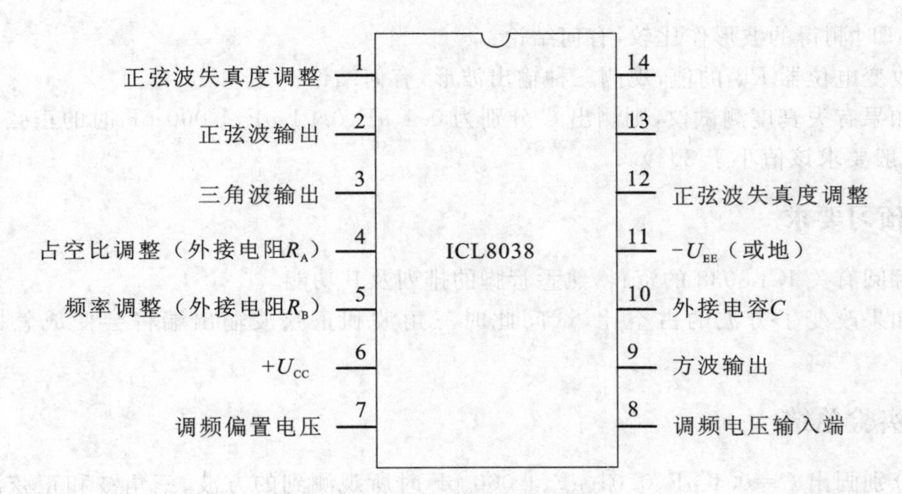

图 2-59　ICL8038 **管脚功能图**

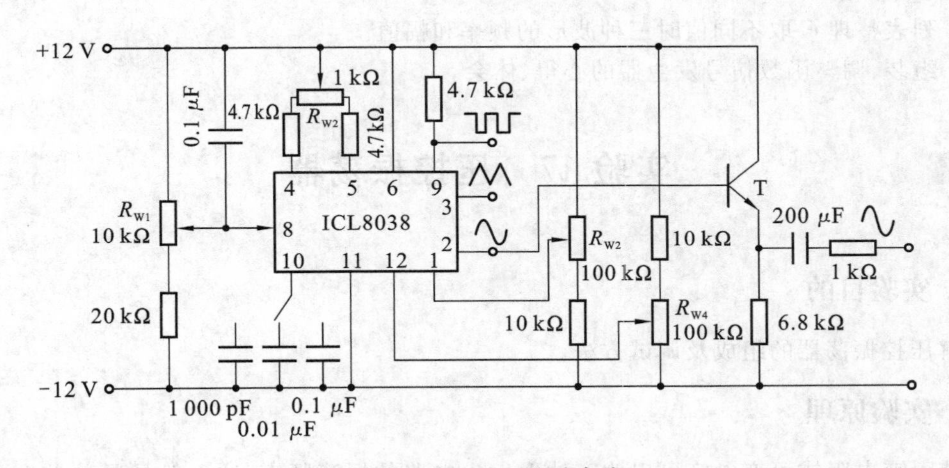

图 2-60　ICL8038 **实验电路**

三、实验设备与器件

模拟电路学习机，双踪示波器，频率计，万用表，ICL8038，晶体三极管 3DG121(9013)。

四、实验内容

（1）按图 2-60 所示连接实验电路，取 C＝0.01 μF，电位器 R_{W1}、R_{W2}、R_{W3}、R_{W4} 均置中间位置。

（2）调整电路，使其处于振荡，产生方波，通过调整电位器 R_{W2}，使方波的占空比达到 50%。

（3）保持方波的占空比为 50%不变，用示波器观测 8038 正弦波输出端的波形，反复调整 R_{W3}、R_{W4}，使正弦波不产生明显的失真。

（4）调节电位器 R_{W1}，使输出信号从小到大变化，记录管脚 8 的电位，测量输出正弦波的频率，列表记录。

（5）改变外接电容 C 的值（取 C＝0.1 μF 和 1 000 pF），观测三种输出波形，并与

C=0.01 μF时测得的波形作比较，有何结论？

(6) 改变电位器 R_{W2} 的值，观测三种输出波形，有何结论？

(7) 如果有失真度测试仪，则测出 C 分别为 0.1 μF、0.01 μF、1 000 pF 时的正弦波失真系数 r 值(一般要求该值小于 3%)。

五、预习要求

(1) 翻阅有关 ICL8038 的资料，熟悉管脚的排列及其功能。

(2) 如果改变了方波的占空比，试问此时三角波和正弦波输出端将会变成怎样的一个波形？

六、实验总结

(1) 分别画出 C=0.1 μF、0.01 μF、1 000 pF 时所观测到的方波、三角波和正弦波的波形图，从中得出结论。

(2) 列表整理 C 取不同值时三种波形的频率和幅值。

(3) 组装、调整函数信号发生器的心得、体会。

实验 17　压控振荡器

一、实验目的

了解压控振荡器的组成及调试方法。

二、实验原理

调节可变电阻或可变电容可以改变波形发生电路的振荡频率，这一般是通过人为调节的，而在自动控制等场合往往要求能自动调节振荡频率。常见的情况是给出一个控制电压(例如，计算机通过接口电路输出的控制电压)，要求波形发生电路的振荡频率与控制电压成正比，这种电路称为压控振荡器，又称为 VCO 或 u-f 转换电路。

利用集成运算放大器可以构成精度高、线性好的压控振荡器。下面介绍这种电路的构成和工作原理，并求出振荡频率与输入电压的函数关系。

1. 电路的构成及工作原理

怎样用集成运算放大器构成压控振荡器呢？我们知道，积分电路输出电压变化的速率与输入电压的大小成正比，如果积分电容充电使输出电压达到一定程度后，设法使它迅速放电，然后输入电压再给它充电，如此周而复始，产生振荡，其振荡频率与输入电压成正比，即构成压控振荡器。图 2-61 所示为实现上述意图的压控振荡器实验电路(输入电压 $U_i>0$)。

图 2-61 所示电路中，A_1 是积分电路，A_2 是同相输入滞回比较器，它起开关作用。当输出电压 $u_{o1}=+U_Z$ 时，二极管 D 截止，输入电压($U_i>0$)经电阻 R_1 向电容 C 充电，输出电压 u_o 逐渐下降。u_o 下降到零再继续下降，使滞回比较器 A_2 同相输入端电位略低于零，u_{o1} 由 $+U_Z$ 跳变为 $-U_Z$，二极管 D 由截止变导通，电容 C 放电，由于放电回路的等效电阻比 R_1 小得多，因此放电

很快，u_o迅速上升，使 A_2 的 u_+ 很快上升到大于零，u_{o1} 很快从 $-U_Z$ 跳回到 $+U_Z$，二极管又截止，输入电压经 R_1 再向电容充电。如此周而复始，产生振荡。

图 2-62 所示为压控振荡器 u_o 和 u_{o1} 的波形图。

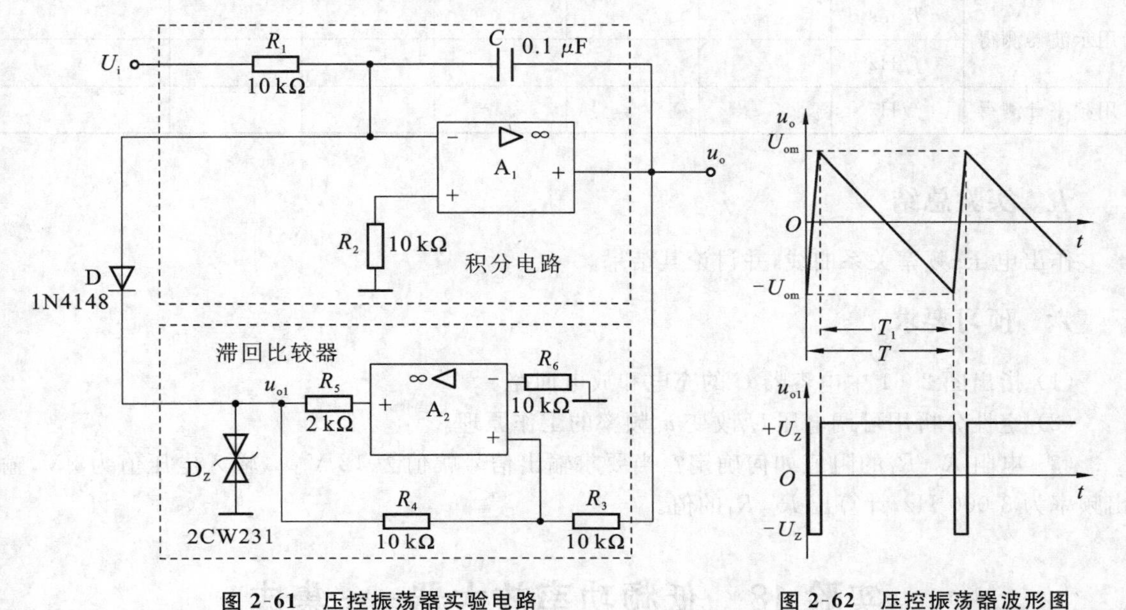

图 2-61　压控振荡器实验电路　　　　图 2-62　压控振荡器波形图

2. 振荡频率与输入电压的函数关系

振荡频率与输入电压的函数关系为

$$f=\frac{1}{T}\approx\frac{1}{T_1}=\frac{R_4}{2R_1R_3C}\cdot\frac{U_i}{U_Z}$$

可见振荡频率与输入电压成正比。

上述电路实际上就是一个方波、锯齿波发生电路，只不过这里是通过改变输入电压 u_i 的大小来改变输出波形频率，从而将电压参量转换成频率参量。

压控振荡器的用途较广。为了使用方便，一些厂家将压控振荡器做成模块，有的压控振荡器模块输出信号的频率与输入电压幅值的非线性误差小于 0.02%，但振荡频率较低，一般在 100 kHz 以下。

三、实验设备与器件

模拟电路学习机，双踪示波器，交流毫伏表，万用表，频率计，集成运算放大器 μA741。

四、实验内容

(1) 按图 2-61 所示接线，用示波器监视输出波形。

(2) 按表 2-45 所示的内容，测量电路的输入电压与振荡频率的转换关系。

(3) 用双踪示波器观察并描绘 u_o、u_{o1} 波形。

表 2-45　测量电路的输入电压与振荡频率的转换关系

	U_i/V	1	2	3	4	5	6
用示波器测得	T/ms						
	f/Hz						
用频率计测得	f/Hz						

五、实验总结

作出电压-频率关系曲线，并讨论其结果。

六、预习要求

(1) 指出图 2-61 中电容器 C 的充电和放电回路。

(2) 定性分析用可调电压 U_i 改变 u_o 频率的工作原理。

(3) 电阻 R_3、R_4 的阻值如何确定？当要求输出信号幅值为 12 V_{oP-P}，输入电压值为 3 V，输出频率为 3 000 Hz，计算出 R_3、R_4 的值。

实验 18　低频功率放大器——集成功率放大器

一、实验目的

(1) 了解功率放大集成块的应用。

(2) 学习集成功率放大器基本技术指标的测试。

二、实验原理

集成功率放大器由功率放大集成块和一些外部阻容元件构成。它具有线路简单、性能优越、工作可靠、调试方便等优点，已经成为在音频领域中应用十分广泛的功率放大器。

集成功率放大器电路中最主要的组件为功率放大集成块，它的内部电路与一般分立元件功率放大器不同，通常包括前置级、推动级和功率级等几部分，有些还具有一些特殊功能（消除噪声、短路保护等）的电路，其电压增益较高（不加负反馈时，电压增益达 70～80 dB，加典型负反馈时电压增益在 40 dB 以上）。

功率放大集成块的种类很多，本实验采用的功率放大集成块型号为 LA4112，它的内部电路如图 2-63 所示，由三级电压放大、一级功率放大以及偏置、恒流、反馈、退耦电路组成。

1. 电压放大级

第一级选用由 T_1 和 T_2 组成的差动放大器，这种直接耦合的放大器零点漂移较小，第二级的 T_3 完成直接耦合电路中的电平移动，T_4 是 T_3 的恒流源负载，以获得较大的增益；第三级由 T_6 等组成，此级增益最高，为防止出现自激振荡，需在该管的 B、C 极之间外接消振电容。

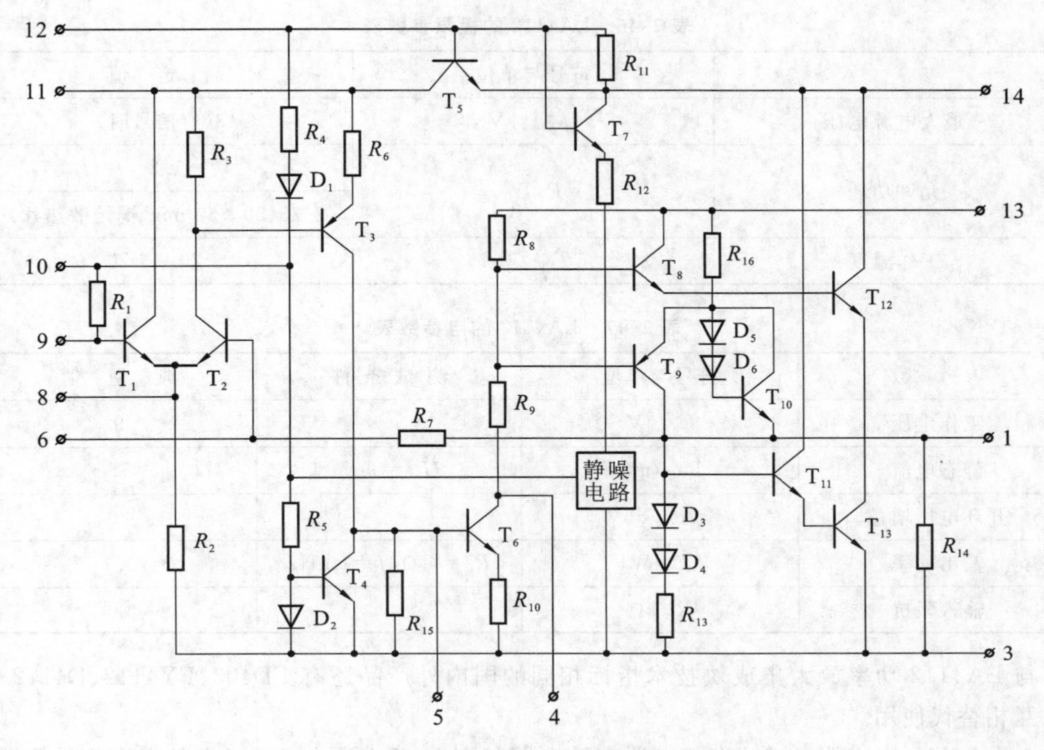

图 2-63　LA4112 内部电路

2. 功率放大级

由 T_8～T_{13} 等组成复合互补推挽电路。为提高输出级增益和正向输出幅度，需外接“自举”电容。

3. 偏置电路

偏置电路为建立各级合适的静态工作点而设立。

除上述主要部分外，为了使电路工作正常，还需要和外部元件一起构成反馈电路来稳定和控制增益。同时，还设有退耦电路来消除各级间的不良影响。

LA4112 功率放大集成块是一种塑料封装十四脚的双列直插器件，它的外形如图 2-64 所示，表 2-46 和表 2-47 是它的极限参数和电参数。

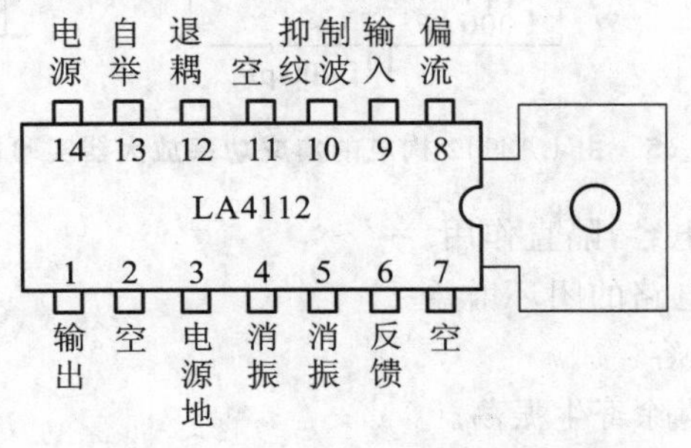

图 2-64　LA4112 外形及管脚排列

表 2-46　LA4112 的极限参数表

参　　数	符号与单位	额　定　值
最大电源电压	U_{CCmax}/V	13(有信号时)
允许功耗	P_o/W	1.2
		2.25(50×50 mm² 铜箔散热片)
工作温度	T_{Opr}/℃	−20～+70

表 2-47　LA4112 的电参数表

参　　数	符号与单位	测 试 条 件	典　型　值
工作电压	U_{CC}/V		9
静态电流	I_{CCQ}/mA	U_{CC}=9 V	15
开环电压增益	A_{Vo}/db		70
输出功率	P_o/W	R_L=4 Ω, f=1 kHz	1.7
输入阻抗	R_i/kΩ		20

与 LA4112 功率放大集成块技术指标相同的国内外产品还有 FD403、FY4112、D4112 等，可以互相替代使用。

由 LA4112 构成的集成功率放大器实验电路如图 2-65 所示，该电路中各电容和电阻的作用简要说明如下。

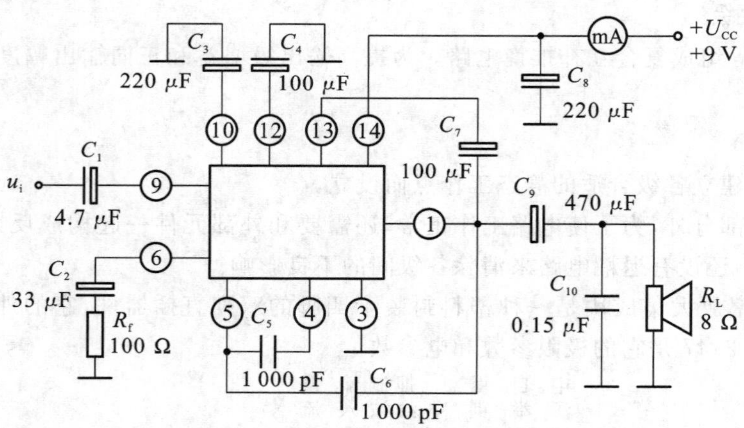

图 2-65　由 LA4112 构成的集成功率放大器实验电路

C_1、C_9：输入、输出耦合电容，隔直作用。

C_2、R_f：反馈元件，决定电路的闭环增益。

C_3、C_4、C_8：滤波、退耦电容。

C_5、C_6、C_{10}：消振电容，消除寄生振荡。

C_7：自举电容，若无此电容，将出现输出波形半边被削波的现象。

三、实验设备与器件

模拟电路学习机，函数信号发生器，双踪示波器，交流毫伏表，万用表，频率计。

四、实验内容

按图 2-65 所示连接实验电路，输入端接函数信号发生器，输出端接扬声器。

1. 静态测试

将输入信号旋钮旋至零，接通 +9 V 直流电源，测量静态总电流及集成块各引脚对地电压，记入自拟表格中。

2. 动态测试

(1) 最大输出功率。

① 接入自举电容 C_7。输入端接 1 kHz 正弦信号，输出端用示波器观察输出电压波形，逐渐加大输入信号幅度，使输出电压为最大不失真输出，用交流毫伏表测量此时的输出电压 U_{om}，则最大输出功率为

$$P_{om}=\frac{U_{om}^2}{R_L}$$

② 断开自举电容 C_7。观察输出电压波形变化情况。

(2) 输入灵敏度。

要求 $U_i<100$ mV，测试方法同第 2 篇实验 5。

(3) 频率响应。

测试方法同第 2 篇实验 5。

(4) 噪声电压。

要求 $U_N<2.5$ mV，测试方法同第 2 篇实验 5。

五、实验总结

(1) 整理实验数据，并进行分析。

(2) 画频率响应曲线。

(3) 讨论实验中发生的问题及解决办法。

六、预习要求

(1) 复习有关集成功率放大器部分内容。

(2) 若将电容 C_7 除去，将会出现什么现象？

(3) 无输入信号时，若从接在输出端的示波器上观察到频率较高的波形，是否正常？如何消除？

(4) 如何由 +12 V 直流电源获得 +9 V 直流电源？

(5) 进行本实验时，应注意以下几点。

① 电源电压不允许超过极限值，不允许极性接反，否则集成块将遭损坏。

② 电路工作时绝对避免负载短路，否则将烧毁集成块。

③ 接通电源后，要时刻注意集成块的温度，有时未加输入信号集成块就发热过甚，同时直

流毫安表指示出较大电流，示波器显示出幅度较大、频率较高的波形，说明电路有自激现象，应立即关机，然后进行故障分析，处理。待自激振荡消除后，才能重新进行实验。

④ 输入信号不要过大。

实验 19 直流稳压电源——集成稳压器

一、实验目的

(1) 研究集成稳压器的特点和性能指标的测试方法。

(2) 了解集成稳压器扩展性能的方法。

二、实验原理

随着半导体工艺的发展，稳压电路也制成了集成器件。由于集成稳压器具有体积小、外接线路简单、使用方便、工作可靠和通用性好等优点，因此在各种电子设备中应用十分普遍，基本上取代了由分立元件构成的稳压电路。集成稳压器的种类很多，应根据设备对直流电源的要求来进行选择。对于大多数电子仪器、设备和电子电路来说，通常是选用串联线性集成稳压器。而在这种类型的器件中，又以三端式稳压器应用最为广泛。

W7800、W7900 系列三端式集成稳压器的输出电压是固定的，在使用中不能进行调整。W7800 系列三端式稳压器输出正极性电压，一般有 5 V、6 V、9 V、12 V、15 V、18 V、24 V 七个档次，输出电流最大可达 1.5 A(加散热片)。同类型 78M 系列稳压器的输出电流为0.5 A，78 L系列稳压器的输出电流为 0.1 A。若要求负极性输出电压，则可选用 W7900 系列稳压器。

图 2-66 所示为 W7800 系列稳压器的外形和接线图。

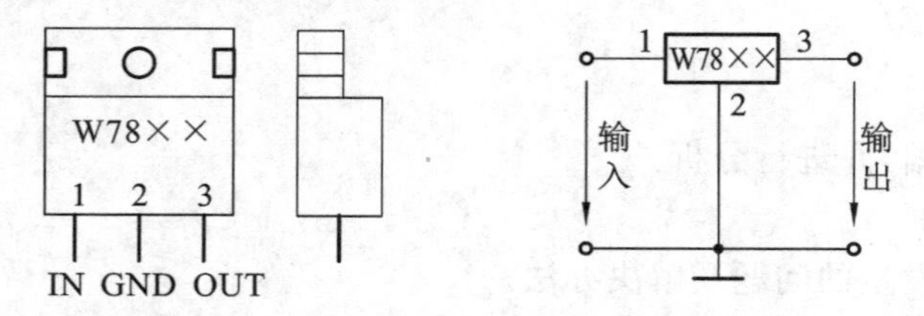

图 2-66 W7800 系列稳压器外形及接线图

它有三个引出端：

输入端(不稳定电压输入端)　　标以“1”

输出端(稳定电压输出端)　　标以“3”

公共端　　标以“2”

本实验所用集成稳压器为三端固定正稳压器 W7812，它的主要参数：输出直流电压 $U_o=+12$ V；输出电流，L 型号为 0.1 A，M 型号为 0.5 A；电压调整率 10 mV/V；输出电阻 $R_o=0.15$ Ω；输入电压 U_i 的范围 15～17 V，因为一般 U_i 要比 U_o 大 3～5 V，才能保证集成稳压器工作在线性区。

图 2-67 所示为用三端式稳压器 W7812 构成的单电源电压输出串联型稳压电源的实验电

路。其中整流部分采用由4个二极管组成的桥式整流器(又称桥堆),型号为2W06(或KBP306),内部接线和外部管脚引线如图2-68所示。滤波电容 C_1、C_2 一般选取几百至几千微法。当稳压器距离整流滤波电路比较远时,在输入端必须接入电容 C_3(0.33 μF),以抵消线路的电感效应,防止产生自激振荡。输出端电容 C_4(0.1 μF)用于滤除输出端的高频信号,改善电路的暂态响应。

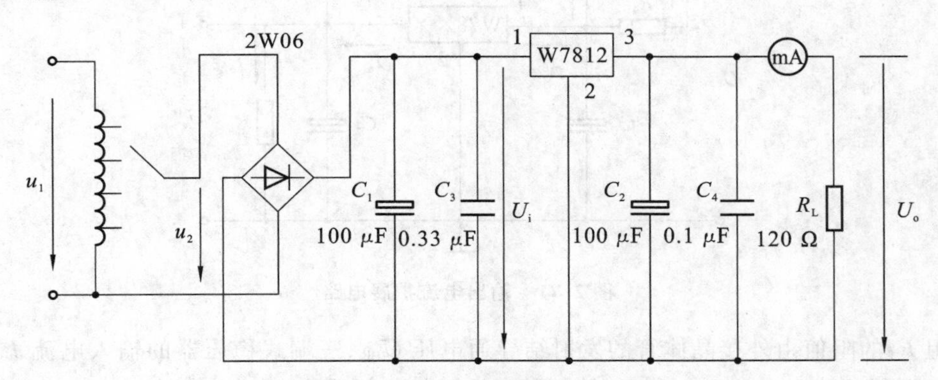

图2-67　由W7812构成的串联型稳压电源实验电路

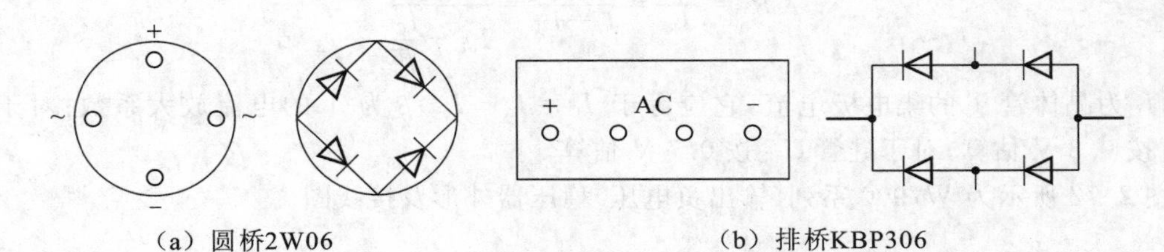

(a) 圆桥2W06　　(b) 排桥KBP306

图2-68　桥式整流器管脚图

图2-69所示为正、负双电压输出电路。例如,需要 $U_{o1}=+15$ V, $U_{o2}=-15$ V,则可选用W7815和W7915三端稳压器,这时的 U_i 应为单电压输出时的2倍。

当集成稳压器本身的输出电压或输出电流不能满足要求时,可通过外接电路来进行性能扩展。图2-70所示为一种简单的输出电压扩展电路。例如,W7812稳压器的3、2端间输出电压为12 V,因此只要适当选择 R 的值,使稳压管 D_W 工作在稳压区,则输出电压 $U_o=12+U_Z$,可以高于稳压器本身的输出电压。

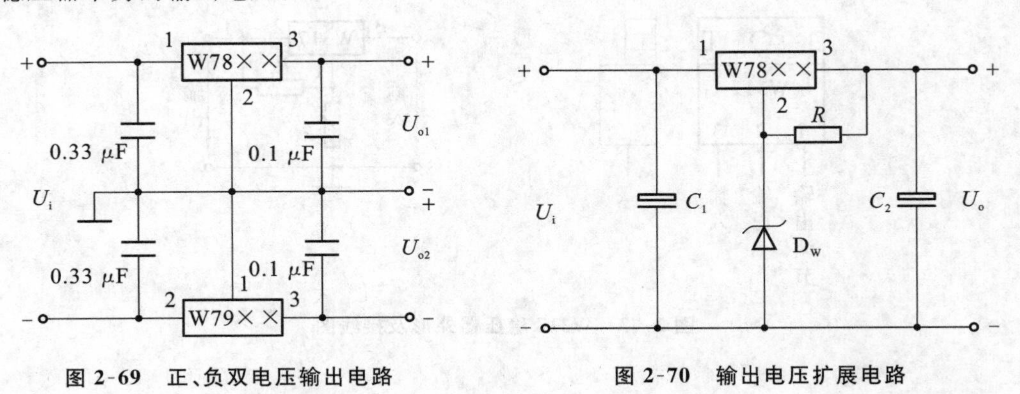

图2-69　正、负双电压输出电路　　图2-70　输出电压扩展电路

图 2-71 所示为通过外接晶体管 T 及电阻 R_1 来进行电流扩展的电路。

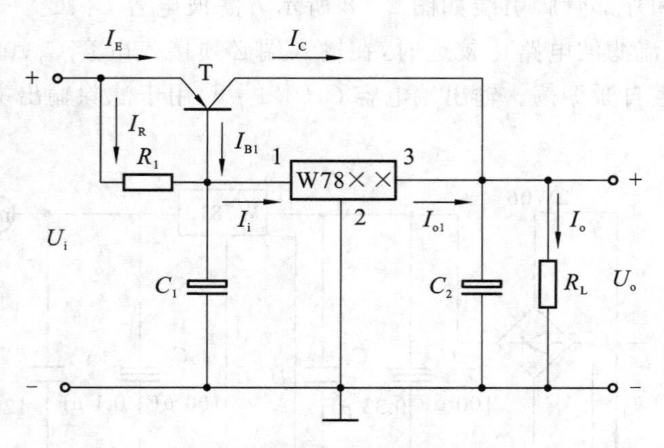

图 2-71　输出电流扩展电路

电阻 R_1 的阻值由外接晶体管的发射结导通电压 U_{BE}、三端式稳压器的输入电流 I_i（近似等于三端稳压器的输出电流 I_{o1}）和 T 的基极电流 I_B 来决定，即

$$R_1=\frac{U_{BE}}{I_R}=\frac{U_{BE}}{I_i-L_B}=\frac{U_{BE}}{I_{o1}-\dfrac{I_C}{\beta}}$$

式中，I_C 为晶体管 T 的集电极电流，它应等于 $I_C=I_o-I_{o1}$；β 为 T 的电流放大系数；对于锗管 U_{BE} 可按 0.3 V 估算，对于硅管 U_{BE} 按 0.7 V 估算。

图 2-72 所示为 W7900 系列（输出负电压）稳压器外形及接线图。

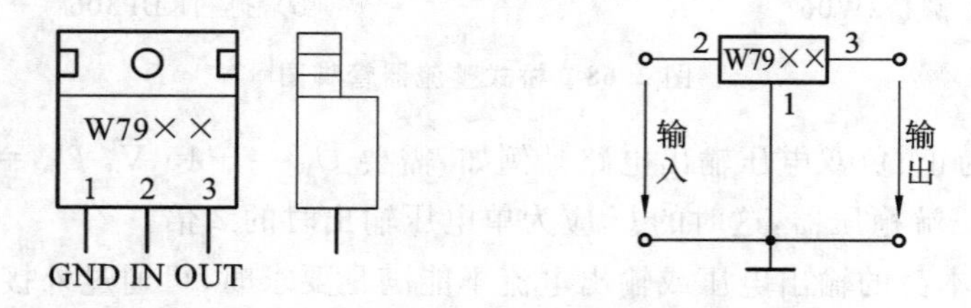

图 2-72　W7900 系列外形及接线图

图 2-73 所示为可调输出正三端稳压器 W317 外形及接线图。

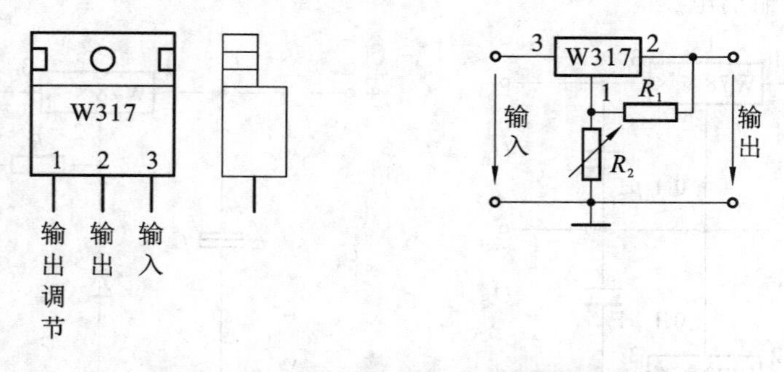

图 2-73　W317 稳压器外形及接线图

输出电压计算公式为

$$U_o \approx 1.25\left(1+\frac{R_2}{R_1}\right)$$

最大输入电压

$$U_{im}=40\ \text{V}$$

输出电压范围

$$U_o=1.2\sim37\ \text{V}$$

三、实验设备与器件

模拟电路学习机，双踪示波器，交流毫伏表，万用表。

四、实验内容

1. 整流滤波电路测试

按图 2-74 所示连接实验电路，取可调工频电源 14 V 作为整流电路输入电压 u_2。接通工频电源，测量输出端直流电压 U_L 及纹波电压 $\widetilde{U}_L$，用示波器观察 u_2、U_L 的波形，把数据及波形记入自拟表格中。

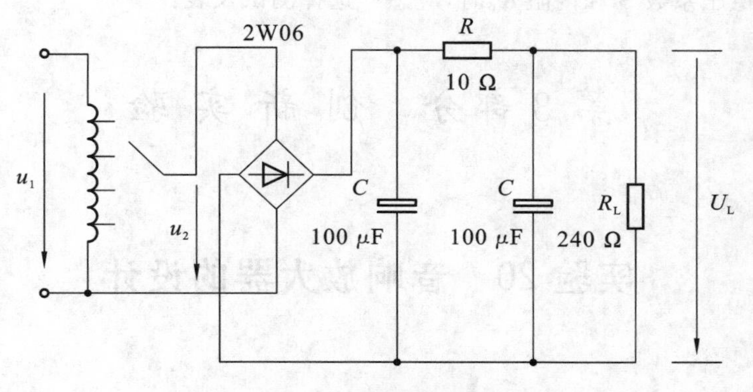

图 2-74　整流滤波电路

2. 集成稳压器性能测试

断开工频电源，按图 2-67 所示改接实验电路，取负载电阻 $R_L=120\ \Omega$。

(1) 初测。

接通工频 14 V 电源，测量 U_2 值；测量滤波电路输出电压 U_L（稳压器输入电压）和集成稳压器输出电压 U_o，它们的数值应与理论值大致符合，否则说明电路出了故障，应设法查找故障并加以排除。

电路经初测进入正常工作状态后，才能进行各项指标的测试。

(2) 各项性能指标测试。

① 测量输出电压 U_o 和最大输出电流 I_{om}。

在输出端接负载电阻 $R_L=120\ \Omega$，由于 W7812 输出电压 $U_o=12$ V，因此流过 R_L 的电流 $I_{om}=\frac{12}{120}\ \text{A}=100\ \text{mA}$。这时 U_o 应基本保持不变，若变化较大则说明集成块性能不良。

② 测量稳压系数 S。

③ 测量输出电阻 R_o。

④ 测量输出纹波电压。

第②、③、④的测试方法同第2篇实验12，把测量结果记入自拟表格中。

(3) 集成稳压器性能扩展。

根据实验器材，选取图2-69、图2-70或图2-73中各元器件，自拟测试方法与表格，记录实验结果。

五、实验总结

(1) 整理实验数据，计算稳压系数 S 和内阻 R_o，并与手册上的典型值进行比较。

(2) 分析讨论实验中发生的现象和问题。

六、预习要求

(1) 复习教材中有关集成稳压器部分内容。

(2) 列出实验内容中所要求的各种表格。

(3) 在测量稳压系数 S 和内阻 R_o 时，应怎样选择测试仪表？

第3部分 创新实验

实验20 音响放大器的设计

一、设计目的

(1) 进一步掌握集成功率放大器内部电路的工作原理，掌握外围电路的设计与主要参数的测试方法。

(2) 掌握音响放大器单元电路的基本组成和设计方法。

(3) 掌握音响放大电路的调试方法。

二、设计内容和要求

(1) 设计一个音响放大器，要求具有音调输出控制、电子混响延时、卡拉OK伴唱功能。

(2) 以运算放大器和集成功放为核心进行设计。

(3) 指标。

已知 $U_{CC}=\pm16$ V，话筒模拟输入电压为5 mV，负载 $R_L=8\ \Omega$。频率范围：40 Hz～10 kHz。音调控制特性：1 kHz处为0 dB，100 Hz～10 kHz处有上、下12 dB的调节范围。增益：大于20 dB。额定输出功率：不小于10 W。

三、设计参考

(1) 前置放大可采用 NE5532,功率输出采用集成功率放大单元 TDA2030、LM1875 等。

(2) 混响和延时电路可选用专用芯片。

(3) 10 Ω 电阻和 0.1 μF 电容组成的网络用来平衡负载扬声器的感性成分。

(4) 电源采取正负电源供电方式较佳,大功率电路可以不稳压,前级电源应当加入稳压部分。

实验 21 简易心电图仪的设计

一、设计目的

(1) 掌握小信号放大及高共模抑制比电路的设计。

(2) 掌握解决工程实际问题的能力。

二、设计内容和要求

设计制作一台用电池供电的简易心电图仪,用于测量人体心电信号并在示波器上显示,其示意图如图 2-75 所示。

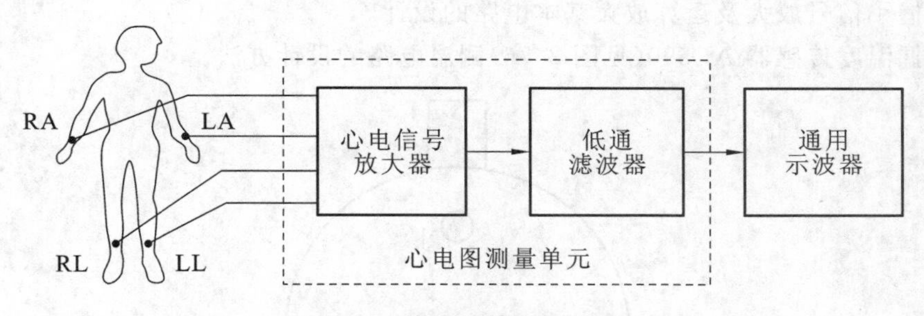

图 2-75 简易心电图仪示意图

注:① LA(左臂),RA(右臂),LL(左腿),RL(右腿)。

② 第一路心电信号(标准Ⅰ导联)的电极接法:RA 接放大器反相输入端(-),LA 接放大器同相输入端(+),RL 作为参考电极。

③ 第二路心电信号(标准Ⅱ导联)的电极接法:RA 接放大器反相输入端(-),LL 接放大器同相输入端(+),RL 作为参考电极。

④ 要求 RA、LA、LL 和 RL 的皮肤接触电极分别通过 1.5 m 长的屏蔽导线与心电信号放大器连接。

三、设计参考

(1) 前级放大推荐使用 TI 公司仪表放大器 INA2331。

(2) 心电图测量电路可参考 TI 公司网站提供的《Medical Applications Guide》一文中的

ECG/Portable ECG/EEG 部分。

(3) 电压放大倍数、频率响应特性的测量连接方法：将心电信号放大器同相输入端(LA)接入正弦信号，反相输入端(RA)与参考电极输入端(RL)短接并与信号发生器地线相连。

(4) 共模抑制比的测量方法：将心电信号放大器两输入导联线的输入端短接，并输入正弦信号，参考电极导联线输入端(RL)与信号发生器地线相连，测量共模放大倍数。然后根据差模和共模放大倍数计算共模抑制比。

(5) 测量人体心电信号时应注意的事项如下。

① 可用 20 mm×20 mm 薄铜皮作为皮肤接触电极，用带有尼龙拉扣的布带或普通布带将电极分别捆绑在四肢相应位置(见图 2-75)。

② 测量心电图前，应使用酒精棉球仔细擦净与电极接触部位的皮肤，然后再捆绑电极。为减小电极与皮肤间的接触电阻，最好在电极下滴 1～2 滴 5%盐水，或用 5%盐水浸过的棉球垫在电极与皮肤之间。

③ 被测人员应静卧，以保证测量的效果。

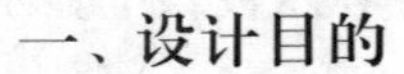

实验 22 电子温度计的设计

一、设计目的

(1) 掌握小信号放大及运算放大基本电路的设计。

(2) 掌握温度传感器 AD590(见图 2-76)测温电路的设计方法。

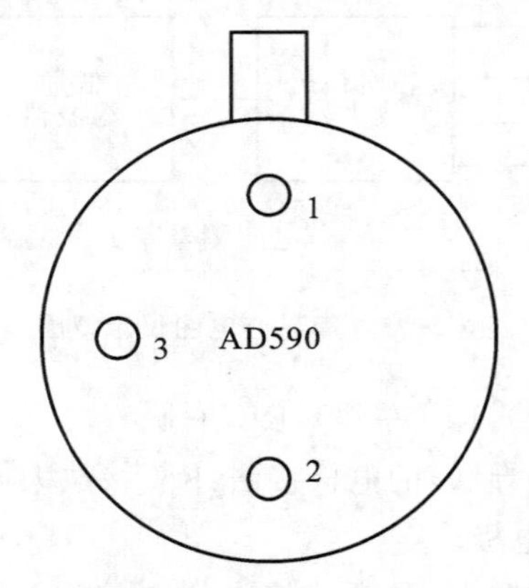

图 2-76 温度传感器 AD590 引脚

1—正电源；2—负电源；3—接管壳

二、设计内容及要求

用温度传感器 AD590 设计一个电子温度计，使得数字万用表直流电压 20 V 挡所显示数字乘以 10 即为传感器所测得的温度。

三、设计参考

各数值范围如表 2-48 所示。

表 2-48　各数值范围

	25℃时输出	输出比例因子	25℃时精度/μA	线性度/℃	温度范围/℃	电源电压/V	静态电流/μA	说　明
AD590	298.2 μA	1 μA/K±0.1	0.5～5	1.5	－55～＋150	＋4～30	$I_o = I_Q$	塑料封装

实验 23　开关稳压电源的设计与调试

一、设计目的

（1）熟悉开关电源的工作原理和基本结构。

（2）掌握集成 PWM 电路的工作原理及 VMOS 器件的使用。

（3）掌握开关电源电路的调试和基本技术指标的测试方法。

二、设计内容及要求

设计一个开关稳压电路，给定输入直流电压 U_i＝30 V，要求输出电压在 5～24 V 间可调。输出最大额定电流 I_o＝1.5 A；在输出最大额定电流情况下，效率大于 50%；输出内阻小于 0.1 Ω；输出尖峰电压小于 100 mV。

给出设计电路图，组装相应电路。

三、设计参考

（1）集成脉宽调制器电路可以参考选用 SG3524，也可用 PI 公司的芯片及电源设计软件。

（2）整流管的选择，由于工作频率高，输出电流大，所以希望其管压降低，开关特性好、反向耐压高。一般选用快恢复平面外延二极管和肖特基二极管。

（3）功率开关管的选择直接影响使用可靠性，选用时，首先应关注击穿电压 $U_{(BR)CEO}$，其次要开关时间短、饱和压降小，并有较大的二次击穿耐量，所以选用 VMOS 管。

（4）高频变压器在开关电源中起到能量转换作用，工作频率高，体积小，其好坏影响电源的整体效率及发热程度，所以磁芯选用高频损耗小的铁氧体材料，自己绕制变压器时，应尽量降低变压器磁漏，初次级线圈绕组紧密耦合均匀分布在磁芯上，还要考虑到绝缘等安全性能。

第3篇　数字电子实验

第1部分　基础实验

实验1　门电路的功能测试

一、实验目的

(1) 学会使用双踪示波器测试波形。

(2) 学会使用学习机做电子电路实验。

(3) 掌握逻辑门电路的逻辑功能。

(4) 熟悉逻辑门电路的输入端负载特性。

二、实验原理

(1) TTL 门电路输入负载特性：当输入端与地之间接入电阻 R_i 时，因有输入电流 I_i 流过 R_i，会使 U_{iL} 提高，从而削弱了电路的抗干扰能力。当 R_i 增大到某一值时，U_i 会变成高电平，使输出逻辑状态发生变化。

CMOS 门电路的输入端几乎不取电流，故其输入端对地加多大的电阻，输入端仍为低电平，输入电平几乎不受输入端电阻的影响，故对于 CMOS 门电路输出端的状态不会改变，这是 CMOS 门电路与 TTL 电路的不同之处。

(2) TTL 电路输入端悬空，相当于逻辑"1"。

① 因为 A·1=A，故对于 TTL 与非门(与门)多余的输入端可以悬空，但悬空易引入干扰，所以应接高电平，或与有用的输入端相连(因 A·A=A)，绝对不能接低电平。

② 因为 A+1=1，故对于 TTL 或非门(或门)多余的输入端不允许悬空和接高电平，而应接低电平(因 A+0=A)，或与有用的输入端相连(因 A+A=A)。

(3) CMOS 门电路多余的输入端不能悬空，应按逻辑功能的要求接 V_{DD} 或 V_{SS}。

(4) 三态门的输出有三个状态："0"状态、"1"状态和高阻态，高阻态称为开路状态。利用三态门可以实现总线结构，还可以实现数据的双向传递。三态门之所以能实现总线结构是因为它有一个使能端，当使能端有效时，其能实现门电路的逻辑功能，当使能端无效时，输出为高阻态。

多个三态门实现总线结构时，任何时刻只允许一个三态门工作，即只允许一个三态门的使能端有效，可见总线结构中的三态门是分时工作的。

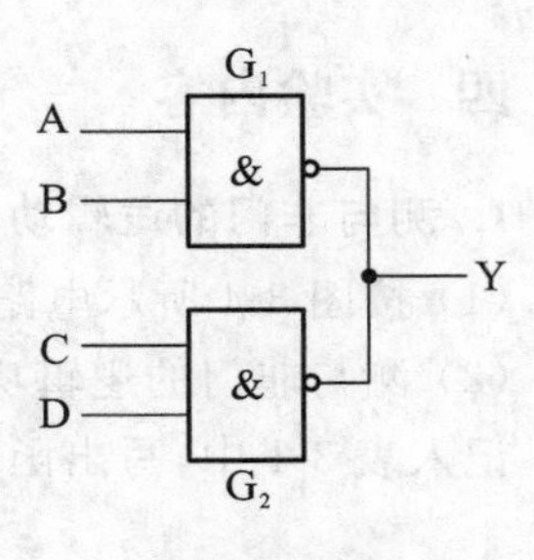

图 3-1　“线与”

（5）集电极开路的门，即 OC 门。

普通门电路的输出端在不能保证输出状态完全相同时，输出端不能并联，即“线与”，如图 3-1 所示，这种接法是错误的。若 G_1 输出高电平，G_2 输出低电平，则有较大的电流流过这两个门的输出级，使门电路损坏，如图 3-2 所示。

采用 OC 门可实现“线与”，如图 3-3 所示。

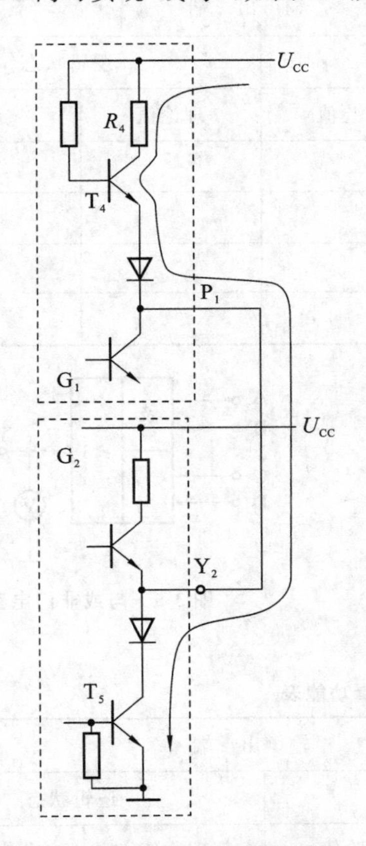

图 3-2　较大的电流流过两个门的输出级

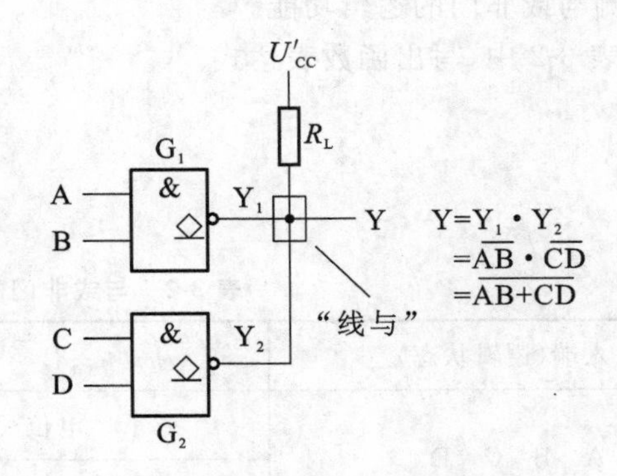

图 3-3　采用 OC 门实现“线与”

但要注意，在使用 OC 门时必须在输出端与电源 U'_{CC} 间加上一个合适的上拉电阻 R_L，以保证 OC 门正常工作。

三、实验设备与器件

数字电路学习机实验箱，数字多用表，74LS00，74LS55，74LS86，74LS125，74LS06。

四、实验内容

1. 测与非门的逻辑功能(74LS00)

(1) 按图 3-4 所示电路接线。

(2) 测与非门的逻辑功能。

记入表 3-1 中,写出函数表达式。

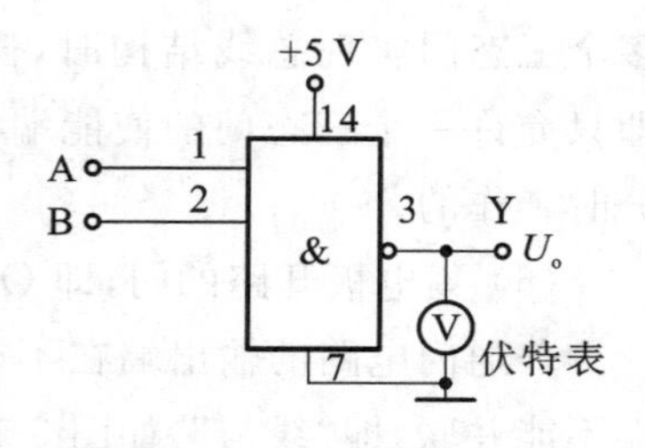

图 3-4 与非门电路

表 3-1 与非门的逻辑功能表

输入端(逻辑状态)	输出端			
	电位/V		逻辑状态	
A B	理论值	实验值	理论值	实验值
1 1				
0 1				
1 0				
0 0				

2. 测与或非门的逻辑功能(74LS55)

(1) 按图 3-5 所示电路接线。

(2) 测与或非门的逻辑功能。

记入表 3-2 中,写出函数表达式。

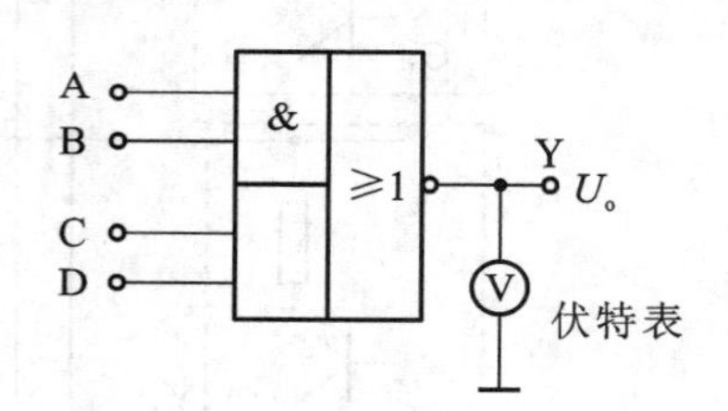

图 3-5 与或非门电路

表 3-2 与或非门的逻辑功能表

输入端(逻辑状态)	输出端			
	电位/V		逻辑状态	
A B C D	理论值	实验值	理论值	实验值
1 1 0 0				
1 1 0 1				
0 0 1 1				
0 1 1 1				
0 1 0 1				
0 0 0 0				

3. 测异或门的逻辑功能(74LS86)

测异或门的逻辑功能,记入表 3-3 中,写出逻辑表达式。

表 3-3　异或门的逻辑功能表

输入逻辑状态		输出逻辑状态	
A	B	Y	
		理论值	测量值
0	0		
0	1		
1	0		
1	1		

4. 三态门的功能测试及应用(74LS125)

(1) 测试三态门的逻辑功能。

① 按图 3-6 所示电路接线。

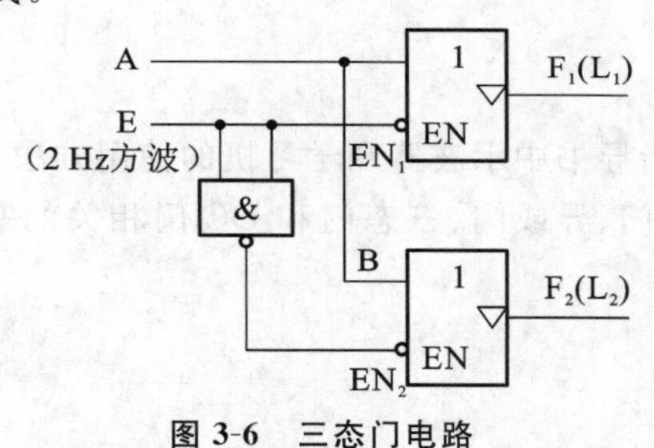

图 3-6　三态门电路

② A 端输入 2 Hz 的方波信号,用电平指示灯观察输出端 F_1、F_2,并将结果记入表 3-4中。

表 3-4　三态门不同控制和输入时的输出

E	控　制	输　入	输　出
0	$EN_1=0$ $EN_2=1$	A A	$F_1=$ $F_2=$
1	$EN_1=1$ $EN_2=0$	A A	$F_1=$ $F_2=$

(2) 三态门的应用。

将图 3-6 中的 F_1 和 F_2 用导线连起来,实现总线结构,从而完成一根信号线分时传送多组信号(注:F_1、F_2 的连接处用 F 表示),写出 F 的表达式。

具体方法如下。

① 将图 3-6 中三态门的 F_1 与 F_2 相连,输出端 B 与 A 处断开,并在 A 处和 B 处分别加入 2 Hz和 10 Hz 的方波,用电平指示灯观察输出端 F。将结果记入自拟的表格中。

② 方法同①,在 A、B 处分别接入 1 kHz 和 20 kHz 的方波,用示波器观察 F 端的波形,记入自拟的表格中。

③ 分析该电路的工作原理。

5. 集电极开路门(OC门)(74LS06)

(1) 按图3-7所示电路接线，当R_L为1 kΩ时，验证图3-7的逻辑功能，记入表3-5中。

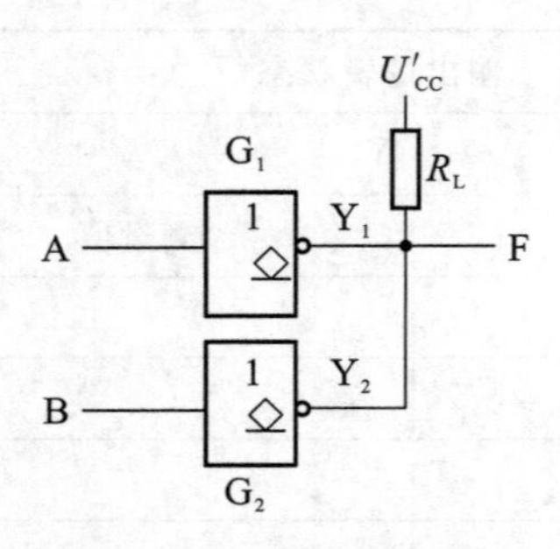

图3-7 集电极开路门电路

表3-5 集电极开路门的逻辑功能表

输入		输出
A	B	F
0	0	
0	1	
1	0	
1	1	

(2) 写出输出F的表达式。

(3) 调节电位器R_L，观察R_L取值对输出电平的影响。

五、预习要求

(1) 阅读数字电子技术指导书中示波器和学习机的使用方法。

(2) 复习与非门、与或非门、异或门、三态门和OC门相关的基础知识，在表格中填入理论值，画出理论波形。

六、报告要求

(1) 整理实验数据，填写实验表格。

(2) 回答思考题中提出的问题。

(3) 收获和体会。

七、思考题

(1) 试用与非门74LS00、与或非门74LS55和异或门74LS86实现$F=\overline{A}$，画出电路图。

(2) 试用一片74LS00和一片74LS125构成总线结构，使其输出端能分时输出1 Hz、10 Hz、1 kHz和20 kHz的方波，要求画出逻辑图，可用实验验证(提高题)。

(3) 总结与或非门多余输入端的处理方法，并说明理由。

(4) 试说明在下列情况下，用万用表测量图3-8所示TTL与非门电路U_{i2}端得到的电压值是多少？并用实验验证。

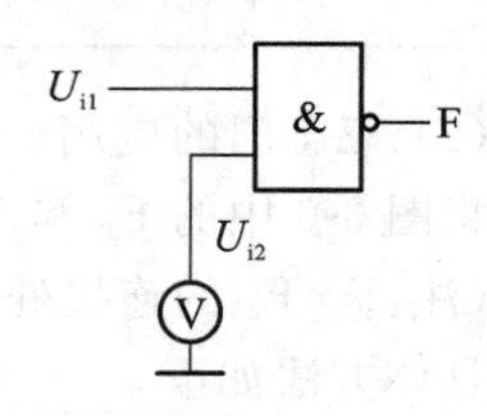

图3-8 TTL与非门电路

① U_{i1}悬空；

② U_{i1}接低电平(0.2 V)；

③ U_{i1}接高电平(3.2 V)；

④ U_{i1}经51 Ω电阻接地；

⑤ U_{i1}经20 kΩ电阻接地。

实验 2　TTL 集成逻辑门的逻辑功能与参数测试

一、实验目的

（1）掌握 TTL 集成与非门的逻辑功能和主要参数的测试方法。

（2）掌握 TTL 器件的使用规则。

（3）进一步熟悉数字电路实验装置的结构、基本功能和使用方法。

二、实验原理

本实验采用四输入双与非门 74LS20，即在一片集成电路内含有两个互相独立的与非门，每个与非门有四个输入端。其逻辑框图、符号及引脚排列如图 3-9 所示。

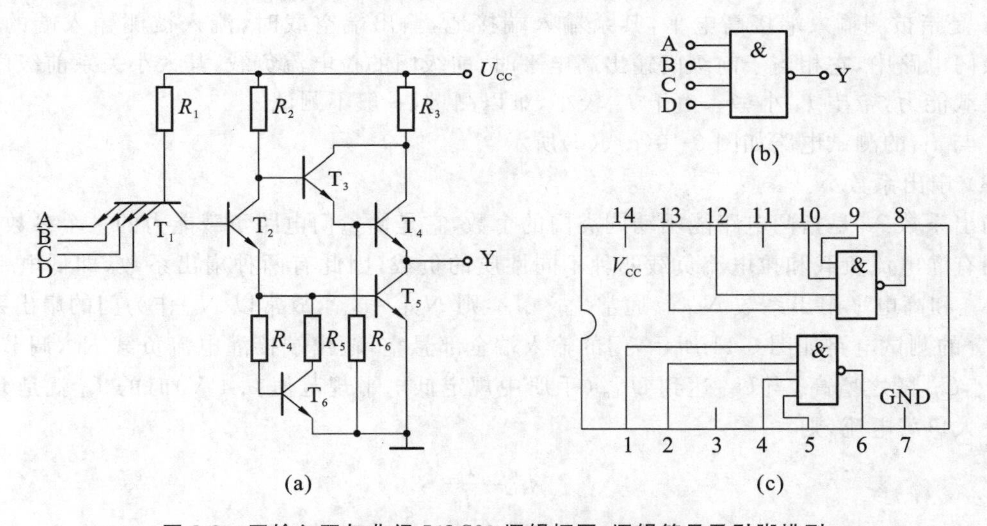

图 3-9　四输入双与非门 74LS20 逻辑框图、逻辑符号及引脚排列

1. 与非门的逻辑功能

与非门的逻辑功能：当输入端中有一个或一个以上是低电平时，输出端为高电平；只有当输入端全部为高电平时，输出端才是低电平（即有“0”得“1”，全“1”得“0”）。

其逻辑表达式为 $Y=\overline{AB\cdots}$。

2. TTL 与非门的主要参数

（1）低电平输出电源电流 I_{CCL} 和高电平输出电源电流 I_{CCH}。

与非门处于不同的工作状态时，电源提供的电流是不同的。I_{CCL} 是指所有输入端悬空，输出端空载时，电源提供给器件的电流。I_{CCH} 是指输出端空载，每个门各有一个以上的输入端接地，其余输入端悬空，电源提供给器件的电流。通常 $I_{CCL}>I_{CCH}$，它们的大小标志着器件静态功耗的大小。器件的最大功耗为 $P_{CCL}=V_{CC}I_{CCL}$。I_{CCL} 和 I_{CCH} 测试电路如图 3-10(a)、(b)所示。

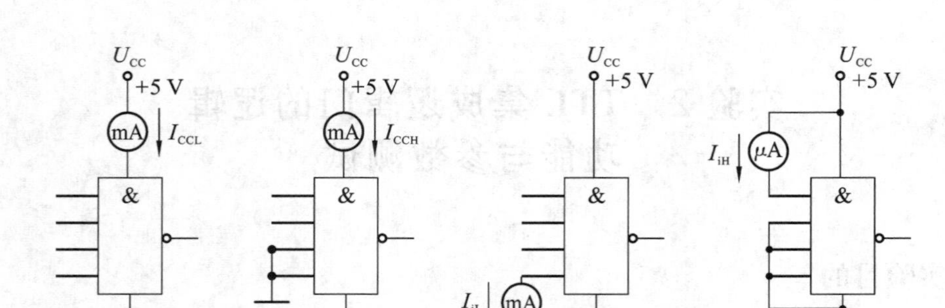

图 3-10 TTL 与非门静态参数测试电路

（2）低电平输入电流 I_{iL}和高电平输入电流 I_{iH}。

I_{iL}是指被测输入端接地，其余输入端悬空，输出端空载时，由被测输入端流出的电流。在多级门电路中，I_{iL}相当于前级门输出低电平时，后级向前级门灌入的电流，因此它关系到前级门的灌电流负载能力，即直接影响前级门电路带负载的个数，因此希望 I_{iL}小些。

I_{iH}是指被测输入端接高电平，其余输入端接地，输出端空载时，流入被测输入端的电流。在多级门电路中，它相当于前级门输出高电平时，前级门的拉电流负载，其大小关系前级门的拉电流负载能力，希望 I_{iH}小些。由于 I_{iH}较小，难以测量，一般不测试。

I_{iL}与 I_{iH}的测试电路如图 3-10(c)、(d)所示。

（3）扇出系数 N_o。

扇出系数 N_o是指门电路能驱动同类门的个数，它是衡量门电路负载能力的一个参数，TTL 与非门有灌电流负载和拉电流负载两种不同性质的负载，因此有两种扇出系数，即低电平扇出系数 N_{oL}和高电平扇出系数 N_{oH}。通常 $I_{iH}<I_{iL}$，则 $N_{oH}>N_{oL}$，故常以 N_{oL}作为门的扇出系数。

N_{oL}的测试电路如图 3-11 所示，门的输入端全部悬空，输出端接灌电流负载 R_L，调节 R_L使 I_{oL}增大，U_{oL}随之增高，当 U_{oL}达到 U_{oLm}（手册中规定低电平规范值 0.4 V）时的 I_{oL}就是允许灌入的最大负载电流，则

$$N_{oL}=\frac{I_{oL}}{I_{iL}}$$

通常，$N_{oL}\geqslant 8$。

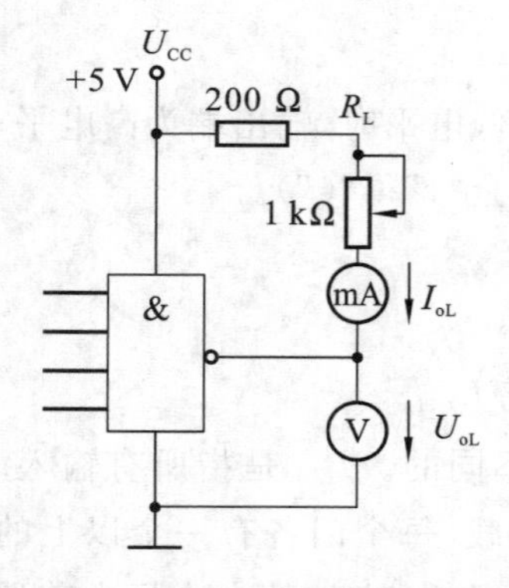

图 3-11 扇出系数测试电路

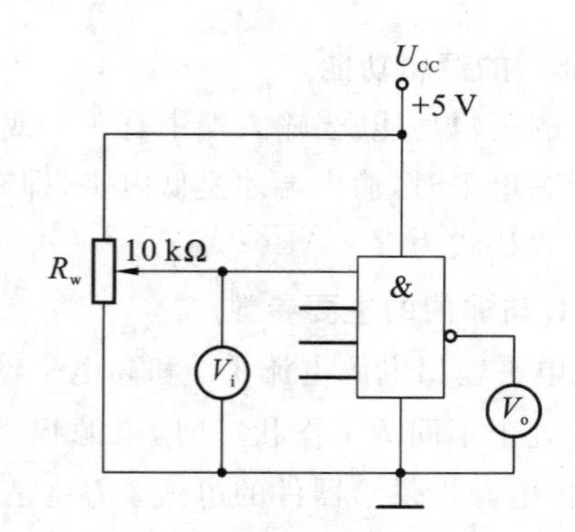

图 3-12 传输特性测试电路

(4) 电压传输特性。

门的输出电压 U_o 随输入电压 U_i 而变化的曲线 $U_o = f(U_i)$ 称为门的电压传输特性，通过它可读得门电路的一些重要参数，如输出高电平 U_{oH}、输出低电平 U_{oL}、关门电平 U_{off}、开门电平 U_{on}、阈值电平 U_T 及抗干扰容限 U_{NL}、U_{NH} 等值。测试电路如图 3-12 所示，采用逐点测试法，即调节 R_W，逐点测得 U_i、U_o，然后绘成曲线。

(5) 平均传输延迟时间 t_{pd}。

t_{pd} 是衡量门电路开关速度的参数，它是指输出波形边沿的 0.5 U_m 至输入波形对应边沿 0.5 U_m 点的时间间隔，如图 3-13 所示。

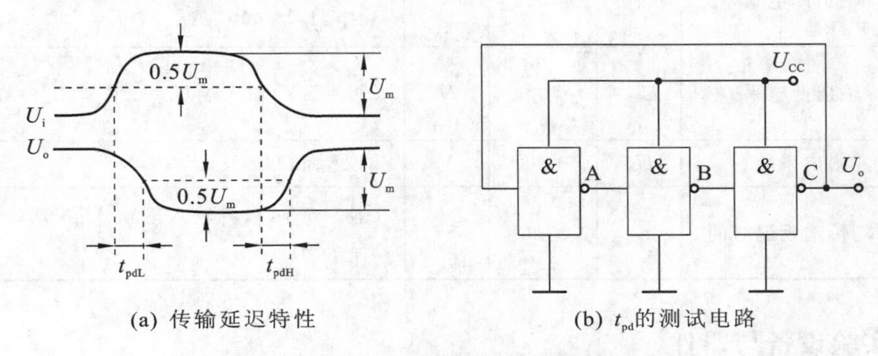

(a) 传输延迟特性　　(b) t_{pd} 的测试电路

图 3-13　平均传输延迟特性及测试方法

图 3-13(a)中的 t_{pdL} 为导通延迟时间，t_{pdH} 为截止延迟时间，平均传输延迟时间为

$$t_{pd} = \frac{1}{2}(t_{pdL} + t_{pdH})$$

t_{pd} 的测试电路如图 3-13(b)所示，由于 TTL 门电路的延迟时间较小，直接测量时对信号发生器和示波器的性能要求较高，故实验采用测量由奇数个与非门组成的环形振荡器的振荡周期 T 来求得。其工作原理：假设电路在接通电源后某一瞬间，电路中的 A 点为逻辑"1"，经过三级门的延迟后，使 A 点由原来的逻辑"1"变为逻辑"0"；再经过三级门的延迟后，A 点电平又重新回到逻辑"1"。电路中其他各点电平也跟随变化。说明使 A 点发生 1 个周期的振荡，必须经过 6 级门的延迟时间，故平均传输延迟时间为

$$t_{pd} = \frac{T}{6}$$

TTL 电路的 t_{pd} 一般在 10 ns～40 ns 之间。74LS20 主要电参数规范如表 3-6 所示。

表 3-6　74LS20 主要电参数规范

参数名称和符号			规范值	单位	测试条件
直流参数	通导电源电流	I_{CCL}	<14	mA	$U_{CC}=5$ V，输入端悬空，输出端空载
	截止电源电流	I_{CCH}	<7	mA	$U_{CC}=5$ V，输入端接地，输出端空载
	低电平输入电流	I_{iL}	$\leqslant 1.4$	mA	$U_{CC}=5$ V，被测输入端接地，其他输入端悬空，输出端空载

续表

参数名称和符号			规范值	单位	测试条件
直流参数	高电平输入电流	I_{iH}	<50	μA	U_{CC}=5 V,被测输入端U_i=2.4 V,其他输入端接地,输出端空载
			<1	mA	U_{CC}=5 V,被测输入端U_i=5 V,其他输入端接地,输出端空载
	输出高电平	U_{oH}	≥3.4	V	U_{CC}=5 V,被测输入端U_i=0.8 V,其他输入端悬空,I_{oH}=400 μA
	输出低电平	U_{oL}	<0.3	V	U_{CC}=5 V,输入端U_i=2.0 V,I_{oL}=12.8 mA
	扇出系数	U_o	4~8	V	同U_{oH}和U_{oL}
交流参数	平均传输延迟时间	t_{pd}	≤20	ns	U_{CC}=5 V,被测输入端输入信号:U_i=3.0 V,f=2 MHz

三、实验设备与器件

数字电路学习机,万用表,集成芯片 74LS20,1 kΩ、10 kΩ 电位器,200 Ω 电阻器(0.5 W)。

四、实验内容

在合适的位置选取一个 14P 插座,按定位标记插好 74LS20 集成芯片。

1. 验证 TTL 集成与非门 74LS20 的逻辑功能

按图 3-14 所示电路接线,门的 4 个输入端接逻辑开关输出插口,以提供"0"与"1"电平信号,开关向上,输出逻辑"1",向下为逻辑"0"。门的输出端接由 LED 发光二极管组成的逻辑电平显示器(又称 0-1 指示器)的显示插口,LED 亮为逻辑"1",不亮为逻辑"0"。按表 3-7 的真值表逐个测试集成块中两个与非门的逻辑功能。74LS20 有 4 个输入端,有 16 个最小项,在实际测试时,只要通过对输入 1111、0111、1011、1101、1110 五项进行检测就可判断其逻辑功能是否正常。

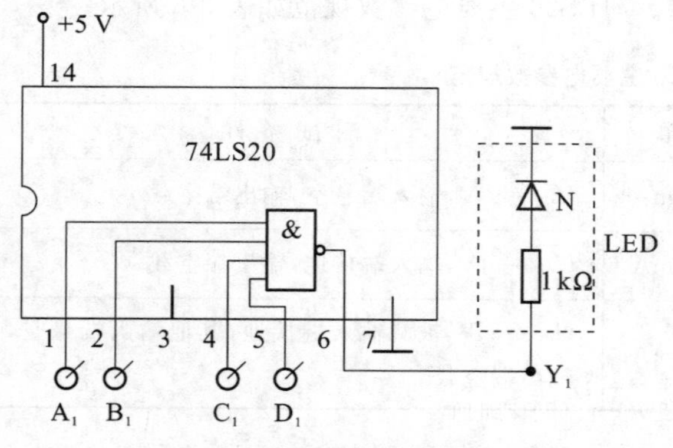

图 3-14 与非门逻辑功能测试电路

表 3-7 与非门的逻辑功能表

输入				输出	
A_n	B_n	C_n	D_n	Y_1	Y_2
1	1	1	1		
0	1	1	1		
1	0	1	1		
1	1	0	1		
1	1	1	0		

2. 74LS20 主要参数的测试

(1) 分别按图 3-10、图 3-11、图 3-13(b)所示电路接线并进行测试，将测试结果记入表 3-8中。

表 3-8　74LS20 主要参数的测试结果

I_{CCL}/mA	I_{CCH}/mA	I_{iL}/mA	I_{oL}/mA	$N_o=\frac{I_{oL}}{I_{iL}}$	$t_{pd}=\frac{T}{6}$/ns

(2) 按图 3-12 所示电路接线，调节电位器 R_W，使 U_i 从 0 V 向高电平变化，逐点测量 U_i、U_o 的对应值，记入表 3-9 中。

表 3-9　逐点测量 U_i、U_o 的对应值

U_i/V	0	0.2	0.4	0.6	0.8	1.0	1.5	2.0	2.5	3.0	3.5	4.0	…
U_o/V													

五、预习要求

(1) 熟悉集成芯片 74LS20 的管脚图和内部电路图。

(2) 画出各实验内容的测试电路与数据记录表格。

(3) 熟悉数字电路实验箱的使用说明。

(4) 门电路闲置输入端如何处理？

六、实验报告

(1) 记录、整理实验结果，并对结果进行分析。

(2) 画出实测的电压传输特性曲线，并从中读出各有关参数值。

七、注意事项

TTL 与非门闲置输入端可接高电平，不能接低电平，输出端不能并联使用，也不能接+5 V 电源或接地。

实验 3　CMOS 集成逻辑门的逻辑功能与参数测试

一、实验目的

(1) 掌握 CMOS 集成门电路的逻辑功能和器件的使用规则。

(2) 学会 CMOS 集成门电路主要参数的测试方法。

二、实验原理

1. CMOS 集成电路

CMOS 集成电路将 N 沟道 MOS 晶体管和 P 沟道 MOS 晶体管同时用于一个集成电路中，成为组合两种沟道 MOS 管，其性能更优良。CMOS 集成电路的主要优点如下。

(1) 功耗低，其静态工作电流在 10^{-9} A 数量级，是目前所有数字集成电路中最低的，而 TTL 器件的功耗则大得多。

(2) 高输入阻抗，通常大于 10^{10} Ω，远高于 TTL 器件的输入阻抗。

(3) 接近理想的传输特性，输出高电平可达电源电压的 99.9%以上，低电平可达电源电压的 0.1%以下，因此输出逻辑电平的摆幅很大，噪声容限很高。

(4) 电源电压范围广，可在+3 V～+18 V 范围内正常运行。

(5) 由于有很高的输入阻抗，要求驱动电流很小，约 0.1 μA，输出电流在+5 V 电源下约为 500 μA，远小于 TTL 电路，如以此电流来驱动同类门电路，其扇出系数将非常大。在一般低频率时，无须考虑扇出系数，但在高频时，后级门的输入电容将成为主要负载，使其扇出能力下降，所以在较高频率工作时，CMOS 电路的扇出系数一般取 10～20。

2. CMOS 门电路的逻辑功能

虽然 CMOS 电路与 TTL 电路的内部结构不同，但逻辑功能却完全一样。本实验将测定与门 CC4081、或门 CC4071、与非门 CC4011、或非门 CC4001 的逻辑功能。

3. CMOS 与非门的主要参数

CMOS 与非门主要参数的定义及测试方法与 TTL 电路相仿，从略。

4. CMOS 电路的使用规则

CMOS 电路有很高的输入阻抗，外来的干扰信号很容易在一些悬空的输入端上感应出很高的电压，以致损坏器件。CMOS 电路的使用规则如下。

(1) U_{DD}接电源正极，U_{SS}接电源负极(通常接地)，不得接反。CC4000 系列的电源允许电压在+3 V～+18 V 范围内选择，实验中一般要求使用+5 V～+15 V。

(2) 所有输入端一律不准悬空。

闲置输入端的处理方法：

① 按照逻辑要求，直接接 U_{DD}(与非门)或 U_{SS}(或非门)；

② 在工作频率不高的电路中，允许输入端并联使用。

(3) 输出端不允许直接与 U_{DD}或 U_{SS}连接，否则将导致器件损坏。

(4) 在装接、改变、连接或插、拔电路时，均应切断电源，严禁带电操作。

三、实验设备与器件

数字电路学习机，双踪示波器，万用表，CC4011，CC4001，CC4071，CC4081。

四、实验内容

1. CMOS 与非门 CC4011 参数测试(方法与 TTL 电路相同)

(1) 测试 CC4011 一个门的 I_{CCL}、I_{CCH}、I_{iL}、I_{iH}。

(2) 测试 CC4011 一个门的传输特性(一个输入端作信号输入,另一个输入端接逻辑高电平)。

(3) 将 CC4011 的三个门串接成振荡器,用示波器观测输入、输出波形,并计算出 t_{pd} 值。

2. 验证 CMOS 各门电路的逻辑功能

验证与非门 CC4011、与门 CC4081、或门 CC4071、或非门 CC4001 逻辑功能,判断其好坏,其引脚见附录 A。与非门逻辑功能测试如图 3-15 所示。

以与非门 CC4011 为例。测试时,选好某一个 14P 插座,插入被测器件,其输入端 A、B 接逻辑开关的输出插口,其输出端 Y 接逻辑电平显示器输入插口,拨动逻辑电平开关,逐个测试各门的逻辑功能,并记入表 3-10 中。

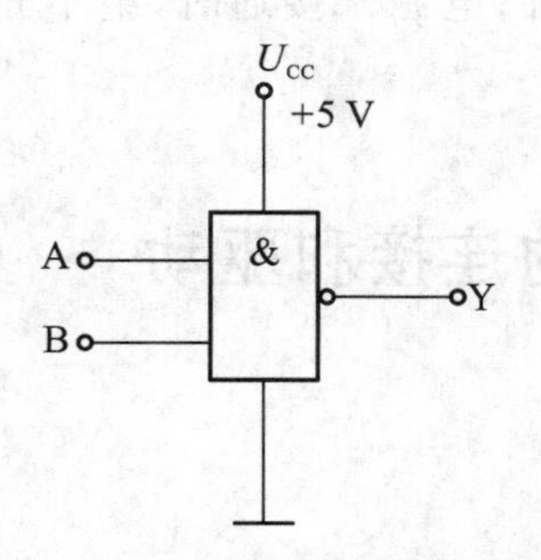

图 3-15　与非门逻辑功能测试

表 3-10　与非门的逻辑功能

输入		输出			
A	B	Y_1	Y_2	Y_3	Y_4
0	0				
0	1				
1	0				
1	1				

3. 与非门、与门、或非门对脉冲的控制作用

选用与非门,按图 3-16(a)、(b)所示电路接线,将一个输入端接连续脉冲源(频率为 20 kHz),用示波器观察两种电路的输出波形,记录之。然后测定与门、或非门对连续脉冲的控制作用。

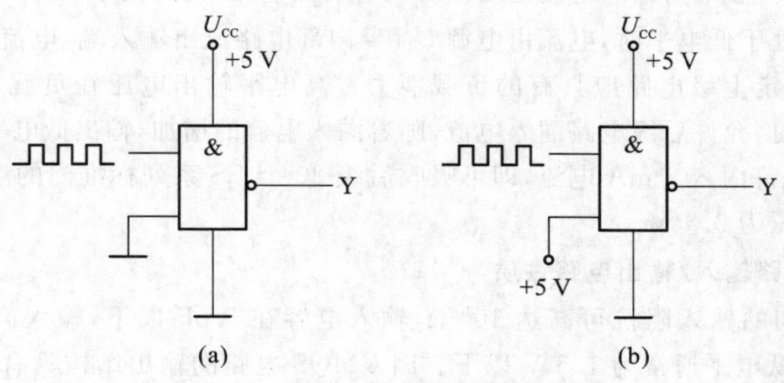

图 3-16　与非门对脉冲的控制作用

五、预习要求

(1) 复习 CMOS 门电路的工作原理。

(2) 熟悉实验用各集成门引脚的功能。

(3) 画出各实验内容的测试电路与数据记录表格。

(4) 画好实验用各门电路的真值表。

(5) 对各 CMOS 门电路闲置输入端应如何处理？

六、实验报告

(1) 整理实验结果，用坐标纸画出传输特性曲线。

(2) 根据实验结果，写出各门电路的逻辑表达式，并判断被测电路的功能。

七、注意事项

(1) 实验前必须看清各集成芯片的管脚图。

(2) 注意 CMOS 使用注意事项，闲置管脚必须接高电平(与非门)或低电平(或非门)。

(3) 电源接通时，绝不允许插入或移去 CMOS 器件；电源未接通时，绝不允许施加输入信号。

实验 4　集成逻辑电路的连接和驱动

一、实验目的

(1) 掌握 TTL、CMOS 集成电路输入电路与输出电路的性质。

(2) 掌握集成逻辑电路相互连接时应遵守的规则和实际连接方法。

二、实验原理

1. TTL 电路输入/输出电路性质

当输入端为高电平时，输入电流是反向二极管的漏电流，电流极小，其方向是从外部流入输入端。当输入端处于低电平时，电流由电源 U_{CC} 经内部电路流出输入端，电流较大，当与上一级电路连接时，将决定上级电路应具有的负载能力。高电平输出电压在负载不大时为3.5 V左右。低电平输出时，允许后级电路灌入电流，随着灌入电流的增加，输出低电平将升高，一般 LS 系列 TTL 电路允许灌入 8 mA 电流，即可吸收后级 20 个 LS 系列标准门的灌入电流。最大允许低电平输出电压为 0.4 V。

2. CMOS 电路输入/输出电路性质

一般 CC 系列的输入阻抗可高达 10^{10} Ω，输入电容在 5 pF 以下，输入高电平通常要求在 3.5 V以上，输入低电平通常为 1.5 V 以下。因 CMOS 电路的输出结构具有对称性，故对高低电平具有相同的输出能力，负载能力较小，仅可驱动少量的 CMOS 电路。当输出端负载很轻时，输出高电平接近电源电压，输出低电平时接近地电位。

3. 集成逻辑电路的连接

在实际的数字电路系统中，总是将一定数量的集成逻辑电路按需要前后连接起来。这时，前级电路的输出将与后级电路的输入相连并驱动后级电路工作。这就存在着电平的配合和负载能力这两个需要妥善解决的问题。

可用下列几个表达式来说明连接时所要满足的条件。

U_{oH}（前级）$\geqslant U_{iH}$　（后级）　U_{oL}（前级）$\leqslant U_{iL}$　（后级）

I_{oH}（前级）$\geqslant n\times I_{iH}$　（后级）　I_{oL}（前级）$\geqslant n\times I_{i1}$　（后级）　n 为后级门的数目

（1）TTL 与 TTL 的连接。

TTL 集成逻辑电路的所有系列，由于电路结构形式相同，电平配合比较方便，不需要外接元件就可直接连接，不足之处是受低电平时负载能力的限制。表 3-11 列出了 74 系列 TTL 电路的扇出系数。

表 3-11　74 系列 TTL 电路的扇出系数

	74LS00	74ALS00	7400	74L00	74S00
74LS00	20	40	5	40	5
74ALS00	20	40	5	40	5
7400	40	80	10	40	10
74L00	10	20	2	20	1
74S00	50	100	12	100	12

（2）TTL 驱动 CMOS 电路。

TTL 电路驱动 CMOS 电路时，由于 CMOS 电路的输入阻抗高，故此驱动电流一般不会受到限制。但在电平配合问题上，低电平是可以的，高电平时有困难，因为 TTL 电路在满载时，输出高电平通常低于 CMOS 电路对输入高电平的要求。因此为保证 TTL 输出高电平时，后级的 CMOS 电路能可靠工作，通常要外接一个上拉电阻 R，如图 3-17 所示，使输出高电平达到 3.5 V 以上，R 的取值为 2～6.2 kΩ较合适，这时 TTL 后级的 CMOS 电路的数目实际上没有什么限制。

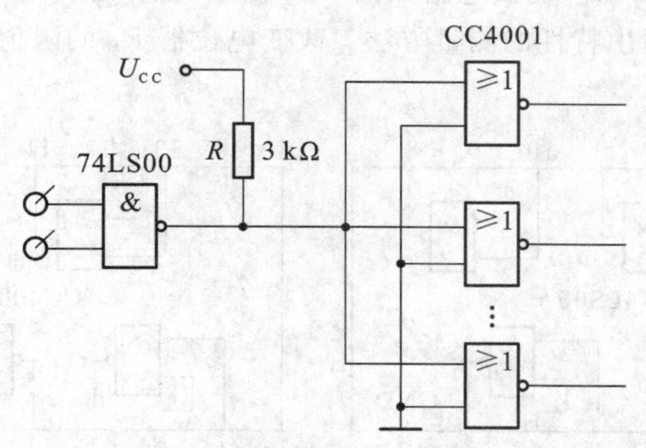

图 3-17　TTL 驱动 CMOS 电路

（3）CMOS 驱动 TTL 电路。

CMOS 的输出电平能满足 TTL 对输入电平的要求，而驱动电流将受限制，主要是低电平时的负载能力。表 3-12 列出了一般 CMOS 电路驱动 TTL 电路时的扇出系数，从表中可见，除了 74HC 系列外，其他 CMOS 电路驱动 TTL 的能力都较低。

表 3-12　一般 CMOS 电路驱动 TTL 电路时的扇出系数

	LS-TTL	L-TTL	TTL	ASL-TTL
CC4001B 系列	1	2	0	2
MC14001B 系列	1	2	0	2
MM74HC 及 74HCT 系列	10	20	2	20

既要使用此系列又要提高其驱动能力时，可采用以下两种方法。

① 采用 CMOS 驱动器，如 CC4049、CC4050 是专为给出较大驱动能力而设计的 CMOS 电路。

② 几个同功能的 CMOS 电路并联使用，即将其输入端并联，输出端并联(TTL 电路是不允许并联的)。

(4) CMOS 与 CMOS 的连接。

CMOS 电路之间的连接十分方便，不需另加外接元件。对直流参数来讲，一个 CMOS 电路可带动的 CMOS 电路数量是不受限制，但在实际使用时，应当考虑后级门输入电容对前级门的传输速度的影响，电容太大时，传输速度要下降，因此在高速使用时要从负载电容来考虑，如 CC4000T 系列。CMOS 电路在 10 MHz 以上速度运用时应限制在 20 个门以下。

三、实验设备与器件

数字电路学习机，万用表，74LS00，CC4001，74HC00。

四、实验内容

(1) 测试 TTL 电路 74LS00 和 CMOS 电路 CC4001 的输出特性。

引脚排列如图 3-18 所示。测试电路如图 3-19 所示，图中以与非门 74LS00 为例画出了高、低电平两种输出状态下输出特性的测量方法。改变电位器 R_W 的阻值，可获得输出特性曲线，R 为限流电阻。

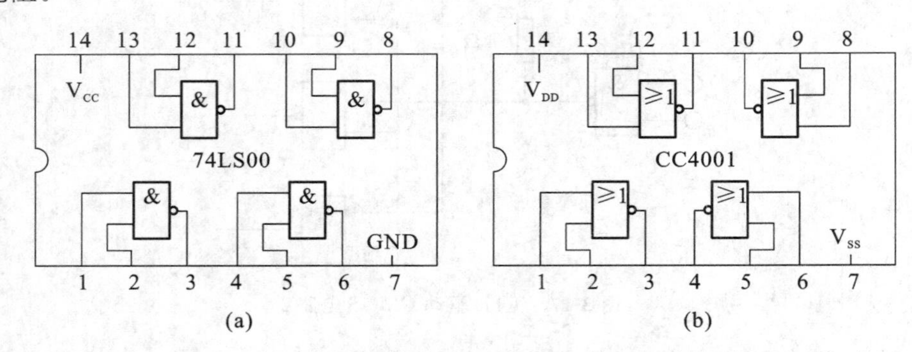

图 3-18　74LS00 与非门和 CC4001 或非门电路引脚排列

① 测试 TTL 电路 74LS00 的输出特性。

在实验装置的合适位置选取一个 14P 插座。插入 74LS00，R 取为 100 Ω，高电平输出时，R_W 取 47 kΩ，低电平输出时，R_W 取 10 kΩ，高电平测试时应测量空载到最小允许高电平(2.7 V)之间的一系列点；低电平测试时应测量空载到最大允许低电平(0.4 V)之间的一系列点。

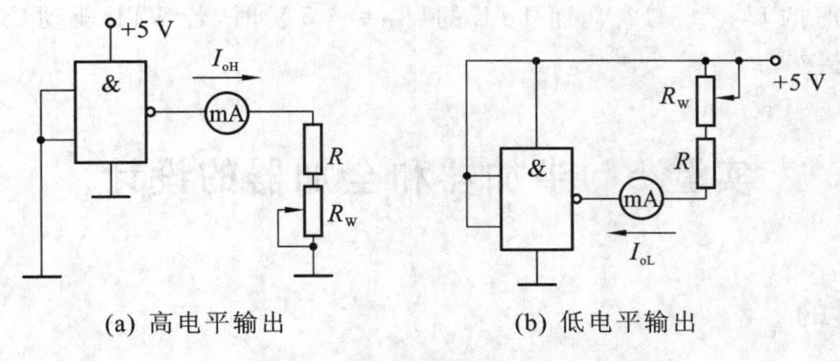

图 3-19　与非门电路输出特性测试电路

② 测试 CMOS 电路 CC4001 的输出特性。

测试时 R 取为 470 Ω,R_W取 4.7 kΩ,高电平测试时应测量从空载到输出电平降到 4.6 V 为止的一系列点;低电平测试时应测量从空载到输出电平升到 0.4 V 为止的一系列点。

(2) TTL 电路驱动 CMOS 电路。

用 74LS00 的一个门来驱动 CC4001 的四个门,实验电路如图 3-17 所示,R 取 3 kΩ。测量连接3 kΩ与不连接 3 kΩ 电阻时 74LS00 的输出高低电平及 CC4001 的逻辑功能,测试逻辑功能时,可用实验装置上的逻辑笔进行测试,逻辑笔的电源 U_{CC} 接+5 V,其输入口通过一根导线接至所需的测试点。

(3) CMOS 电路驱动 TTL 电路。

电路如图 3-20 所示,被驱动的电路用 74LS00 的八个门并联。

电路的输入端接逻辑开关输出插口,八个输出端分别接逻辑电平显示的输入插口。先用 CC4001 的一个门来驱动,观测 CC4001 的输出电平和 74LS00 的逻辑功能。

然后将 CC4001 的其余三个门并联到第一个门上(输入与输入并联,输出与输出并联),分别观察 CMOS 的输出电平及 74LS00 的逻辑功能。最后用 1/4 74HC00 代替 1/4 CC4001,测试其输出电平及系统的逻辑功能。

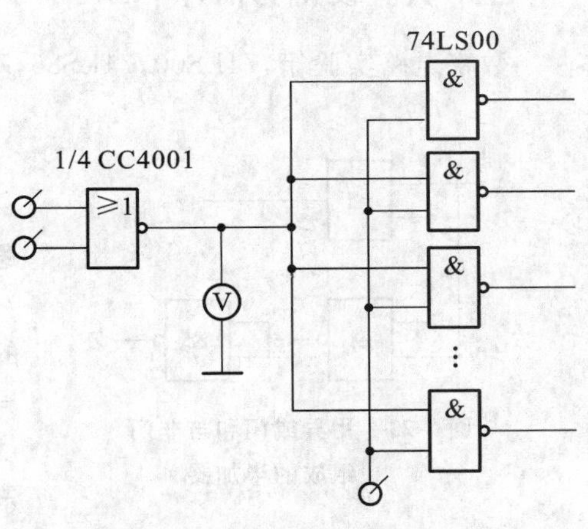

图 3-20　CMOS 驱动 TTL 电路

五、预习要求

(1) 自拟各实验记录用的数据表格及逻辑电平记录表格。

(2) 熟悉所用集成电路的引脚功能。

六、实验报告

(1) 整理实验数据,作出输出特性曲线,并加以分析。

(2) 通过本次实验,对不同集成门电路之间的连接得出什么结论?

(3) 当 CMOS 驱动 TTL(TTL 为负载时),应如何连接?

(4) 当 CMOS 的 $U_{CC}=+12$ V，而 TTL 的 $U_{CC}=+5$ V 时，若 TTL 驱动 CMOS 时，应如何考虑相互间的连接？

实验 5　半加器和全加器的设计

一、实验目的

(1) 掌握组合逻辑电路的功能测试。

(2) 验证半加器和全加器的逻辑功能。

(3) 学会二进制数的运算规律。

二、实验原理

半加器和全加器是算术运算电路中的基本单元，它们是完成 1 位二进制数相加的一种组合逻辑电路。本实验是利用组合逻辑电路的分析方法，分析和测试由与非门和异或门构成的半加器和全加器的逻辑功能，以便加深对半加器和全加器工作原理的理解。

三、实验设备与器件

数字电路实验箱，74LS00，74LS86，74LS54。

四、实验内容

1. 测试用异或门(74LS86)和与非门组成的半加器的逻辑功能

根据半加器的逻辑表达式可知，半加器 Y 是 A、B 的异或，而进位 Z 是 A、B 相与，故半加器可用一个集成异或门和两个与非门组成，如图3-21所示。

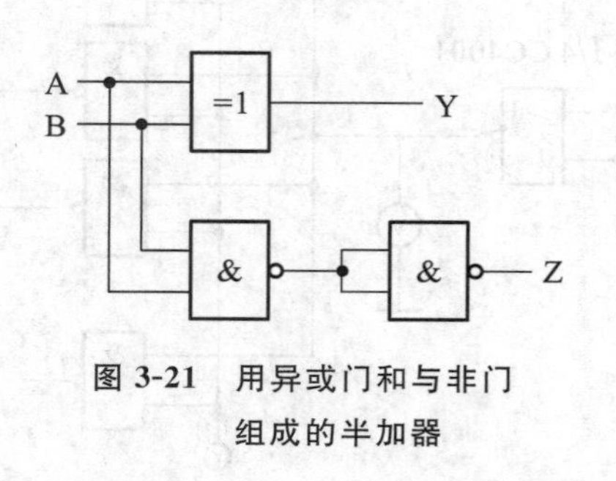

图 3-21　用异或门和与非门组成的半加器

(1) 在学习机上用异或门和与非门接成图 3-21 所示电路，A、B 接电平开关，Y、Z 接电平显示。

(2) 按表 3-13 要求改变 A、B 状态，将 Y、Z 的值填入表 3-13 中。

表 3-13　输入端和输出端的值

输入端	A	0	1	0	1
	B	0	0	1	1
输出端	Y				
	Z				

2. 测试用与非门组成的全加器的逻辑功能

(1) 写出图 3-22 所示电路的逻辑表达式。

(2) 根据逻辑表达式列真值表。

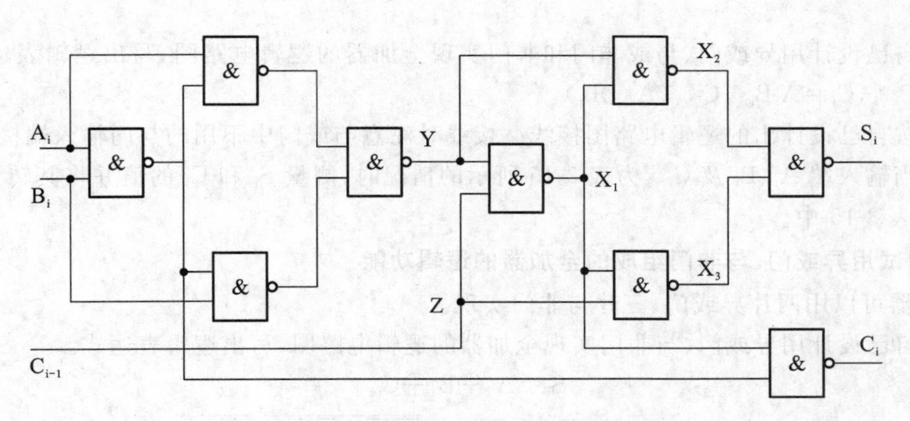

图 3-22　用与非门组成的全加器

(3) 根据真值表画逻辑函数 S_i、C_i 的卡诺图。

(4) 填写全加器的逻辑功能各点状态，记入表 3-14。

(5) 按原理图选择与非门并接线进行测试，将测试结果记入表 3-14 中，并与表 3-13 比较，看逻辑功能是否一致。

表 3-14　全加器的逻辑功能各点状态

A_i	B_i	C_{i-1}	Y	Z	X_1	X_2	X_3	S_i	C_i
0	0	0							
0	1	0							
1	0	0							
1	1	0							
0	0	1							
0	1	1							
1	0	1							
1	1	1							

3. 测试用异或门、与或非门组成的全加器的逻辑功能

全加器可以用两个半加器和两个与门、一个或门组成。在实验中，常用一个双异或门、一个与或非门和一个与非门实现，如图 3-23 所示。

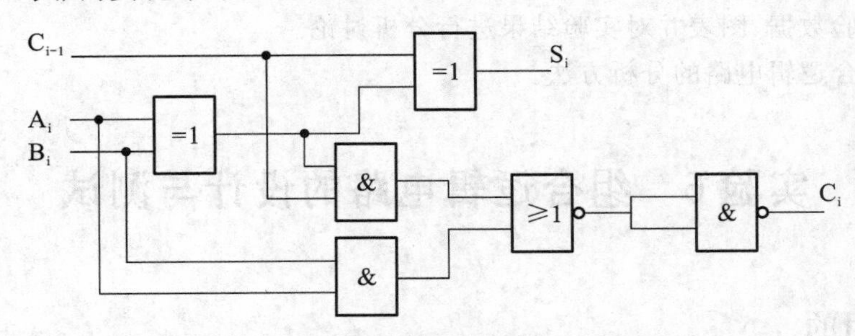

图 3-23　用异或门、与或非门组成的全加器

(1) 自己设计用异或门、与或非门和非门实现全加器的逻辑电路图，写出逻辑表达式：$S_i=A_i\oplus B_i\oplus C_{i-1}$，$C_i=A_iB_i+C_{i-1}(A_i\oplus B_i)$。

(2) 按自己设计出的逻辑电路图接线。接线时注意与或门中不用的与门输入端接地。

(3) 当输入端 A_i、B_i 及 C_{i-1} 为表 3-15 所示的情况时，测量 S_i 和 C_i 的值并将其转化为逻辑状态记入表 3-15 中。

4. 测试用异或门、与非门组成的全加器的逻辑功能

全加器可以用两片异或门、三片与非门实现。

(1) 自己设计用异或门、与非门实现全加器的逻辑电路图，写出逻辑表达式。

$$S_i=A_i\oplus B_i\oplus C_{i-1}$$

$$C_i=A_iB_i+C_{i-1}(A_i\oplus B_i)=\overline{\overline{A_iB_i}\cdot\overline{C_{i-1}(A_i\oplus B_i)}}$$

(2) 按自己设计出的逻辑电路图接线，如图 3-24 所示。

(3) 当输入端 A_i、B_i 及 C_{i-1} 为表 3-15 所示的情况时，测量 S_i 和 C_i 的值并将其转化为逻辑状态填入表 3-15 中。

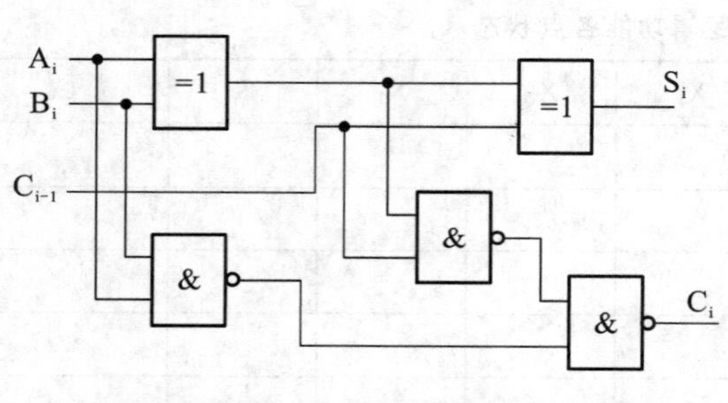

图 3-24 用异或门、与非门组成的全加器

表 3-15 输入端 A_i、B_i 及 C_{i-1} 的状态

A_i	B_i	C_{i-1}	C_i	S_i
0	0	0		
0	1	0		
1	0	0		
1	1	0		
0	0	1		
0	1	1		
1	0	1		
1	1	1		

五、实验预习要求

(1) 预习二进制数的运算和组合逻辑电路的分析方法。

(2) 预习用与非门和异或门构成的半加器、全加器的工作原理。

六、实验报告

(1) 整理实验数据、图表并对实验结果进行分析讨论。

(2) 总结组合逻辑电路的分析方法。

实验 6 组合逻辑电路的设计与测试

一、实验目的

掌握组合逻辑电路的设计与测试方法。

二、实验原理

1. 组合逻辑电路的设计方法

根据要求设计出适合需要的组合电路，应遵循如图 3-25 所示的基本步骤。

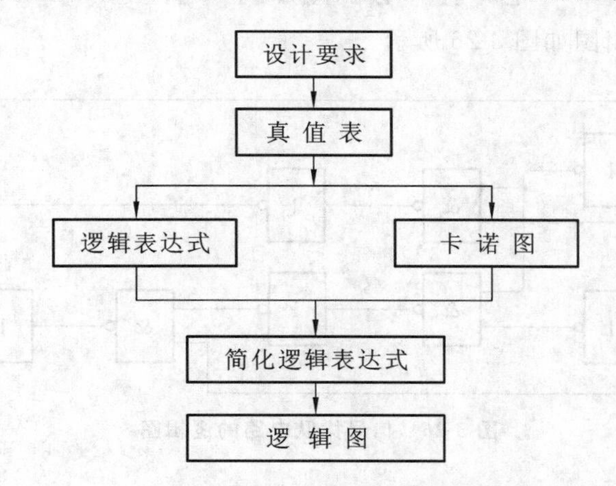

图 3-25　组合逻辑电路的设计步骤

首先，根据设计任务的要求建立输入、输出变量，并列出真值表。然后，用逻辑代数或卡诺图化简法求出简化的逻辑表达式，并按实际选用逻辑门的类型变换逻辑表达式，根据变换简化后的逻辑表达式，画出逻辑图，并用标准器件构成逻辑电路。最后，用实验来验证设计的正确性。

2. 组合逻辑电路的设计举例

用二输入与非门和反向器设计一个三输入（A、B、C）、三输出（L_0、L_1、L_2）信号排队电路。它的功能：当输入 A 为“1”时，无论 B 和 C 是“1”还是“0”，输出 L_0 为“1”，L_1 和 L_2 为“0”；当输入 A 为“0”时，且 B 为“1”，无论 C 是“1”还是“0”，输出 L_1 为“1”，其余两个输出为“0”；当输入 C 为“1”时，A 和 B 均为“0”时，输出 L_2 为“1”，其余两个输出为“0”；如 A、B、C 均为“0”，则 L_0、L_1、L_2 也均为“0”。设计步骤如下。

（1）设定逻辑变量，用 A、B、C 和 L_0、L_1、L_2 分别表示输入和输出信号，并用“1”“0”分别表示高、低电平。

再根据题意列出真值表，如表 3-16 所示。

表 3-16　输入/输出真值表

输入			输出		
A	B	C	L_0	L_1	L_2
0	0	0	0	0	0
1	×	×	1	0	0
0	1	×	0	1	0
0	0	1	0	0	1

（2）根据真值表写出各输出逻辑表达式，有

$$L_0 = A,\quad L_1 = \overline{A}B,\quad L_2 = \overline{A}\,\overline{B}C$$

（3）将上式变换为“与非”形式，即

$$L_0 = A,\quad L_1 = \overline{\overline{\overline{A}B}},\quad L_2 = \overline{\overline{\overline{A}\,\overline{B}C}}$$

（4）由此画出的逻辑图如图 3-26 所示。

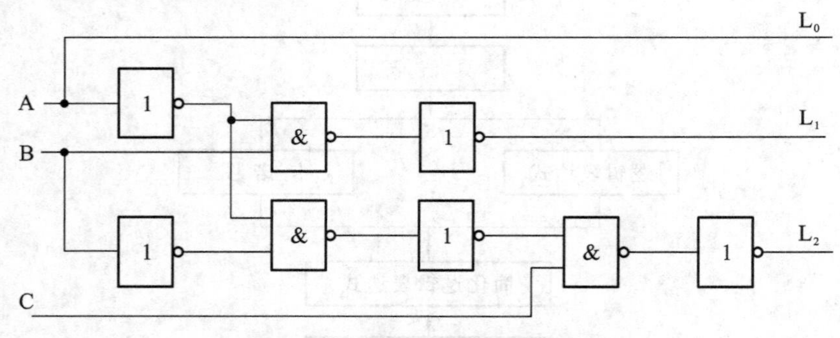

图 3-26　信号排队电路的逻辑图

三、实验设备与器件

数字电路学习机，万用表，CC4011(74LS00)，CC4012(74LS20)，CC4030(74LS86)，CC4081(74LS08)，74LS54(CC4085)，C4001 (74LS02)。

四、实验内容

（1）设计一个三输入信号排队电路(见前例)。

（2）设计一个路灯的控制电路，要求在四个不同的路口都能独立地控制路灯的亮灭，列出真值表，写出函数式，画出实验逻辑电路图(用异或门实现)。

（3）设计一个保密锁电路，保密锁上有三个键钮 A、B、C。要求：当三个键钮同时按下时，或 A、B 两个同时按下时，或按下 A、B 中的任一键钮时，锁就能被打开；而当不符合上列组合状态时，电铃发出报警响声。试设计此电路，列出真值表，写出函数式，画出最简的实验电路(用最少的与非门实现，选做)。

（注：取 A、B、C 三个键钮状态为输入变量，开锁信号和报警信号为输出变量，分别用 F_1、F_2 表示。设键钮按下时为“1”，不按时为“0”；报警时为“1”，不报警时为“0”，A、B、C 都不按时，应不开锁也不报警。）

（4）用 8421 码表示十进制数 0～9，要求当十进制数为 0、2、3、8 时输出为“1”，其余六个状态(1010～1111)不会出现，求实现此逻辑函数的最简表达式和逻辑图，用实验验证(用两个与或非门实现，选做)。

（5）(一位数值比较器)设计一个对两个二位无符号的二进制数进行比较的电路。根据第一个数是否大于、等于、小于第二个数，使相应的三个输出端中的一个输出为“1”，要求用与门、与非门及或非门实现。

设计步骤如下。

① 根据题意列出真值表，如表 3-17 所示。

表 3-17　输入/输出真值表

输入		输出		
A_i	B_i	L_i	G_i	M_i
0	0	0	1	0
0	1	0	0	1
1	0	1	0	0
1	1	0	1	0

② 根据真值表写出各输出的逻辑表达式：$L_i = A_i\overline{B_i}$，$G_i=\overline{\overline{A_i}B_i+A_i\overline{B_i}}$，$M_i=\overline{A_i}B_i$。

③ 根据表达式画出的逻辑图如图 3-27 所示。

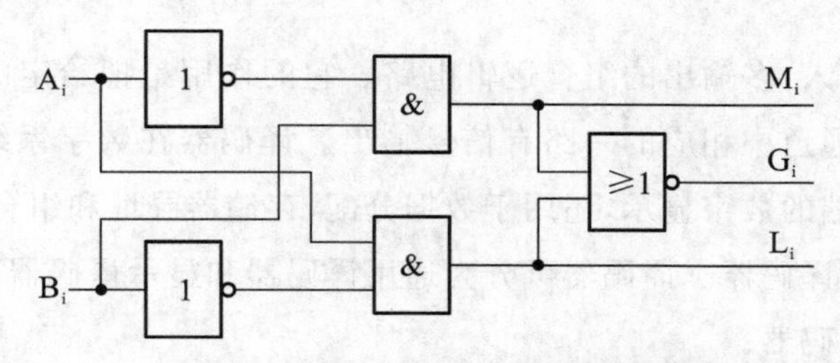

图 3-27　一位数值比较器的逻辑图

(6)（二位数值比较器）将上述一位数值比较器扩展成二位数值比较器（方法原理同上）。

五、实验预习要求

(1) 根据实验任务要求设计组合电路，并根据所给的器件画出逻辑图。

(2) 如何用最简单的方法验证"与或非"门的逻辑功能是否完好？

(3) "与或非"门中，当某一组与端不用时，应做如何处理？

六、实验报告

(1) 列写实验任务的设计过程，画出设计的电路图。

(2) 对所设计的电路进行实验测试，记录测试结果。

(3) 组合电路设计体会。

注：四路(2-3-3-2)输入与或非门 74LS54 如图 3-28 所示。

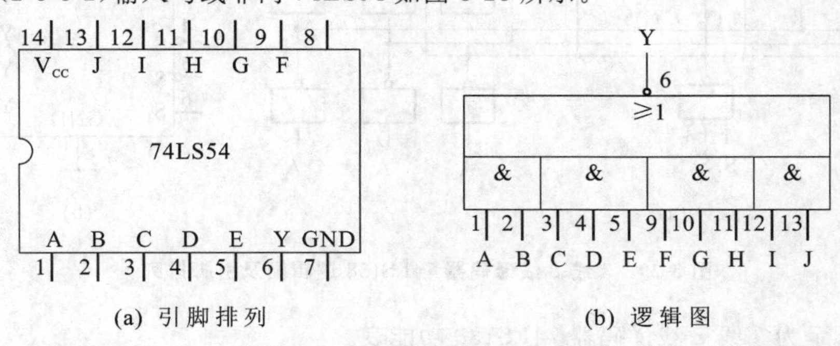

(a) 引脚排列　　(b) 逻辑图

图 3-28　四路输入与或非门 74LS54

实验7　译码器及其应用

一、实验目的

(1) 掌握中规模集成译码器的逻辑功能和使用方法。

(2) 熟悉数码管的使用。

二、实验原理

译码器是一个多输入、多输出的组合逻辑电路。它的作用是把给定的代码进行"翻译",变成相应的状态,使输出通道中相应的一路有信号输出。译码器在数字系统中有广泛的用途,不仅用于代码的转换、终端的数字显示,还用于数据分配,存储器寻址和组合控制信号等。不同的功能可选用不同种类的译码器。译码器可分为通用译码器和显示译码器两大类,前者又分为变量译码器和代码变换译码器。

1. 变量译码器

变量译码器又称二进制译码器,用于表示输入变量的状态,如2线-4线、3线-8线和4线-16线译码器。若有 n 个输入变量,则有 2^n 个不同的组合状态,就有 2^n 个输出端供其使用。而每一个输出所代表的函数对应于 n 个输入变量的最小项。以3线-8线译码器74LS138为例进行分析,图3-29(a)、(b)分别为其逻辑图及引脚排列。其中,A_2、A_1、A_0 为地址输入端,$\overline{Y}_0 \sim \overline{Y}_7$ 为译码输出端,S_1、$\overline{S}_2$、$\overline{S}_3$ 为使能端。

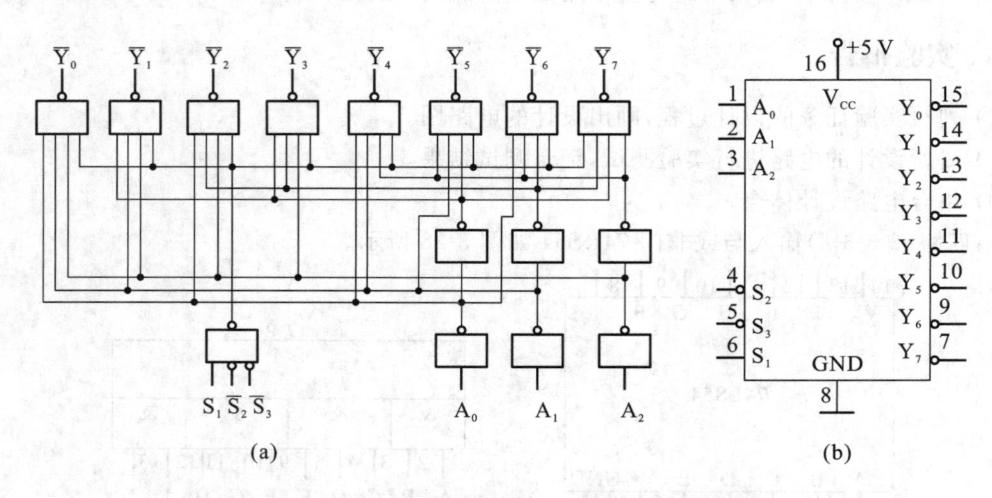

图3-29　3线-8线译码器74LS138逻辑图及引脚排列

表3-18所示为3线-8线译码器74LS138功能表。

表 3-18　3 线-8 线译码器 74LS138 功能表

输　入					输　出							
S_1	$\overline{S}_2+\overline{S}_3$	A_2	A_1	A_0	$\overline{Y}_0$	$\overline{Y}_1$	$\overline{Y}_2$	$\overline{Y}_3$	$\overline{Y}_4$	$\overline{Y}_5$	$\overline{Y}_6$	$\overline{Y}_7$
1	0	0	0	0	0	1	1	1	1	1	1	1
1	0	0	0	1	1	0	1	1	1	1	1	1
1	0	0	1	0	1	1	0	1	1	1	1	1
1	0	0	1	1	1	1	1	0	1	1	1	1
1	0	1	0	0	1	1	1	1	0	1	1	1
1	0	1	0	1	1	1	1	1	1	0	1	1
1	0	1	1	0	1	1	1	1	1	1	0	1
1	0	1	1	1	1	1	1	1	1	1	1	0
0	×	×	×	×	1	1	1	1	1	1	1	1
×	1	×	×	×	1	1	1	1	1	1	1	1

当 $S_1=1$，$\overline{S}_2+\overline{S}_3=0$ 时，器件使能，地址码所指定的输出端有信号（为"0"）输出，其他所有输出端均无信号（全为"1"）输出。当 $S_1=0$，$\overline{S}_2+\overline{S}_3=X$ 时，或 $S_1=X$，$\overline{S}_2+\overline{S}_3=1$ 时，译码器被禁止，所有输出同时为"1"。

二进制译码器实际上也是负脉冲输出的脉冲分配器。若利用一个输入端输入数据信息，器件就成为一个数据分配器（又称多路分配器），如图 3-30 所示。若在 S_1 输入端输入数据信息，$\overline{S}_2=\overline{S}_3=0$，地址码所对应的输出是 S_1 数据信息的反码；若从 $\overline{S}_2$ 端输入数据信息，令 $S_1=1$，$\overline{S}_3=0$，地址码所对应的输出就是 $\overline{S}_2$ 端数据信息的原码。若数据信息是时钟脉冲，则数据分配器便成为时钟脉冲分配器。根据输入地址的不同组合译出唯一地址，故可用作地址译码器。接成多路分配器，可将一个信号源的数据信息传输到不同的地点。

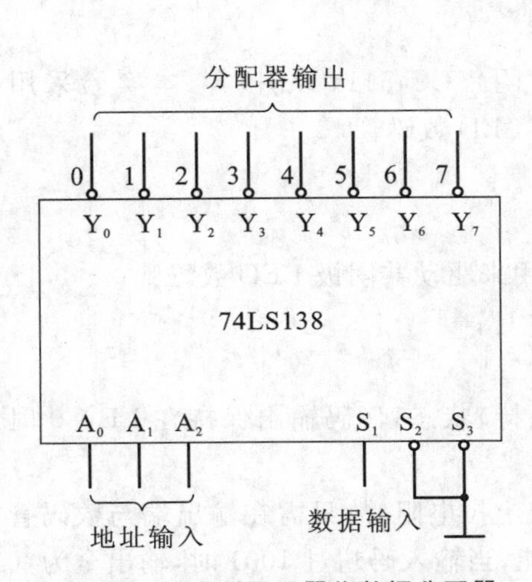

图 3-30　二进制译码器作数据分配器

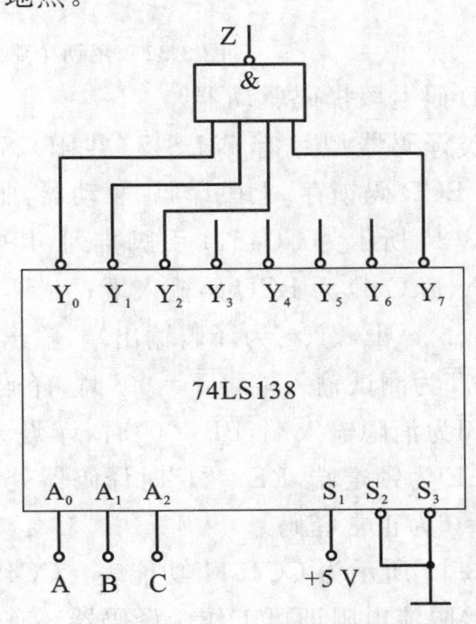

图 3-31　二进制译码器实现逻辑函数

二进制译码器还能方便地实现逻辑函数，如图 3-31 所示。

实现的逻辑函数为

$$Z=\overline{A}\,\overline{B}\,\overline{C}+\overline{A}\,B\,\overline{C}+A\,\overline{B}\,\overline{C}+ABC$$

注：A 为低位，C 为高位。

利用使能端能方便地将两个 74LS138 组合成一个 4 线-16 线译码器，如图3-32所示。

2. 数码显示译码器

(1) 七段发光二极管(LED)数码管。

LED 数码管是目前最常用的数字显示器，图 3-33(a)、(b)所示为 LED 数码管共阴连接和共阳连接电路，图 3-33(c)所示为两种不同出线形式的符号和引脚功能。

一个 LED 数码管可用来显示一位 0～9 十进制数和一个小数点。小型数码管(0.5 寸和 0.36寸)每段发光二极管的正向压降，随显示光(通常为红、绿、黄、橙色)的颜色不同略有差别，通常约为 2～2.5 V，每个发光二极管的点亮电流在 5～10 mA。LED 数码管要显示 BCD 码所表示的十进制数就需要有一个专门的译码器，该译码器不但要完成译码功能，还要有相当的驱动能力。

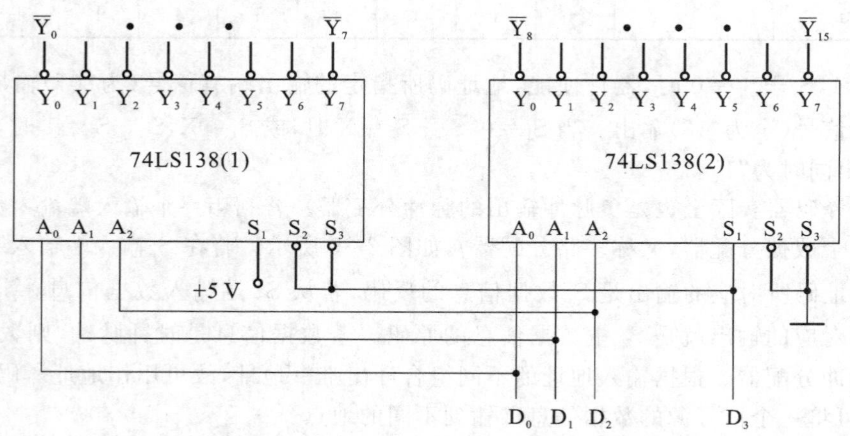

图 3-32 用两个 74LS138 组合成 4 线-16 线译码器

(2) BCD 码七段译码驱动器。

这类译码器型号有 74LS47(共阳)、74LS48(共阴)、CC4511(共阴)等，本实验采用的是 CC4511 BCD 码锁存/七段译码/驱动器，驱动共阴极 LED 数码管。

图 3-34 所示为 CC4511 引脚排列，其中：

①A、B、C、D 为 BCD 码输入端；

②a、b、c、d、e、f、g 为译码输出端，输出“1”有效，用来驱动共阴极 LED 数码管；

③$\overline{LT}$为测试输入端，$\overline{LT}$=“0”时，译码输出全为“1”；

④$\overline{BI}$为消隐输入端，$\overline{BI}$=“0”时，译码输出全为“0”；

⑤LE 为锁定端，LE=“1”时译码器处于锁定(保持)状态，译码输出保持在 LE=0 时的数值，LE=0 为正常译码。

表 3-19 所示为 CC4511 功能表。CC4511 内接有上拉电阻，故只需在输出端与数码管笔段之间串接限流电阻即可工作。译码器还有拒伪码功能，当输入码超过 1001 时，输出全为“0”，数码管熄灭。

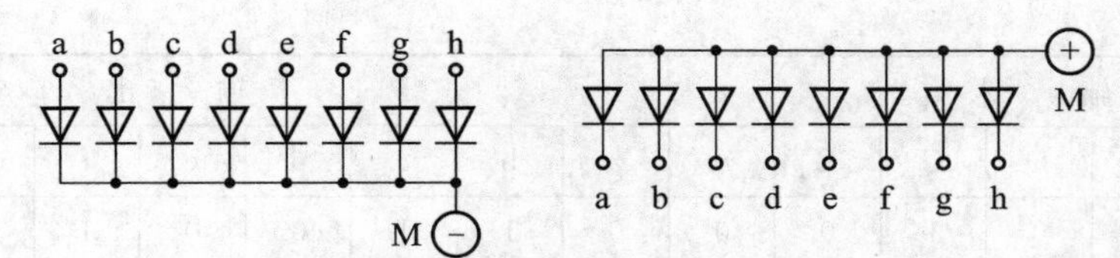

(a) 共阴连接（“1”电平驱动）　(b) 共阳连接（“0”电平驱动）

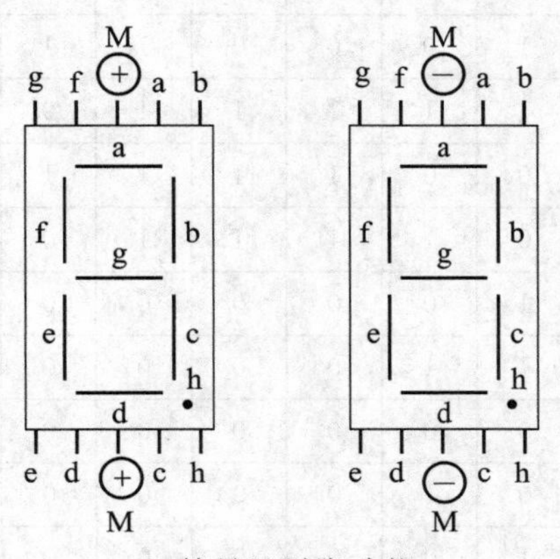

(c) 符号及引脚功能

图 3-33　LED 数码管

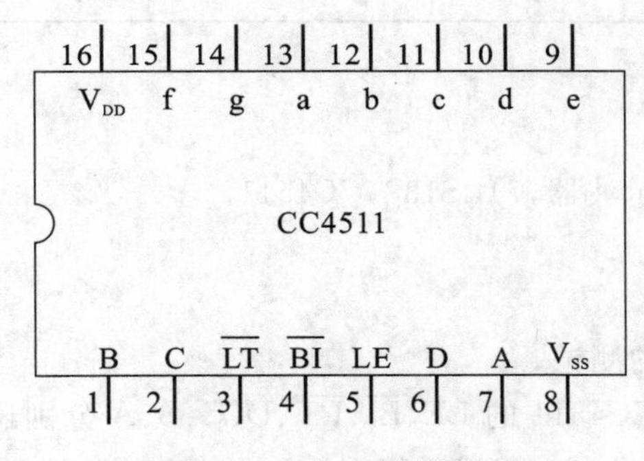

图 3-34　CC4511 引脚排列

表 3-19　CC4511 功能表

输入							输出							
LE	$\overline{BI}$	$\overline{LT}$	D	C	B	A	a	b	c	d	e	f	g	显示字形
×	×	0	×	×	×	×	1	1	1	1	1	1	1	8
×	0	1	×	×	×	×	0	0	0	0	0	0	0	消隐
0	1	1	0	0	0	0	1	1	1	1	1	1	0	0
0	1	1	0	0	0	1	0	1	1	0	0	0	0	1
0	1	1	0	0	1	0	1	1	0	1	1	0	1	2
0	1	1	0	0	1	1	1	1	1	1	0	0	1	3

续表

输入							输出							
LE	$\overline{BI}$	$\overline{LT}$	D	C	B	A	a	b	c	d	e	f	g	显示字形
0	1	1	0	1	0	0	0	1	1	0	0	1	1	4
0	1	1	0	1	0	1	1	0	1	1	0	1	1	5
0	1	1	0	1	1	0	0	0	1	1	1	1	1	6
0	1	1	0	1	1	1	1	1	1	0	0	0	0	7
0	1	1	1	0	0	0	1	1	1	1	1	1	1	8
0	1	1	1	0	0	1	1	1	1	0	0	1	1	9
0	1	1	1	0	1	0	0	0	0	0	0	0	0	消隐
0	1	1	1	0	1	1	0	0	0	0	0	0	0	消隐
0	1	1	1	1	0	0	0	0	0	0	0	0	0	消隐
0	1	1	1	1	0	1	0	0	0	0	0	0	0	消隐
0	1	1	1	1	1	0	0	0	0	0	0	0	0	消隐
0	1	1	1	1	1	1	0	0	0	0	0	0	0	消隐
1	1	1	×	×	×	×	锁存							锁存

三、实验设备与器件

数字电路学习机，双踪示波器，74LS138，CC4511。

四、实验内容

（1）CC4511逻辑功能的测试。

按表3-19顺序依次将CC4511的LE、$\overline{BI}$、$\overline{LT}$、D、C、B、A分别逻辑电平开关，a、b、c、d、e、f、g分别接数码管的段码a、b、c、d、e、f、g端，接上＋5 V的电源和地，然后按表3-19的输入的要求逐项测试CC4511的逻辑功能。

（2）74LS138译码器逻辑功能测试。

将译码器使能端S_1、$\overline{S}_2$、$\overline{S}_3$及地址端A_2、A_1、A_0分别接至逻辑电平开关输出口，8个输出端$\overline{Y}_7 \cdots \overline{Y}_0$依次连接在逻辑电平显示器的8个输入口上，拨动逻辑电平开关，按表3-18逐项测试74LS138的逻辑功能。

（3）用74LS138构成时序脉冲分配器。

参照图3-29和实验原理说明，时钟脉冲CP频率约为10 kHz，要求分配器输出端$\overline{Y}_0 \cdots \overline{Y}_7$的信号与CP输入信号同相。

画出分配器的实验电路，用示波器观察和记录在地址端A_2、A_1、A_0分别取000～111共8种不同状态时$\overline{Y}_0 \cdots \overline{Y}_7$端的输出波形，注意输出波形与CP输入波形之间的相位关系。

（4）用两片74LS138组合成一个4线-16线译码器，并进行实验（见图3-32）。

（5）用74LS138和74LS20设计一个全加器。

① 全加器的真值表如表 3-20 所示。

② 写成标准与非-与非表达式。

$$S_i=\overline{A}_i\,\overline{B}_iC_{i-1}+\overline{A}_i\,B_i\,\overline{C}_{i-1}+A_i\,\overline{B}_i\,\overline{C}_{i-1}+A_iB_iC_{i-1}$$

$$=m_1+m_2+m_4+m_7=\overline{\overline{m_1}\;\overline{m_2}\;\overline{m_4}\;\overline{m_7}}$$

$$C_{i-1}=\overline{A}_iB_iC_{i-1}+A_i\overline{B}_iB_iC_{i-1}+A_iB_i\overline{C}_{i-1}+A_iB_iC_{i-1}$$

$$=m_3+m_5+m_6+m_7=\overline{\overline{m_3}\;\overline{m_5}\;\overline{m_6}\;\overline{m_7}}$$

③ 确认表达式。

$A_2=A_i,A_1=B_i,A_0=C_{i-1}$；

$S_i=\overline{\overline{Y_1}\;\overline{Y_2}\;\overline{Y_4}\;\overline{Y_7}},C_{i-1}=\overline{\overline{Y_3}\;\overline{Y_5}\;\overline{Y_6}\;\overline{Y_7}}$。

④ 画逻辑电路图，如图 3-35 所示。

(6) 用 74LS138 和 74LS20 设计一个全减器(方法与实验内容(5)中的相同)。

表 3-20　全加器的真值表

A_i	B_i	C_{i-1}	C_i	S_i
0	0	0	0	0
0	0	1	1	0
0	1	0	1	0
0	1	1	0	1
1	0	0	1	0
1	0	1	0	1
1	1	0	0	1
1	1	1	1	1

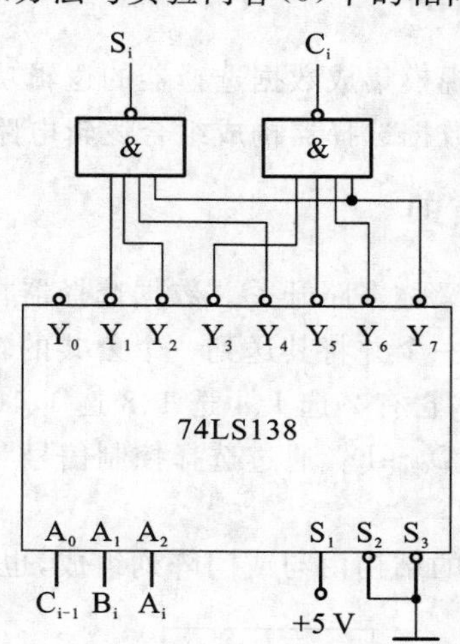

图 3-35　用 74LS138 和 74LS20 设计一个全加器

五、实验预习要求

(1) 复习有关译码器和分配器的原理。

(2) 熟悉所用集成芯片的管脚图和内部电路图。

(3) 画出各实验内容的测试电路与数据记录表格。

(4) 用 74LS138 设计其他感兴趣的组合逻辑电路。

六、实验注意事项

(1) TTL 与非门多余输入端可接高电平，以防引入干扰。

(2) 用发光二极管指示输出时，串接 330 Ω 的电阻。

七、问题思考

(1) 如何判断七段数码管各引脚和显示段的对应关系？

(2) 查资料说出使用译码器 74LS48 和 CD4511 有什么区别？

八、实验报告

(1) 完成设计过程。

(2) 画出实验线路和实验数据表格。

(3) 对实验结果进行分析、讨论。

(4) 总结实验收获和体会。

实验 8　数据选择器及其应用

一、实验目的

(1) 掌握中规模集成数据选择器的逻辑功能及使用方法。

(2) 学习用数据选择器构成组合逻辑电路的方法。

二、实验原理

数据选择器又称多路开关。数据选择器在地址端(或称选择控制端)电平的控制下,从几个数据输入中选择一个并将其送到一个公共的输出端。数据选择器为目前逻辑设计中应用十分广泛的逻辑部件,它有 2 选 1、4 选 1、8 选 1、16 选 1 等类别。4 选 1 数据选择器如图 3-36 所示,图中有四路数据 $D_0 \sim D_3$,通过选择控制信号 A_1、A_0(地址码)从四路数据中选中某一路数据送至输出端 Q。

数据选择器的结构由与或门阵列组成,也有用传输门开关和门电路混合而成的。

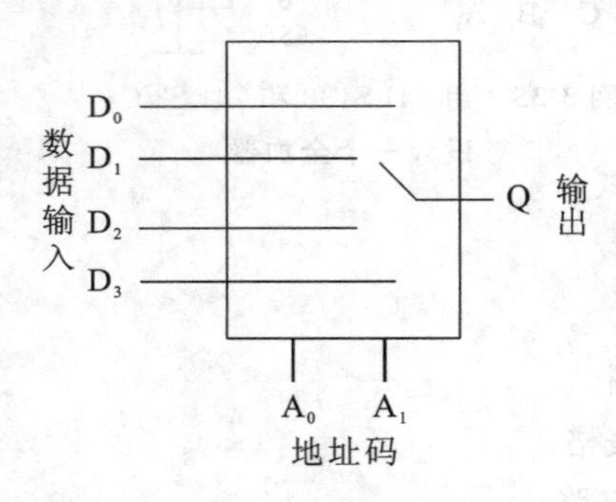

图 3-36　4 选 1 数据选择器示意图

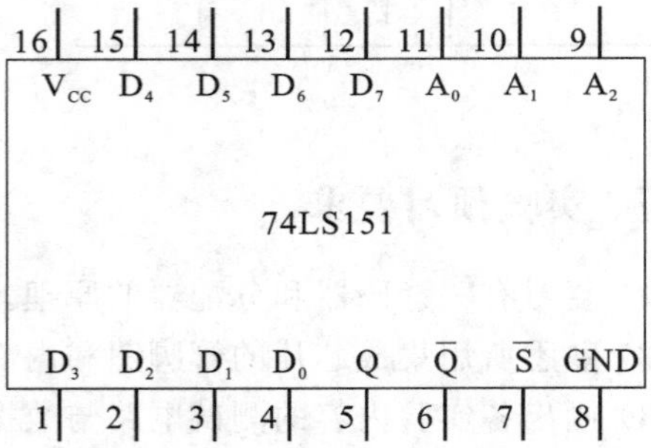

图 3-37　74LS151 引脚排列

1. 8 选 1 数据选择器 74LS151

74LS151 为互补输出的 8 选 1 数据选择器,引脚排列如图 3-37 所示,功能表如表 3-21 所示。选择控制端(地址端)为 $A_2 \sim A_0$,按二进制数译码,从 8 个输入数据 $D_0 \sim D_7$ 中,选择一个需要的数据送到输出端 Q;$\overline{S}$ 为使能端,低电平有效。

(1) 使能端 $\overline{S}=1$ 时,不论 $A_2 \sim A_0$ 状态如何,均无输出($Q=0$,$\overline{Q}=1$),多路开关被禁止。

(2) 使能端 $\overline{S}=0$ 时,多路开关正常工作,根据地址码 A_2、A_1、A_0 的状态选择 $D_0 \sim D_7$ 中某一个通道的数据输送到输出端 Q。

表 3-21　74LS151 功能表

输入				输出	
$\overline{S}$	A_2	A_1	A_0	Q	$\overline{Q}$
1	×	×	×	0	1
0	0	0	0	D_0	$\overline{D_0}$
0	0	0	1	D_1	$\overline{D_1}$
0	0	1	0	D_2	$\overline{D_2}$
0	0	1	1	D_3	$\overline{D_3}$
0	1	0	0	D_4	$\overline{D_4}$
0	1	0	1	D_5	$\overline{D_5}$
0	1	1	0	D_6	$\overline{D_6}$
0	1	1	1	D_7	$\overline{D_7}$

例如，$A_2A_1A_0=000$，则选择 D_0 数据到输出端，即 $Q=D_0$。

又如，$A_2A_1A_0=001$，则选择 D_1 数据到输出端，即 $Q=D_1$，其余类推。

2. 双 4 选 1 数据选择器 74LS153

所谓双 4 选 1 数据选择器，就是在一块集成芯片上有两个 4 选 1 数据选择器，引脚排列如图 3-38 所示，功能表如表 3-22 所示。

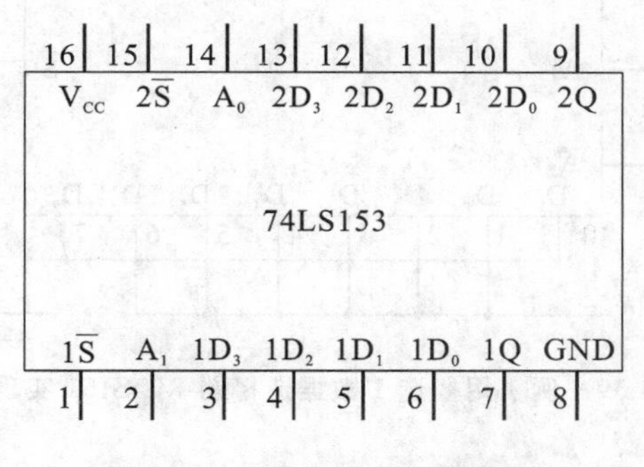

图 3-38　74LS153 引脚排列

表 3-22　74LS153 功能表

输入			输出
$\overline{S}$	A_1	A_0	Q
1	×	×	0
0	0	0	D_0
0	0	1	D_1
0	1	0	D_2
0	1	1	D_3

$1\overline{S}$、$2\overline{S}$ 为两个独立的使能端；A_1、A_0 为公用的地址输入端；$1D_0\sim1D_3$ 和 $2D_0\sim2D_3$ 分别为两个 4 选 1 数据选择器的数据输入端；Q_1、Q_2 为两个输出端。

(1) 使能端 $1\overline{S}(2\overline{S})=1$ 时，多路开关被禁止，无输出，$Q=0$。

(2) 使能端 $1\overline{S}(2\overline{S})=0$ 时，多路开关正常工作，根据地址码 A_1、A_0 的状态，将相应的数据 $D_0\sim D_3$ 送到输出端 Q。例如，$A_1A_0=00$ 则选择 D_0 数据到输出端，即 $Q=D_0$，$A_1A_0=01$ 则选择 D_1 数据到输出端，即 $Q=D_1$，其余类推。

数据选择器的用途很多，如多通道传输、数码比较、并行码变串行码，以及实现逻辑函数等。

3. 数据选择器的应用——实现逻辑函数

例 1 用 8 选 1 数据选择器 74LS151 实现函数

$$F=A\overline{B}+\overline{A}C+B\overline{C}$$

采用 8 选 1 数据选择器 74LS151 可实现任意三输入变量的组合逻辑函数。

列出函数 F 的功能表，如表 3-23 所示。

将函数 F 功能表与 8 选 1 数据选择器的功能表相比较，可知：

(1) 将输入变量 C、B、A 作为 8 选 1 数据选择器的地址码 A_2、A_1、A_0。

(2) 使 8 选 1 数据选择器的各数据输入 $D_0 \sim D_7$ 分别与函数 F 的输出值一一相对应。

即

$$A_2A_1A_0=CBA$$
$$D_0=D_7=0$$
$$D_1=D_2=D_3=D_4=D_5=D_6=1$$

则 8 选 1 数据选择器的输出 Q 便实现了函数 $F=A\overline{B}+\overline{A}C+B\overline{C}$。接线图如图 3-39 所示。

表 3-23 例 1 函数 F 的功能表

输入			输出
A	B	C	F
0	0	0	0
1	0	0	1
0	1	0	1
1	1	0	1
0	0	1	1
1	0	1	1
0	1	1	1
1	1	1	0

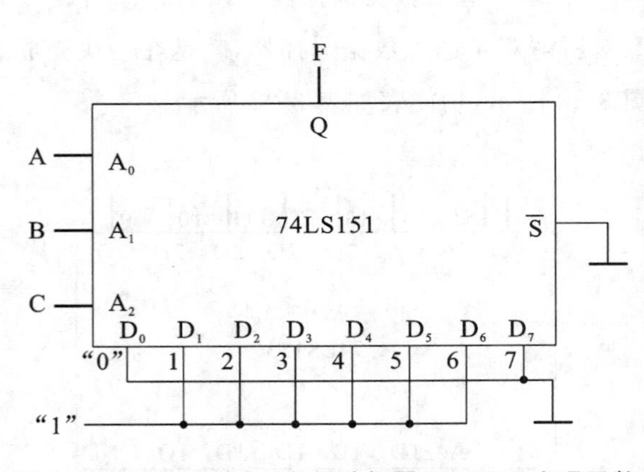

图 3-39 例 1 用 8 选 1 数据选择器 74LS151 实现函数

显然，采用有 n 个地址端的数据选择实现 n 个变量的逻辑函数时，应将函数的输入变量加到数据选择器的地址端(A)，选择器的数据输入端(D)按次序以函数 F 输出值来赋值。

例 2 用 8 选 1 数据选择器 74LS151 实现函数

$$F=A\overline{B}+\overline{A}B$$

列出函数 F 的功能表，如表 3-24 所示。

将 A、B 加到地址端 A_1、A_0，而 A_2 接地，由表 3-24 可见，将 D_1、D_2 接"1"及 D_0、D_3 接地，其余数据输入端 $D_4 \sim D_7$ 都接地，则 8 选 1 数据选择器的输出 Q 便实现了函数 $F=A\overline{B}+B\overline{A}$。接线

图如图 3-40 所示。

表 3-24　例 2 函数 F 的功能表

输　入		输　出
A	B	F
0	0	0
1	0	1
0	1	1
1	1	0

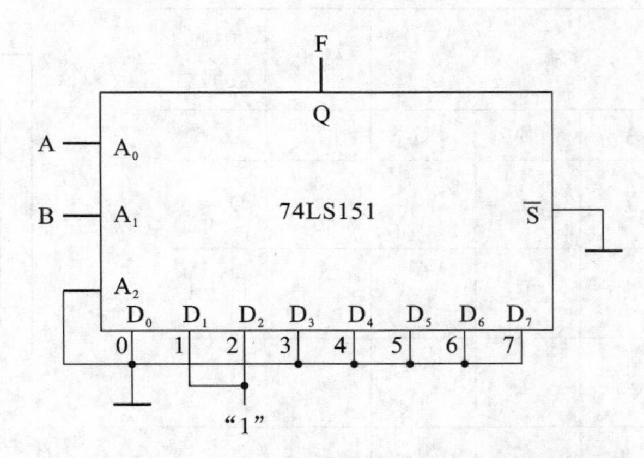

图 3-40　例 2 用 8 选 1 数据选择器 74LS151 实现函数

显然，当函数输入变量数小于数据选择器的地址端(A)时，应将不用的地址端及不用的数据输入端(D)都接地。

例 3　用 4 选 1 数据选择器 74LS153 实现函数

$$F=\overline{A}BC+A\overline{B}C+AB\overline{C}+ABC$$

列出函数 F 的功能表，如表 3-25 所示。

表 3-25　例 3 函数 F 的功能表

输　入			输　出
A	B	C	F
0	0	0	0
0	0	1	0
0	1	0	0
0	1	1	1
1	0	0	0
1	0	1	1
1	1	0	1
1	1	1	1

函数 F 有三个输入变量 A、B、C，而数据选择器有两个地址端 A_1、A_0，少于函数输入变量个数，在设计时可任选 A 接 A_1，B 接 A_0。将函数 F 的功能表改画成表 3-26 的形式，可见将输入变量 A、B、C 中，B 接选择器的地址端 A_1、A_0，由表 3-26 不难看出

$$D_0=0,\quad D_1=D_2=C,\quad D_3=1$$

则 4 选 1 数据选择器的输出，便实现了函数 $F=\overline{A}BC+A\overline{B}C+AB\overline{C}+ABC$。接线图如图 3-41 所示。

当函数输入变量大于数据选择器地址端(A)时，可能随着选用函数输入变量作地址的方案不同，而使其设计结果不同，需对几种方案比较，以获得最佳方案。

表 3-26　例 3 改画后的函数 F 功能表

输　入			输出	中选数据端
A	B	C	F	
0	0	0 1	0 0	$D_0=0$
0	1	0 1	0 1	$D_1=C$
1	0	0 1	0 1	$D_2=C$
1	1	0 1	1 1	$D_3=1$

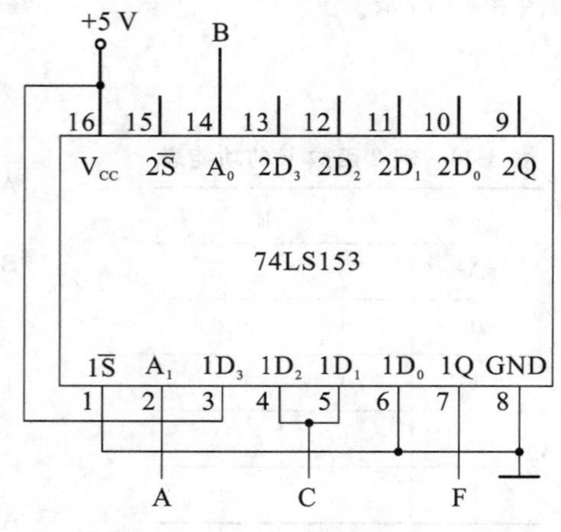

图 3-41　例 3 用 4 选 1 数据选择器 74LS153 实现函数

三、实验设备与器件

数字电路学习机，74LS151（或 CC4512），74LS153（或 CC4539）。

四、实验内容

1. 测试数据选择器 74LS151 的逻辑功能

按图 3-42 所示电路接线，地址端 A_2、A_1、A_0、数据端 D_0～D_7、使能端 $\overline{S}$ 接逻辑开关，输出端 Q 接逻辑电平显示器，按 74LS151 功能表逐项进行测试，记录测试结果。

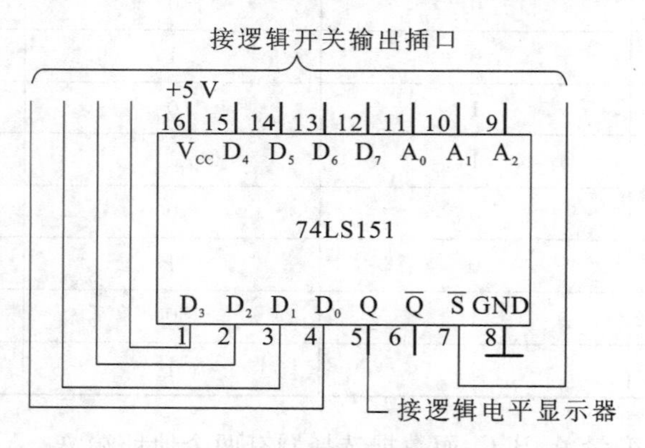

图 3-42　74LS151 逻辑功能测试

2. 测试数据选择器 74LS153 的逻辑功能

测试方法及步骤同实验内容 1，记录测试结果。

3. 用 8 选 1 数据选择器 74LS151 设计三输入多数表决电路

（1）写出设计过程。

（2）画出接线图。

（3）验证逻辑功能。

4. 用双 4 选 1 数据选择器 74LS153 实现全加器

(1) 写出设计过程。

(2) 画出接线图。

(3) 验证逻辑功能。

5. 用 8 选 1 数据选择器实现自行设计的逻辑函数

(1) 写出设计过程。

(2) 画出接线图。

(3) 验证逻辑功能。

五、预习内容

(1) 复习数据选择器的工作原理。

(2) 用数据选择器对实验内容中各函数式进行预设计。

(3) 用数据选择器设计其他感兴趣的组合逻辑电路。

六、实验报告

(1) 用数据选择器对实验内容进行设计，写出设计全过程，画出接线图，进行逻辑功能测试；

(2) 总结实验收获、体会。

实验 9　触发器及其应用

一、实验目的

(1) 掌握基本 RS、JK、D 和 T 触发器的逻辑功能。

(2) 掌握集成触发器的逻辑功能及使用方法。

(3) 熟悉触发器之间相互转换的方法。

二、实验原理

触发器具有两个稳定状态，用于表示逻辑状态“1”和“0”。在一定的外界信号作用下，可以从一个稳定状态翻转到另一个稳定状态，它是一个具有记忆功能的二进制信息存储器件，是构成各种时序电路的最基本逻辑单元。

1. 基本 RS 触发器

图 3-43 所示为由两个与非门交叉耦合构成的基本 RS 触发器，它是无时钟控制低电平直接触发的触发器。基本 RS 触发器具有置“0”、置“1”和保持这三种功能。通常称 $\overline{S}$ 为置“1”端，因为 $\overline{S}=0(\overline{R}=1)$ 时触发器被置“1”；$\overline{R}$ 为置“0”端，因为 $\overline{R}=0(\overline{S}=1)$ 时触发器被置“0”；当 $\overline{S}=\overline{R}=1$ 时，状态保持；$\overline{S}=\overline{R}=0$ 时，触发器状态不定，应避免此种情况发生。表 3-27 所示为基本 RS 触发器的功能表。

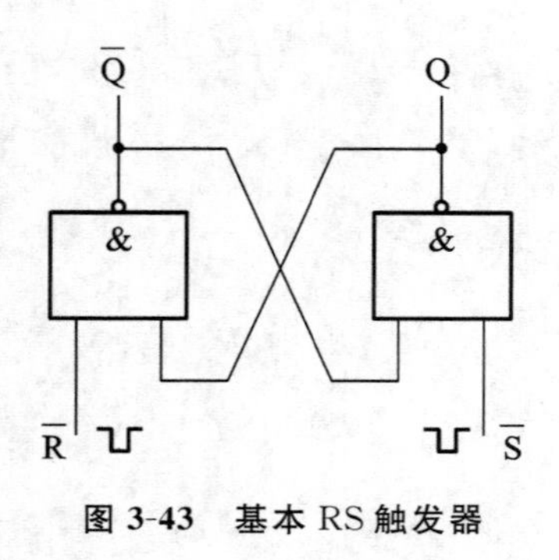

图 3-43　基本 RS 触发器

表 3-27　基本 RS 触发器的功能表

输入		输出	
$\overline{S}$	$\overline{R}$	Q^{n+1}	$\overline{Q}^{n+1}$
0	1	1	0
1	0	0	1
1	1	Q^n	$\overline{Q}^n$
0	0	Φ	Φ

基本 RS 触发器也可以用两个或非门组成，此时为高电平触发有效。

2. JK 触发器

在输入信号为双端的情况下，JK 触发器是功能完善、使用灵活和通用性较强的一种触发器。本实验采用的 74LS112 双 JK 触发器是下降沿触发的边沿触发器，引脚排列及逻辑符号如图 3-44 所示，功能如表 3-28 所示。

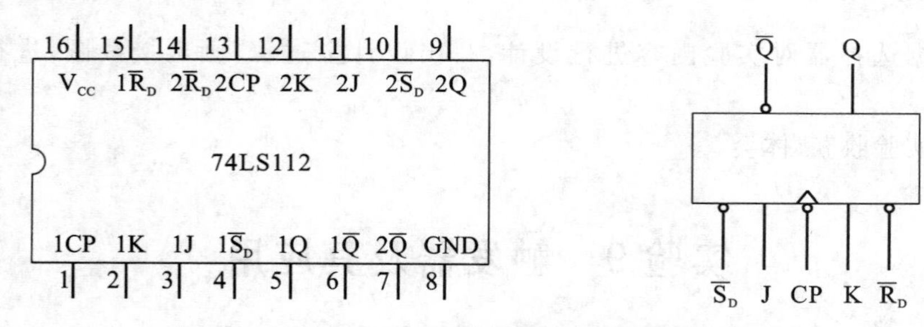

图 3-44　74LS112 双 JK 触发器引脚排列及逻辑符号

表 3-28　JK 触发器的功能表

输入					输出	
$\overline{S}_D$	$\overline{R}_D$	CP	J	K	Q^{n+1}	$\overline{Q}^{n+1}$
0	1	×	×	×	1	0
1	0	×	×	×	0	1
0	0	×	×	×	Φ	Φ
1	1	↓	0	0	Q^n	$\overline{Q}^n$
1	1	↓	1	0	1	0
1	1	↓	0	1	0	1
1	1	↓	1	1	$\overline{Q}^n$	Q^n
1	1	↑	×	×	Q^n	$\overline{Q}^n$

注：×—任意态；↓—高到低电平跳变；↑—低到高电平跳变；$Q^n(\overline{Q}^n)$—现态；$Q^{n+1}(\overline{Q}^{n+1})$—次态；Φ—不定态。

JK 触发器的状态方程为 $Q^{n+1}=J\overline{Q^n}+\overline{K}Q^n$，J 和 K 是数据输入端，是触发器状态更新的依据，当 J、K 有两个或两个以上输入端时，组成“与”的关系。Q 与 $\overline{Q}$ 为两个互补输出端。通常把 $Q=0$、$\overline{Q}=1$ 的状态定为触发器“0”状态，而把 $Q=1$、$\overline{Q}=0$ 定为“1”状态。

JK 触发器常被用作缓冲存储器、移位寄存器和计数器。

3. D 触发器

在输入信号为单端的情况下，D 触发器用起来最为方便，其状态方程为 $Q^{n+1}=D^n$，其输出状态的更新发生在 CP 脉冲的上升沿，故又称为上升沿触发的边沿触发器，触发器的状态只取决于时钟到来前 D 端的状态。有很多种型号可供各种用途的需要而选用，如双 D 74LS74、四 D 74LS175、六 D 74LS174 等。本实验采用 74LS74 双 D 触发器，引脚排列及逻辑符号如图 3-45 所示，功能如表 3-29 所示。

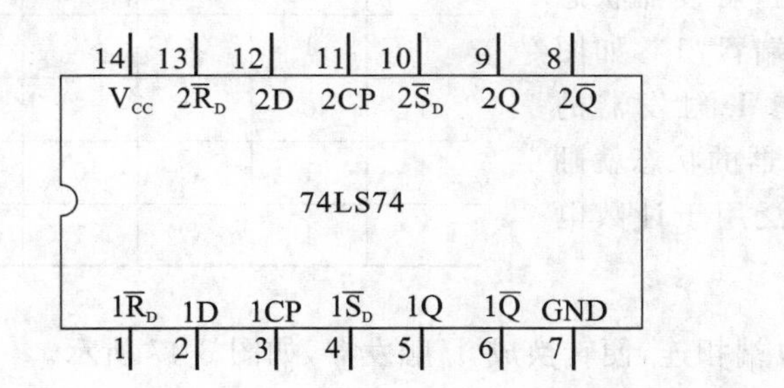

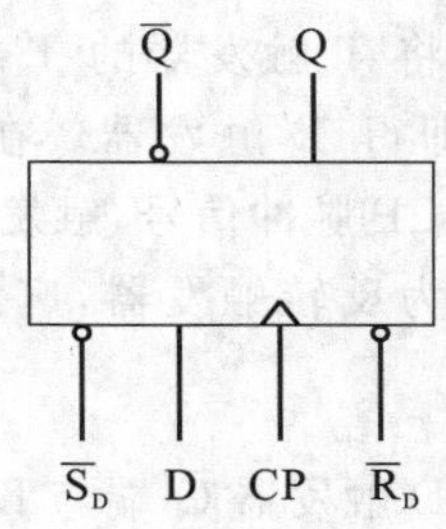

图 3-45　74LS74 引脚排列及逻辑符号

表 3-29　D 触发器的功能表

输入				输出	
$\overline{S}_D$	$\overline{R}_D$	CP	D	Q^{n+1}	$\overline{Q}^{n+1}$
0	1	×	×	1	0
1	0	×	×	0	1
0	0	×	×	Φ	Φ
1	1	↑	1	1	0
1	1	↑	0	0	1
1	1	↓	×	Q^n	$\overline{Q}^n$

D 触发器的应用很广，可用作数字信号的寄存、移位寄存、分频和波形发生等。

4. 触发器之间的相互转换

在集成触发器的产品中，每一种触发器都有自己固定的逻辑功能，但可以利用转换的方法获得具有其他功能的触发器。例如，将 JK 触发器的 J、K 两端连在一起，并认它为 T 端，就得到所需的 T 触发器。如图 3-46(a)所示，其状态方程为 $Q^{n+1}=T\overline{Q^n}+\overline{T}Q^n$。

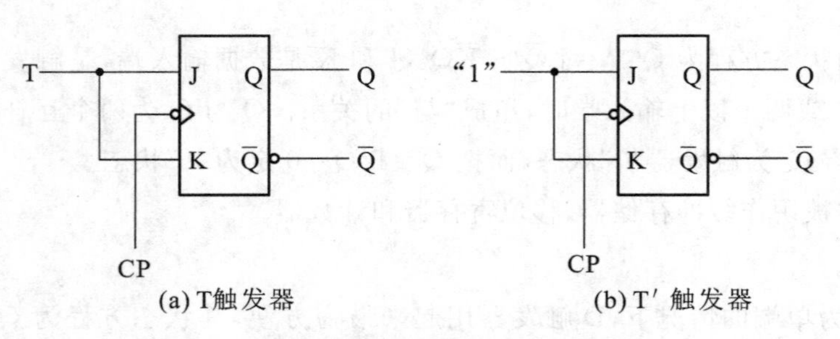

(a) T触发器　　(b) T′ 触发器

图 3-46　JK 触发器转换为 T、T′触发器

T 触发器的功能如表 3-30 所示。由功能表可见，当 T=0 时，时钟脉冲作用后，其状态保持不变；当 T=1 时，时钟脉冲作用后，触发器状态翻转。所以，若将 T 触发器的 T 端置"1"，如图 3-46(b)所示，即得 T′触发器。在 T′触发器的 CP 端每来一个 CP 脉冲信号，触发器的状态就翻转一次，故称之为反转触发器，广泛用于计数电路中。

表 3-30　T 触发器的功能表

输	入			输　出
$\overline{S}_D$	$\overline{R}_D$	CP	T	Q^{n+1}
0	1	×	×	1
1	0	×	×	0
1	1	↓	0	Q^n
1	1	↓	1	$\overline{Q}^n$

同样，若将 D 触发器 $\overline{Q}$ 端与 D 端相连，便转换成 T′触发器，如图 3-47 所示。

JK 触发器也可转换为 D 触发器，如图 3-48 所示。

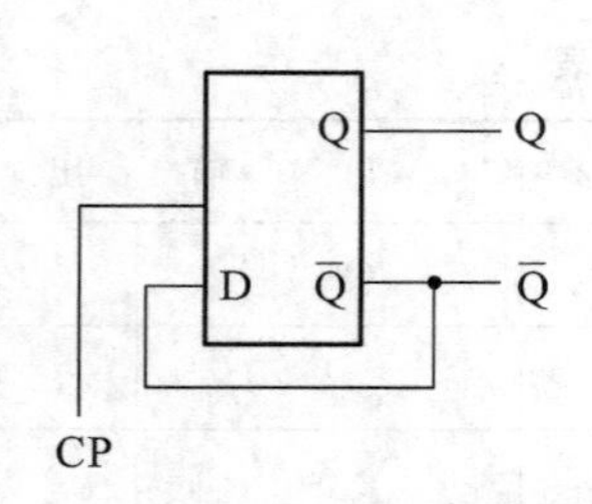

图 3-47　D 触发器转成 T′触发器

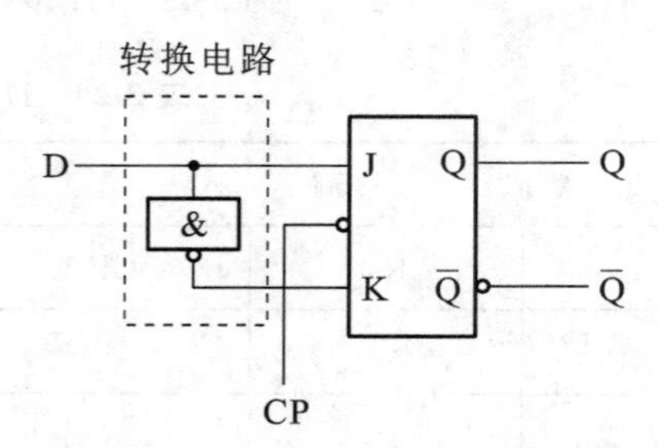

图 3-48　JK 触发器转成 D 触发器

5. CMOS 触发器

(1) CMOS 边沿型 D 触发器。

CC4013 是由 CMOS 传输门构成的边沿型 D 触发器。它是上升沿触发的双 D 触发器，表 3-31 所示为其功能表，图 3-49 所示为其引脚排列图。

(2) CMOS 边沿型 JK 触发器。

CC4027 是由 CMOS 传输门构成的边沿型 JK 触发器。它是上升沿触发的双 JK 触发器，表 3-32 所示为其功能表，图 3-50 所示为其引脚排列图。

CMOS 触发器的直接置位、复位输入端 S 和 R 是高电平有效，当 S=1(或 R=1)时，触发器将不受其他输入端所处状态的影响，使触发器直接接置"1"(或置"0")。但直接置位(S)、复位输入端(R)必须遵守约束条件。CMOS 触发器在按逻辑功能工作时，S 和 R 必须均置"0"。

表 3-31　CC4013 的功能表

输　入				输　出
S	R	CP	D	Q^{n+1}
1	0	×	×	1
0	1	×	×	0
1	1	×	×	Φ
0	0	↑	1	1
0	0	↑	0	0
0	0	↓	×	Q^n

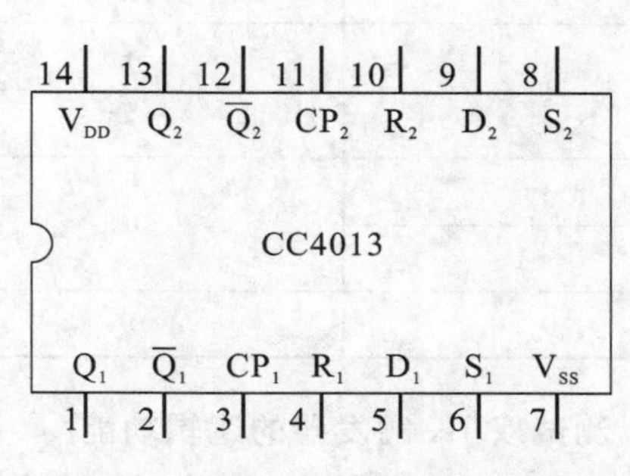

图 3-49　上升沿双 D 触发器引脚排列

表 3-32　CC4027 的功能表

输　入					输　出
S	R	CP	J	K	Q^{n+1}
1	0	×	×	×	1
0	1	×	×	×	0
1	1	×	×	×	Φ
0	0	↑	0	0	Q^n
0	0	↑	1	0	1
0	0	↑	0	1	0
0	0	↑	1	1	$\overline{Q}^n$
0	0	↓	×	×	Q^n

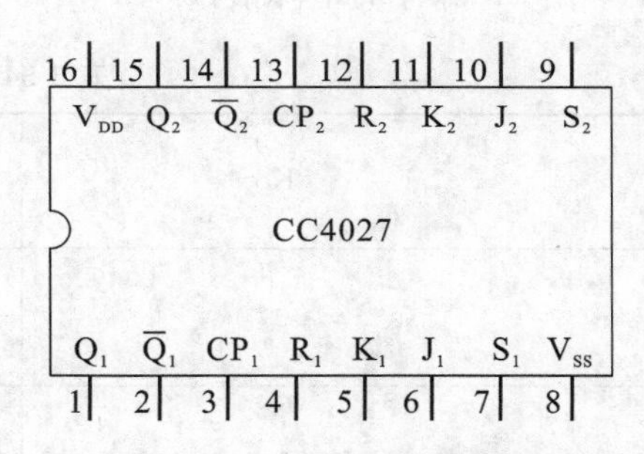

图 3-50　上升沿双 JK 触发器引脚排列

三、实验仪器设备与器件

数字电路学习机，双踪示波器，74LS112（或 CC4027），74LS00（或 CC4011），74LS74（或 CC4013）。

四、实验内容及步骤

1. 测试基本 RS 触发器的逻辑功能

如图 3-44 所示，用两个与非门组成基本 RS 触发器，输入端 $\overline{R}$、$\overline{S}$ 接逻辑开关的输出，输出端 Q、$\overline{Q}$ 接逻辑电平显示输入，按表 3-33 要求测试并记录。

表 3-33　测试基本 RS 触发器的逻辑功能

$\overline{R}$	$\overline{S}$	Q	$\overline{Q}$
1	1→0		
	0→1		
1→0	1		
0→1			
0	0		

2. 测试双 JK 触发器的逻辑功能

(1) 测试 $\overline{R}_D$、$\overline{S}_D$的复位、置位功能。

任取一个 JK 触发器，$\overline{R}_D$、$\overline{S}_D$、J、K 端接逻辑开关输出插口，CP 端接单次脉冲源，Q、$\overline{Q}$ 端接逻辑电平显示输入插口。要求改变 $\overline{R}_D$、$\overline{S}_D$(J、K、CP 处于任意状态)，并在 $\overline{R}_D=0$($\overline{S}_D=1$)或 $\overline{S}_D=0$($\overline{R}_D=1$)作用期间任意改变 J、K 及 CP 的状态，观察 Q、$\overline{Q}$ 状态，自拟表格并记录。

(2) 测试 JK 触发器的逻辑功能。

按表 3-34 的要求改变 J、K、CP 端状态，观察 Q、$\overline{Q}$ 的状态变化，观察触发器状态更新是否发生在 CP 脉冲的下降沿(即 CP 由 1→0)，并记录。

表 3-34　测试 JK 触发器的逻辑功能

J	K	CP	Q^{n+1}	
			$Q^n=0$	$Q^n=1$
0	0	0→1		
		1→0		
0	1	0→1		
		1→0		
1	0	0→1		
		1→0		
1	1	0→1		
		1→0		

(3) 将 JK 触发器的 J、K 端连在一起，构成 T 触发器。

在 CP 端输入 1 Hz 连续脉冲，观察 Q 端的变化。在 CP 端输入 1 kHz 连续脉冲，用双踪示波器观察 CP、Q、$\overline{Q}$ 端波形，注意相位关系，并描绘。

3. 测试双 D 触发器的逻辑功能

(1) 测试 $\overline{R}_D$、$\overline{S}_D$的复位、置位功能。

测试方法同实验内容 2 中的(1)，自拟表格记录。

(2) 测试 D 触发器的逻辑功能。

按表 3-35 要求进行测试，并观察触发器状态更新是否发生在 CP 脉冲的上升沿(即由0→

1)，并记录。

表 3-35　测试 D 触发器的逻辑功能

D	CP	Q^{n+1}	
		$Q^n=0$	$Q^n=1$
0	0→1		
	1→0		
1	0→1		
	1→0		

(3) 将 D 触发器的 $\overline{Q}$ 端与 D 端相连接，构成 T′触发器。测试方法同实验内容 2 中的(3)，并记录。

4. 双相时钟脉冲电路

用 JK 触发器及与非门构成的双相时钟脉冲电路如图 3-51 所示。此电路是用来将时钟脉冲 CP 转换成两相时钟脉冲 CP_A、CP_B，其频率相同、相位不同。分析电路工作原理，并按图 3-51 所示接线，用双踪示波器同时观察 CP、CP_A、CP、CP_B 及 CP_A、CP_B 波形，并描绘。

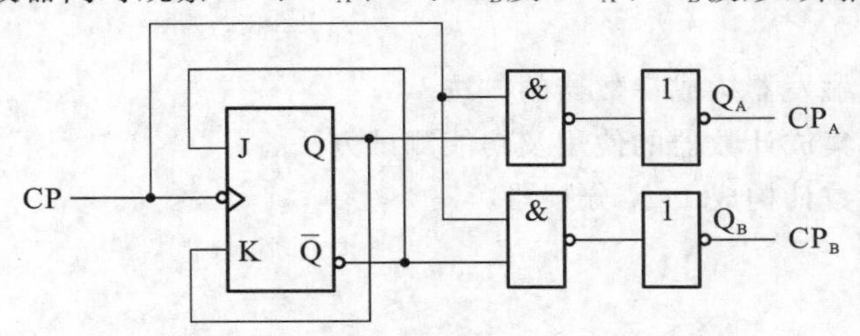

图 3-51　双相时钟脉冲电路

5. 乒乓球练习电路

电路功能要求：模拟两名运动员在练球时，乒乓球能往返运转。

提示：采用 74LS74 双 D 触发器设计实验线路，两个 CP 端触发脉冲分别由两名运动员操作，两触发器的输出状态用逻辑电平显示器显示。

五、实验预习要求

(1) 复习有关触发器内容。

(2) 列出各触发器功能测试表格。

(3) 按实验内容 4 中的(5)的要求设计线路，拟定实验方案。

六、实验报告要求

(1) 列表整理各类触发器的逻辑功能。

(2) 总结观察到的波形，说明触发器的触发方式。

(3) 体会触发器的应用。

七、思考题

(1) 阐述基本 RS 触发器输出状态“不变”和“不定”的含义,如何避免出现“不定”状态?

(2) 用 JK 触发器组成单脉冲发生器。

(3) 触发器之间的相互转换。

(4) 利用普通的机械开关组成的数据开关所产生的信号是否可作为触发器的时钟脉冲信号?为什么?是否可以用作触发器的其他输入端的信号?又是为什么?

八、注意事项

(1) 注意各芯片的外引脚接线。

(2) 注意处理好各触发器的直接置“0”和直接置“1”端。

实验 10 计数器及其应用

一、实验目的

(1) 学习用集成触发器构成计数器的方法。

(2) 掌握中规模集成计数器的使用及功能测试方法。

(3) 运用集成计数计构成 $1/N$ 分频器。

二、实验原理

计数器是一个用于实现计数功能的时序部件,它不仅可用来计脉冲数,还常用作数字系统的定时、分频和执行数字运算及完成其他特定的逻辑功能。

计数器种类很多,按构成计数器中的各触发器是否使用一个时钟脉冲源来分,有同步计数器和异步计数器;根据计数制的不同,分为二进制计数器、十进制计数器和任意进制计数器;根据计数的增减趋势,又分为加法、减法和可逆计数器;还有可预置数和可编程序功能计数器等。常用的集成计数器有 74LS90、74LS192、74LS161 等。本实验主要采用 74LS192。

1. 用 D 触发器构成异步二进制加/减计数器

图 3-52 所示为用 4 个 D 触发器构成的 4 位二进制异步加法计数器,其特点是将每个 D 触发器接成 T′触发器,再由低位触发器的 $\overline{Q}$ 端与高一位的 CP 端相连接。

若将图 3-52 稍加改动,即将低位触发器的 Q 端与高一位的 CP 端相连接,即构成了一个 4 位二进制减法计数器。

2. 中规模十进制计数器

CC40192 是同步十进制可逆计数器,具有双时钟输入,以及清除和置数等功能,其引脚排列及逻辑符号如图 3-53 所示。

CC40192(同 74LS192,两者可互换使用)的功能如表 3-36,说明如下。

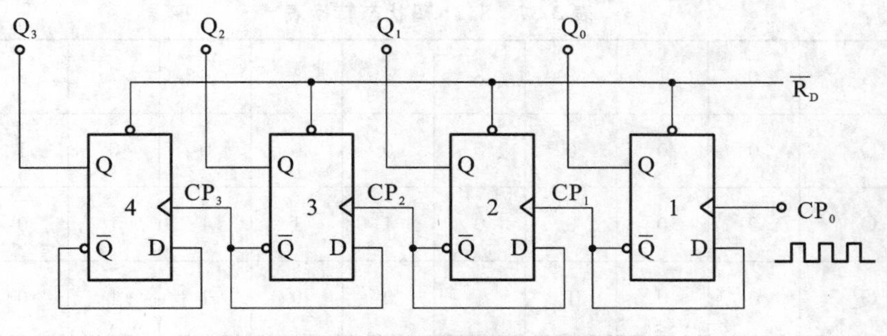

图 3-52　4 位二进制异步加法计数器

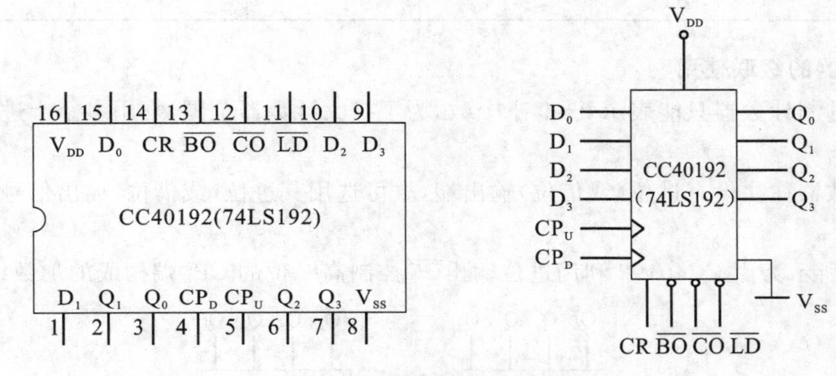

图 3-53　CC40192 引脚排列及逻辑符号

$\overline{LD}$—置数端；CP_U—加计数端；CP_D—减计数端；CR—清除端；$\overline{CO}$—非同步进位输出端；$\overline{BO}$—非同步借位输出端；D_0、D_1、D_2、D_3—计数器输入端；Q_0、Q_1、Q_2、Q_3—数据输出端

表 3-36　CC40192 的功能表

输入								输出			
CR	$\overline{LD}$	CP_U	CP_D	D_3	D_2	D_1	D_0	Q_3	Q_2	Q_1	Q_0
1	×	×	×	×	×	×	×	0	0	0	0
0	0	×	×	d	c	b	a	d	c	b	a
0	1	↑	1	×	×	×	×	加计数			
0	1	1	↑	×	×	×	×	减计数			

当清除端 CR 为高电平时，计数器直接清零；CR 置低电平则执行其他功能。

当 CR 为低电平，$\overline{LD}$也为低电平时，数据直接从置数端 D_0、D_1、D_2、D_3 置入计数器。

当 CR 为低电平，$\overline{LD}$为高电平时，执行计数功能。执行加计数时，减计数端 CP_D 接高电平，计数脉冲由 CP_U 输入；在计数脉冲上升沿进行 8421 码十进制加法计数。执行减计数时，加计数端 CP_U 接高电平，计数脉冲由减计数端 CP_D 输入，表 3-37 所示为 8421 码十进制加、减计数器的状态转换表。

表 3-37　8421 码状态转换表

输入脉冲数		0	1	2	3	4	5	6	7	8	9
输出	Q_3	0	0	0	0	0	0	0	0	1	1
	Q_2	0	0	0	0	1	1	1	1	0	0
	Q_1	0	0	1	1	0	0	1	1	0	0
	Q_0	0	1	0	1	0	1	0	1	0	1

3. 计数器的级联使用

一个十进制计数器只能表示 0～9 十个数，为了扩大计数器范围，常用多个十进制计数器级联使用。

同步计数器往往设有进位（或借位）输出端，故可选用其进位（或借位）输出信号驱动下一级计数器。

图 3-54 所示为由 CC40192 利用进位输出$\overline{CO}$控制高一位的 CP_U 端构成的加数级联电路。

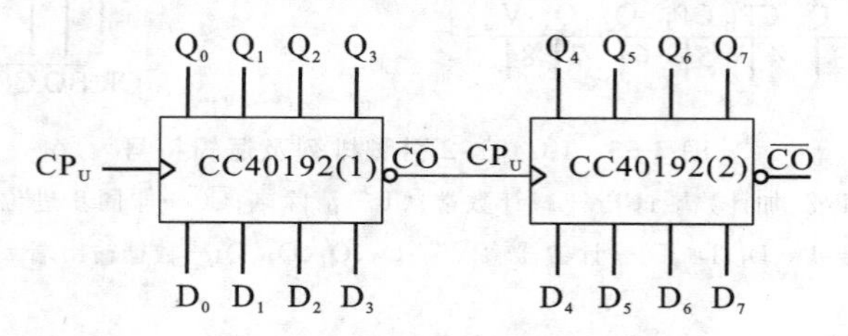

图 3-54　CC40192 级联电路

4. 实现任意进制计数

（1）用复位法获得任意进制计数器。

假定已有 N 进制计数器，而需要得到一个 M 进制计数器时，只要 $M<N$，用复位法使计数器计数到 M 时置"0"，即获得 M 进制计数器。如图 3-55 所示为一个由 CC40192 十进制计数器接成的六进制计数器。

（2）利用预置功能获 M 进制计数器。

图 3-56 所示为用三个 CC40192 组成的 421 进制计数器。外加的由与非门构成的锁存器可以克服器件计数速度的离散性，保证在反馈置"0"信号作用下计数器可靠置"0"。

图 3-57 所示为一个特殊十二进制的计数器电路方案。在数字钟里，对时位的计数序列是 1、2、…、11、12、1、…，是 12 进制的，且无 0。当计数到 13 时，通过与非门产生一个复位信号，使 CC40192(2)（即时十位）直接置成 0000，而 CC40192(1)（即时个位）直接置成 0001，从而实现了 1～12 计数。

三、实验设备与器件

数字电路学习机，双踪示波器，译码显示器，CC4013（74LS74），CC40192（74LS192），CC4011（74LS00），CC4012（74LS20）。

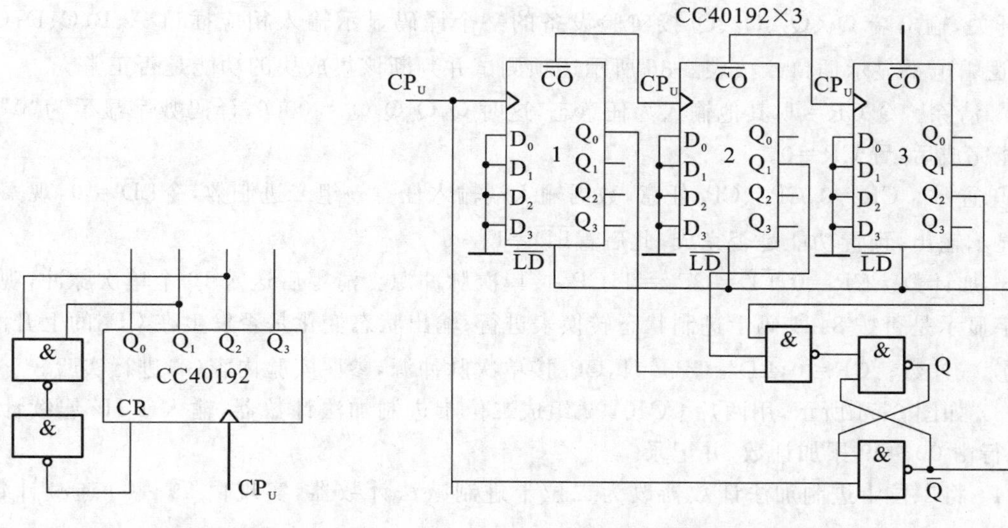

图 3-55　六进制计数器

图 3-56　421 进制计数器

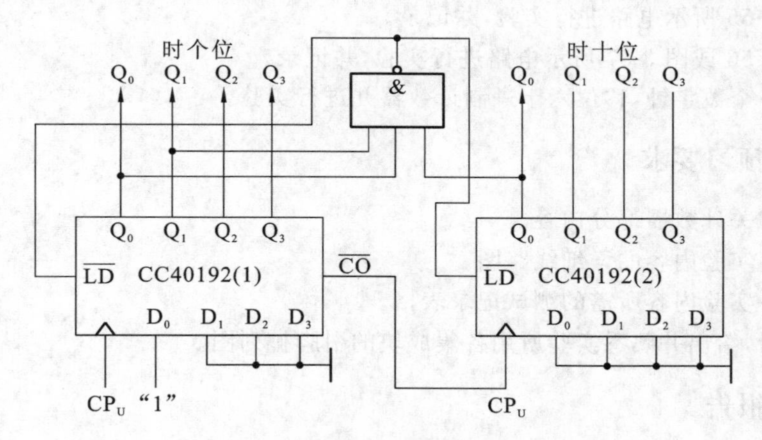

图 3-57　特殊十二进制计数器

四、实验内容

(1) 用 CC4013 或 74LS74D 触发器构成四位二进制异步加法计数器。

① 按图 3-52 所示电路接线，$\overline{R}_D$ 接至逻辑开关输出插口，将低位 CP_0 端接单次脉冲源，输出端 Q_3、Q_2、Q_1、Q_0 接逻辑电平显示输入插口，各 $\overline{S}_D$ 接高电平"1"。

② 清零后，逐个送入单次脉冲，观察并列表记录 $Q_3 \sim Q_0$ 状态。

③ 将单次脉冲改为 1 Hz 的连续脉冲，观察 $Q_3 \sim Q_0$ 的状态。

④ 将 1 Hz 的连续脉冲改为 1 kHz，用双踪示波器观察 CP、Q_3、Q_2、Q_1、Q_0 端波形，并绘制波形。

⑤ 将图 3-52 所示电路中的低位触发器的 Q 端与高一位的 CP 端相连接，构成减法计数器，按实验内容(2)(3)(4)进行实验，观察并列表记录 $Q_3 \sim Q_0$ 的状态。

(2) 测试 CC40192 或 74LS192 同步十进制可逆计数器的逻辑功能。

计数脉冲由单次脉冲源提供，清除端 CR、置数端 $\overline{LD}$，以及数据输入端 D_3、D_2、D_1、D_0 分别接逻辑开关，输出端 Q_3、Q_2、Q_1、Q_0 接实验设备的一个译码显示输入相应插口 A、B、C、D；$\overline{CO}$ 和 $\overline{BO}$ 接逻辑电平显示插口。按表 3-36 所示逐项测试并判断该集成块的功能是否正常。

① 清除。令 CR=1，其他输入为任意态，这时 $Q_3Q_2Q_1Q_0=0000$，译码数字显示为“0”。清除功能完成后，置 CR=0。

② 置数。CR=0，CP_U、CP_D 任意，数据输入端输入任意一组二进制数，令 $\overline{LD}=0$，观察计数译码显示输出，预置功能是否完成，此后置 $\overline{LD}=1$。

③ 加计数。CR=0，$\overline{LD}=CP_D=1$，CP_U 接单次脉冲源。清零后送入 10 个单次脉冲，观察译码数字显示是否按 8421 码十进制状态转换表进行；输出状态变化是否发生在 CP_U 的上升沿。

④ 减计数。CR=0，$\overline{LD}=CP_U=1$，CP_D 接单次脉冲源，参照实验内容(3)进行实验。

(3) 如图 3-54 所示，用两片 CC40192 组成二位十进制加法计数器，输入 1 Hz 连续计数脉冲，进行由 00～99 累加计数，并记录。

(4) 将二位十进制加法计数器改为二位十进制减法计数器，实现由 99～00 递减计数，并记录。

(5) 按图 3-55 所示电路进行实验，并记录。

(6) 按图 3-56 或图 3-57 所示电路进行实验，并记录。

(7) 设计一个数字钟，移位六十进制计数器并进行实验。

五、实验预习要求

(1) 复习有关计数器部分内容。

(2) 绘出各实验内容的详细线路图。

(3) 拟出各实验内容所需的测试记录表格。

(4) 查手册，给出并熟悉实验所用各集成块的引脚排列图。

六、实验报告

(1) 画出实验线路图，记录、整理实验现象及实验所得的有关波形。对实验结果进行分析。

(2) 总结使用集成计数器的体会。

七、思考题

(1) 自行收集 74LS161 和 74LS90 的资料。

(2) 如何用 74LS90 或 74LS161 设计出一个二十四进制计数器。

实验 11 移位寄存器及其应用

一、实验目的

(1) 掌握中规模四位双向移位寄存器的逻辑功能及使用方法。

(2) 熟悉移位寄存器的应用——实现数据的串行、并行转换和构成环形计数器。

二、实验原理

移位寄存器是一个具有移位功能的寄存器，是指寄存器中所存的代码能够在移位脉冲的作用下依次左移或右移。既能左移又能右移的称为双向移位寄存器，只需要改变左、右移的控制信号便可实现双向移位要求。根据移位寄存器存取信息的方式不同，分为串入串出、串入并出、并入串出、并入并出四种形式。

本实验选用的四位双向通用移位寄存器，型号为CC40194或74LS194，两者功能相同，可互换使用，其引脚排列及逻辑符号如图3-58所示。

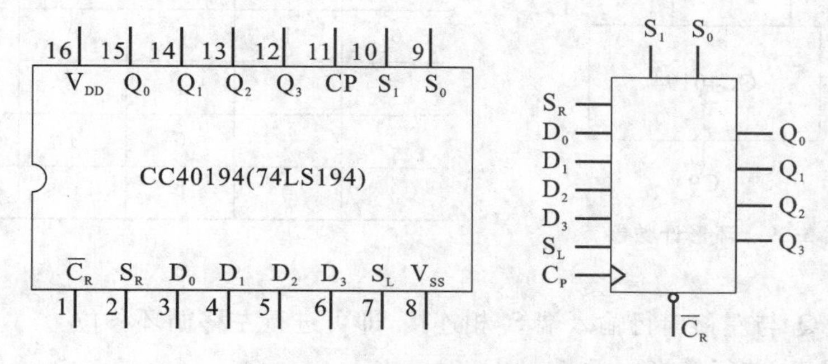

图3-58　CC40194引脚排列及逻辑符号

其中，D_0、D_1、D_2、D_3为并行输入端，Q_0、Q_1、Q_2、Q_3为并行输出端，S_R为右移串行输入端，S_L为左移串行输入端，S_1、S_0为操作模式控制端，$\overline{C}_R$为直接无条件清零端，CP为时钟脉冲输入端。

CC40194有5种不同操作模式：即并行送数寄存、右移（方向由$Q_0 \to Q_3$）、左移（方向由$Q_3 \to Q_0$）、保持及清零。

S_1、S_0和$\overline{C}_R$端的控制作用如表3-38所示。

表3-38　控制作用表

功能	输入										输出			
	CP	$\overline{C}_R$	S_1	S_0	S_R	S_L	D_0	D_1	D_2	D_3	Q_0	Q_1	Q_2	Q_3
清除	×	0	×	×	×	×	×	×	×	×	0	0	0	0
送数	↑	1	1	1	×	×	a	b	c	d	a	b	c	d
右移	↑	1	0	1	D_{SR}	×	×	×	×	×	D_{SR}	Q_0	Q_1	Q_2
左移	↑	1	1	0	×	D_{SL}	×	×	×	×	Q_1	Q_2	Q_3	D_{SL}
保持	↑	1	0	0	×	×	×	×	×	×	Q_0^n	Q_1^n	Q_2^n	Q_3^n
保持	↓	1	×	×	×	×	×	×	×	×	Q_0^n	Q_1^n	Q_2^n	Q_3^n

移位寄存器的应用很广，可构成移位寄存器型计数器、顺序脉冲发生器、串行累加器、还可用作数据转换，即把串行数据转换为并行数据，或把并行数据转换为串行数据等。本实验研究移位寄存器用作环形计数器和数据的串、并行转换。

1．环形计数器

把移位寄存器的输出反馈到它的串行输入端，就可以进行循环移位，构成环形计数。如图3-59所示，把输出端 Q_3 和右移串行输入端 S_R 相连接，设初始状态 $Q_0Q_1Q_2Q_3=1000$，则在时钟脉冲作用下 $Q_0Q_1Q_2Q_3$ 将依次变为 0100→0010→0001→1000→…，如表3-39所示。可见它是一个具有4个有效状态的计数器，这种类型的计数器通常称为环形计数器。图3-59所示电路可以由各个输出端输出在时间上有先后顺序的脉冲，因此也可作为顺序脉冲发生器。

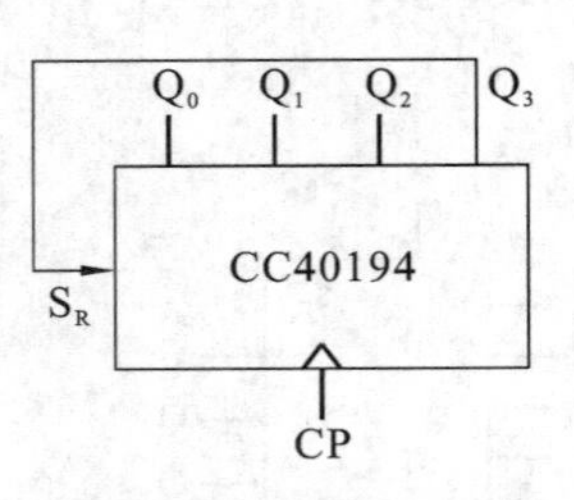

图 3-59　环形计数器

表 3-39　4个有效状态的计数器

CP	Q_0	Q_1	Q_2	Q_3
0	1	0	0	0
1	0	1	0	0
2	0	0	1	0
3	0	0	0	1

如果将输出 Q_0 与左移串行输入端 S_L 相连接，即可进行左移循环移位。

2．实现数据串、并行转换

(1) 串行/并行转换器。

串行/并行转换是指串行输入的数码，经转换电路之后变换成并行输出。图3-60所示为用两片CC40194(74LS194)四位双向移位寄存器组成的七位串/并行转换电路。

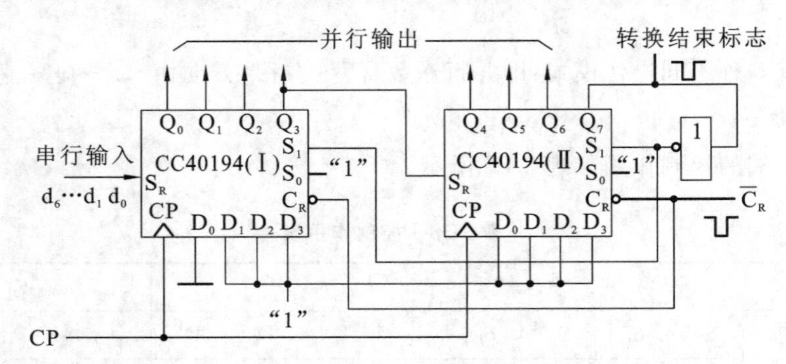

图 3-60　七位串行/并行转换电路

电路中 S_0 端接高电平，S_1 受 Q_7 控制，两片寄存器连接成串行输入右移工作模式。Q_7 是转换结束标志。当 $Q_7=1$ 时，$S_1=0$，使之成为 $S_1S_0=01$ 的串入右移工作方式，当 $Q_7=0$ 时，$S_1=1$，有 $S_1S_0=10$，则串行送数结束，标志着串行输入的数据已转换成并行输出。

串行/并行转换的具体过程如下。

转换前，$\overline{C}_R$ 端加低电平，使1、2两片寄存器的内容清零，此时 $S_1S_0=11$，寄存器执行并行输入工作方式。当第一个CP脉冲到来后，寄存器的输出状态 $Q_0\cdots Q_7$ 为01111111，与此同时 S_1S_0 变为"01"，转换电路变为执行串入右移工作方式，串行输入数据由1片的 S_R 端加入。随着CP脉冲的依次加入，输出状态的变化可列成表3-40所示。

表 3-40　串行/并行转换输出状态的变化表

CP	Q_0	Q_1	Q_2	Q_3	Q_4	Q_5	Q_6	Q_7	说　明
0	0	0	0	0	0	0	0	0	清零
1	0	1	1	1	1	1	1	1	送数
2	d_0	0	1	1	1	1	1	1	右移操作七次
3	d_1	d_0	0	1	1	1	1	1	
4	d_2	d_1	d_0	0	1	1	1	1	
5	d_3	d_2	d_1	d_0	0	1	1	1	
6	d_4	d_3	d_2	d_1	d_0	0	1	1	
7	d_5	d_4	d_3	d_2	d_1	d_0	0	1	
8	d_6	d_5	d_4	d_3	d_2	d_1	d_0	0	
9	0	1	1	1	1	1	1	1	送数

由表 3-40 可见，右移操作七次之后，Q_7 变为“0”，S_1S_0 又变为“11”，说明串行输入结束。这时，串行输入的数码已经转换成了并行输出。

当再来一个 CP 脉冲时，电路又重新执行一次并行输入，为第二组串行数码转换作好了准备。

(2) 并行/串行转换器。

并行/串行转换器是指并行输入的数码经转换电路之后变换成串行输出。图 3-61 所示为用两片 CC40194(74LS194)组成的七位并行/串行转换电路，它比图 3-60 所示的电路多了两个与非门(G_1、G_2)，电路工作方式同样为右移。

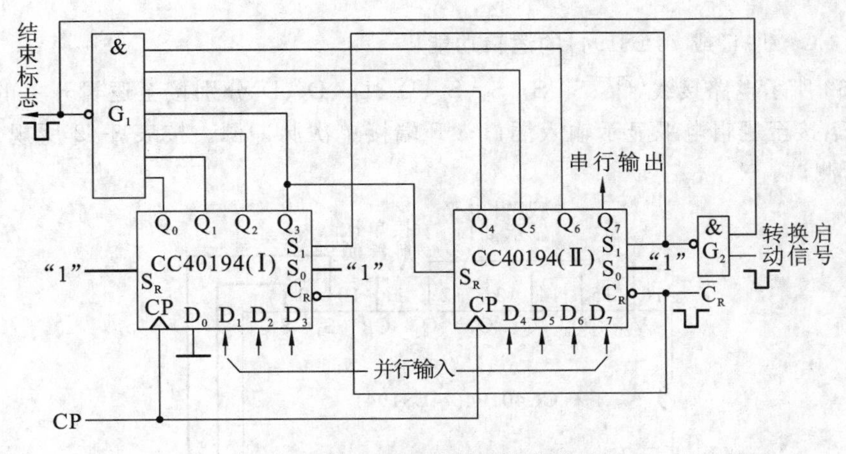

图 3-61　七位并行/串行转换电路

寄存器清零后，加一个转换启动信号(负脉冲或低电平)。此时，由于方式控制 S_1S_0 为“11”，转换电路执行并行输入操作。当第一个 CP 脉冲到来后，$Q_0Q_1Q_2Q_3Q_4Q_5Q_6Q_7$ 的状态为 $0D_1D_2D_3D_4D_5D_6D_7$，并行输入数码存入寄存器。从而使得 G_1 输出为“1”，G_2 输出为“0”，结果，

S_1S_2变为“01”，转换电路随着 CP 脉冲的加入，开始执行右移串行输出，随着 CP 脉冲的依次加入，输出状态依次右移，待右移操作七次后，$Q_0 \cdots Q_6$ 的状态都为高电平，与非门 G_1 输出为低电平，G_2 门输出为高电平，S_1S_2 又变为“11”，表示并/串行转换结束，且为第二次并行输入创造了条件。转换过程如表 3-41 所示。

表 3-41　并行/串行转换过程表

CP	Q_0	Q_1	Q_2	Q_3	Q_4	Q_5	Q_6	Q_7	串行输出						
0	0	0	0	0	0	0	0	0							
1	0	D_1	D_2	D_3	D_4	D_5	D_6	D_7							
2	1	0	D_1	D_2	D_3	D_4	D_5	D_6	D_7						
3	1	1	0	D_1	D_2	D_3	D_4	D_5	D_6	D_7					
4	1	1	1	0	D_1	D_2	D_3	D_4	D_5	D_6	D_7				
5	1	1	1	1	0	D_1	D_2	D_3	D_4	D_5	D_6	D_7			
6	1	1	1	1	1	0	D_1	D_2	D_3	D_4	D_5	D_6	D_7		
7	1	1	1	1	1	1	0	D_1	D_2	D_3	D_4	D_5	D_6	D_7	
8	1	1	1	1	1	1	1	0	D_1	D_2	D_3	D_4	D_5	D_6	D_7
9	0	D_1	D_2	D_3	D_4	D_5	D_6	D_7							

中规模集成移位寄存器的位数往往以四位居多，当需要的位数多于四位时，可把几片移位寄存器用级连的方法来扩展位数。

三、实验设备及器件

数字电路学习机，CC40194(74LS194)，CC4011(74LS00)，CC4068(74LS30)。

四、实验内容

1. 测试 CC40194(或 74LS194)的逻辑功能

按图 3-62 所示电路接线，$\overline{C}_R$、S_1、S_0、S_L、S_R、D_0、D_1、D_2、D_3 分别接至逻辑开关的输出插口；Q_0、Q_1、Q_2、Q_3 接至逻辑电平显示输入插口；CP 端接单次脉冲源。按表 3-42 所规定的输入状态，逐项进行测试。

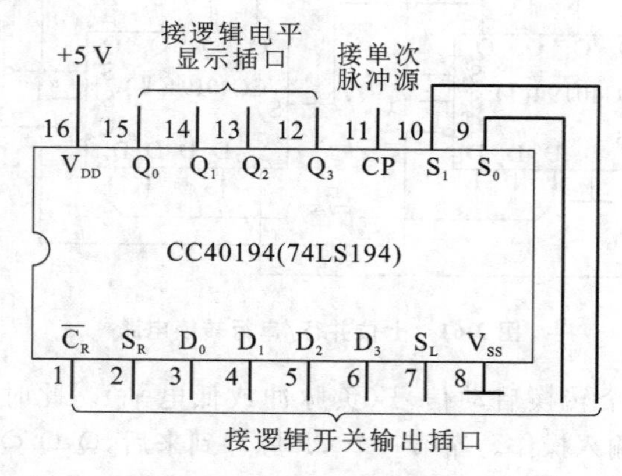

图 3-62　CC40194 逻辑功能测试

表 3-42　测试 CC40194 逻辑功能规定的输入状态

清除	模 式		时 钟	串 行		输 入	输 出	功能总结
$\overline{C}_R$	S_1	S_0	CP	S_L	S_R	$D_0\ D_1\ D_2\ D_3$	$Q_0\ Q_1\ Q_2\ Q_3$	
0	×	×	×	×	×	××××		
1	1	1	↑	×	×	a b c d		
1	0	1	↑	×	0	××××		
1	0	1	↑	×	1	××××		
1	0	1	↑	×	0	××××		
1	0	1	↑	×	0	××××		
1	1	0	↑	1	×	××××		
1	1	0	↑	1	×	××××		
1	1	0	↑	1	×	××××		
1	1	0	↑	1	×	××××		
1	0	0	↑	×	×	××××		

（1）清除：令 $\overline{C}_R=0$，其他输入均为任意态，这时寄存器输出 Q_0、Q_1、Q_2、Q_3 应均为“0”。清除后，置 $\overline{C}_R=1$。

（2）送数：令 $\overline{C}_R=S_1=S_0=1$，送入任意四位二进制数，如 $D_0D_1D_2D_3=abcd$，加 CP 脉冲，观察 CP=0、CP 由 0→1、CP 由 1→0 三种情况下寄存器输出状态的变化，观察寄存器输出状态变化是否发生在 CP 脉冲的上升沿。

（3）右移：清零后，令 $\overline{C}_R=1$，$S_1=0$，$S_0=1$，由右移输入端 S_R 送入二进制数码如“0100”，由 CP 端连续加 4 个脉冲，观察输出情况，并记录。

（4）左移：先清零或预置，再令 $\overline{C}_R=1$，$S_1=1$，$S_0=0$，由左移输入端 S_L 送入二进制数码如“1111”，连续加四个 CP 脉冲，观察输出端情况，并记录。

（5）保持：寄存器预置任意四位二进制数码 abcd，令 $\overline{C}_R=1$，$S_1=S_0=0$，加 CP 脉冲，观察寄存器输出状态，并记录。

2. 环形计数器

自拟实验线路用并行送数法预置寄存器为某二进制数码（如“0100”），然后进行右移循环，观察寄存器输出端状态的变化，记入表 3-43 中。

表 3-43　寄存器的输出状态

CP	Q_0	Q_1	Q_2	Q_3
0	0	1	0	0
1				
2				
3				
4				

3. 实现数据的串/并行转换

(1) 串行输入,并行输出。

按图 3-60 所示接线,进行右移串入、并出实验,串入数码自定。再改接线路用左移方式实现并行输出。自拟表格,并记录。

(2) 并行输入,串行输出。

按图 3-61 所示接线,进行右移并入、串出实验,并入数码自定。再改接线路用左移方式实现串行输出。自拟表格,并记录。

五、实验预习要求

(1) 复习有关寄存器及串行、并行转换器有关内容。

(2) 查阅 CC40194、CC4011 及 CC4068 逻辑线路,熟悉其逻辑功能及引脚排列。

(3) 在对 CC40194 进行送数后,若要使输出端改成另外的数码,是否一定要对寄存器清零?

(4) 对寄存器清零,除采用 $\overline{C}_R$ 输入低电平外,可否采用右移或左移的方法?可否使用并行送数法?若可行,如何进行操作?

(5) 若进行循环左移,图 3-61 所示电路的接线应如何改接?

(6) 画出用两片 CC40194 构成的七位左移串/并行转换器线路。

(7) 画出用两片 CC40194 构成的七位左移并/串行转换器线路。

六、实验报告

(1) 分析表 3-41 的实验结果,总结移位寄存器 CC40194 的逻辑功能并写入表格功能总结一栏中。

(2) 根据实验内容 2 的结果,画出 4 位环形计数器的状态转换图及波形图。

(3) 分析串/并、并/串转换器所得结果的正确性。

七、思考题

自行设计一个模为 8 的环行计数器。

实验 12　使用门电路产生脉冲信号的自激多谐振荡器

一、实验目的

(1) 掌握使用门电路构成脉冲信号产生电路的基本方法。

(2) 掌握影响输出脉冲波形参数的定时元件数值的计算方法。

(3) 学习石英晶体稳频原理和使用石英晶体构成振荡器的方法。

二、实验原理

与非门作为一个开关倒相器件,可用于构成各种脉冲波形的产生电路。电路的基本工作原理是利用电容器的充放电，当输入电压达到与非门的阈值电压 U_T 时，门的输出状态即发生转换。因此，电路输出的脉冲波形参数直接取决于电路中阻容元件的数值。

1. 非对称型多谐振荡器

非对称型多谐振荡器如图 3-63 所示，非门 3 用于输出波形整形。

非对称型多谐振荡器的输出波形是不对称的，当用 TTL 与非门组成时，输出脉冲宽度

$$t_{W1}=RC,\quad t_{W2}=1.2RC,\quad T=2.2RC$$

调节 R 和 C 值，可改变输出信号的振荡频率，通常用改变 C 值实现输出频率的粗调，改变电位器 R 值实现输出频率的细调。

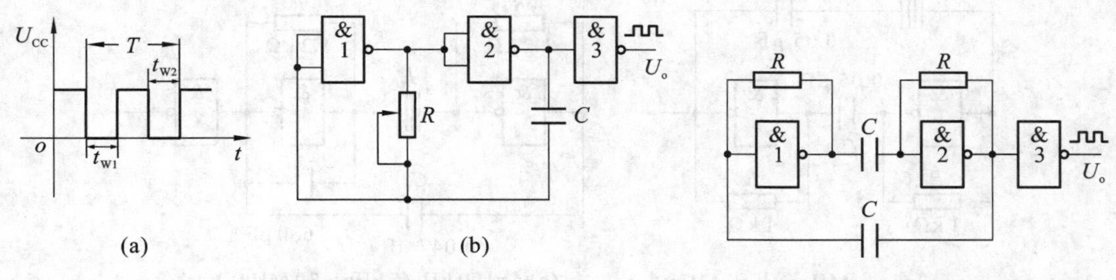

图 3-63　非对称型多谐振荡器　　图 3-64　对称型多谐振荡器

2. 对称型多谐振荡器

对称型多谐振荡器如图 3-64 所示，由于电路完全对称，电容器的充放电时间常数相同，故输出为对称的方波。改变 R 和 C 的值，可以改变输出振荡频率。非门 3 用于输出波形整形。

一般取 $R\leqslant 1\ \text{k}\Omega$，当 $R=1\ \text{k}\Omega$，$C=100\ \text{pF}\sim 100\ \mu\text{F}$ 时，$f=n\ \text{Hz}\sim n\ \text{MHz}$，脉冲宽度 $t_{W1}=t_{W2}=0.7\ RC$，$T=1.4\ RC$。

3. 带 RC 电路的环形振荡器

带 RC 电路的环形振荡器如图 3-65 所示，非门 4 用于输出波形整形，R 为限流电阻，一般取 100 Ω，电位器 R_W 要求不大于 1 kΩ，电路利用电容 C 的充放电过程，控制 D 点电压 U_D，从而控制与非门的自动启闭，形成多谐振荡，电容 C 的充电时间 t_{W1}、放电时间 t_{W2} 和总的振荡周期 T 分别为

$$t_{W1}\approx 0.94\ RC,\quad t_{W2}\approx 1.26\ RC,\quad T\approx 2.2\ RC$$

调节 R 和 C 的大小可改变电路输出的振荡频率。

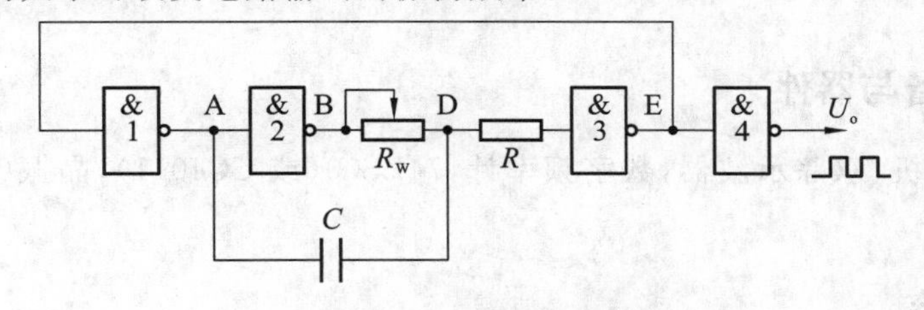

图 3-65　带有 RC 电路的环形振荡器

以上这些电路的状态转换都发生在与非门输入电平达到门的阈值电平 U_T 的时刻。在 U_T 附近电容器的充放电速度变得缓慢，而且 U_T 本身也不够稳定，易受温度、电源电压变化等因素及干扰的影响。因此，电路输出频率的稳定性较差。

4. 石英晶体稳频多谐振荡器

当要求多谐振荡器的工作频率稳定性很高时，上述几种多谐振荡器的精度已不能满足要求，为此常用石英晶体作为信号频率的基准。用石英晶体与门电路构成的多谐振荡器常用来为微型计算机等提供时钟信号。

图 3-66 所示为常用的晶体稳频多谐振荡器。图 3-66(a)、(b)所示为 TTL 器件组成的晶体振荡电路；图 3-66(c)、(d)所示为 CMOS 器件组成的晶体振荡电路，一般用于电子表中，其中晶体的 $f_0=32\ 768$ Hz。

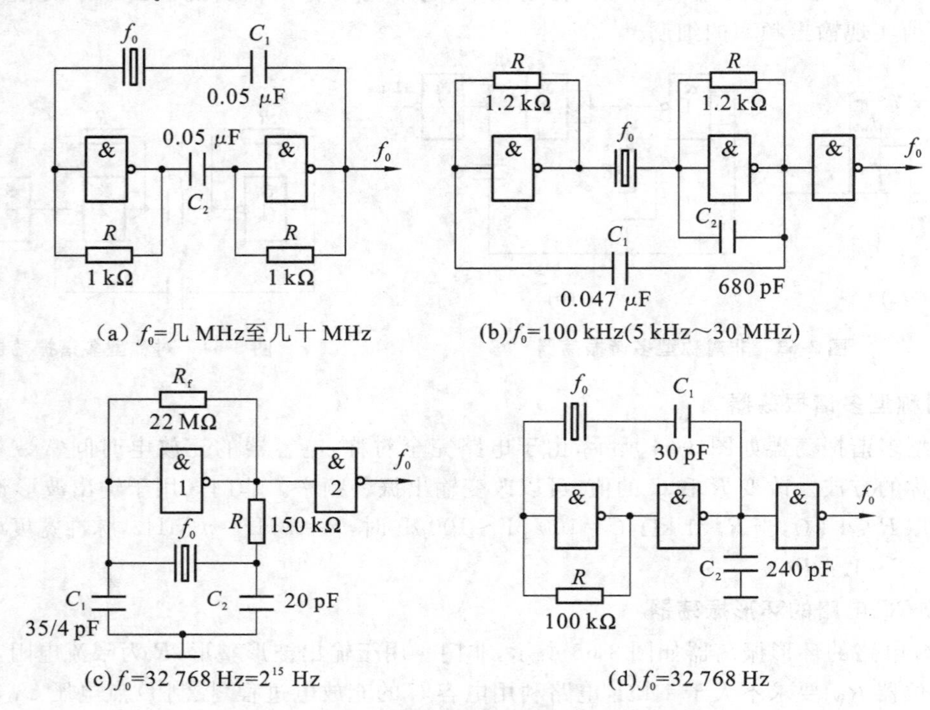

图 3-66 常用的晶体稳频多谐振荡器

在图 3-66(c)中，门 1 用于振荡，门 2 用于缓冲整形。R_f是反馈电阻，通常在几十兆欧之间选取，一般选 22 MΩ。R 起稳定振荡作用，通常取十至几百千欧。C_1是频率微调电容器，C_2用于温度特性校正。

三、实验设备与器件

数字电路学习机，双踪示波器，数字频率计，74LS00（或 CC4011），晶振（32 768 Hz），电位器、电阻、电容若干。

四、实验内容

(1) 用与非门 74LS00 按图 3-63 所示电路构成多谐振荡器，其中 R 为 10 kΩ 电位器，C 为0.01 μF。

① 用示波器观察输出波形及电容 C 两端的电压波形，并列表记录。

② 调节电位器，观察输出波形的变化，测出上、下限频率。

③ 用一个 100 μF 电容器跨接在 74LS00 的 14 脚与 7 脚的最近处，观察输出波形的变化及电源上纹波信号的变化，并记录。

(2) 用 74LS00 按图 3-64 所示接线，取 R=1 kΩ，C=0.047 μF，用示波器观察输出波形，并记录。

(3) 用 74LS00 按图 3-65 所示接线，其中定时电阻 R_W用一个 510 Ω 与一个 1 kΩ 的电位器串联，取 R=100 Ω，C=0.1 μF。

① R_W调到最大时，观察并记录 A、B、D、E 及 U_o各点电压的波形，测出 U_o的周期 T 和负脉冲宽度（电容 C 的充电时间）并与理论计算值比较。

② 改变 R_W值，观察输出信号 U_o波形的变化情况。

(4) 按图 3-66(c)所示接线，晶振选用电子表晶振(32 768 Hz)，与非门选用 CC4011，用示波器观察输出波形，用频率计测量输出信号频率，并记录。

五、实验预习要求

(1) 复习自激多谐振荡器的工作原理。

(2) 画出实验用的详细实验线路图。

(3) 拟好记录、实验数据表格等。

六、实验报告

(1) 画出实验电路，整理实验数据与理论值进行比较。

(2) 用方格纸画出实验观测到的工作波形图，对实验结果进行分析。

实验 13　555 集成时基电路及其应用

一、实验目的

(1) 熟悉 555 集成时基电路的结构、工作原理及其特点。

(2) 掌握 555 集成时基电路的基本应用。

二、实验原理

集成时基电路又称集成定时器或 555 电路，是一种数字、模拟混合型的中规模集成电路。它是一种产生时间延迟和多种脉冲信号的电路，由于内部电压标准使用了三个 5 kΩ 电阻，故取名 555 电路。其电路类型有双极型和 CMOS 型两大类，两者的结构与工作原理类似。几乎所有的双极型产品型号最后的三位数码都是 555 或 556，所有的 CMOS 型产品型号最后四位数码都是 7555 或 7556，两者的逻辑功能和引脚排列完全相同，易于互换。555 和 7555 是单定时器，556 和 7556 是双定时器。双极型的电源电压 U_{CC} 为+5 V～+15 V，输出的最大电流可达 200 mA，CMOS 型的电源电压为+3 V～+18 V。

1. 555 定时器的工作原理

555 定时器的内部电路方框图如图 3-67 所示。它含有两个电压比较器，一个基本 RS 触发器，一个放电开关管 T_D，比较器的参考电压由三个 5 kΩ 的电阻器构成的分压器提供。高电平比较器 A_1 的同相输入端和低电平比较器 A_2 的反相输入端的参考电平为 $\frac{2}{3}U_{CC}$ 和 $\frac{1}{3}U_{CC}$。A_1 与 A_2 的输出端控制 RS 触发器状态和放电管开关状态。当输入信号自 6 脚，即高电平触发输入并超过参考电平 $\frac{2}{3}U_{CC}$ 时，触发器复位，555 的输出端 3 脚输出低电平，同时放电开关管导通；当输入信号自 2 脚输入并低于 $\frac{1}{3}U_{CC}$ 时，触发器置位，555 的 3 脚输出高电平，同时放电开关管截止。

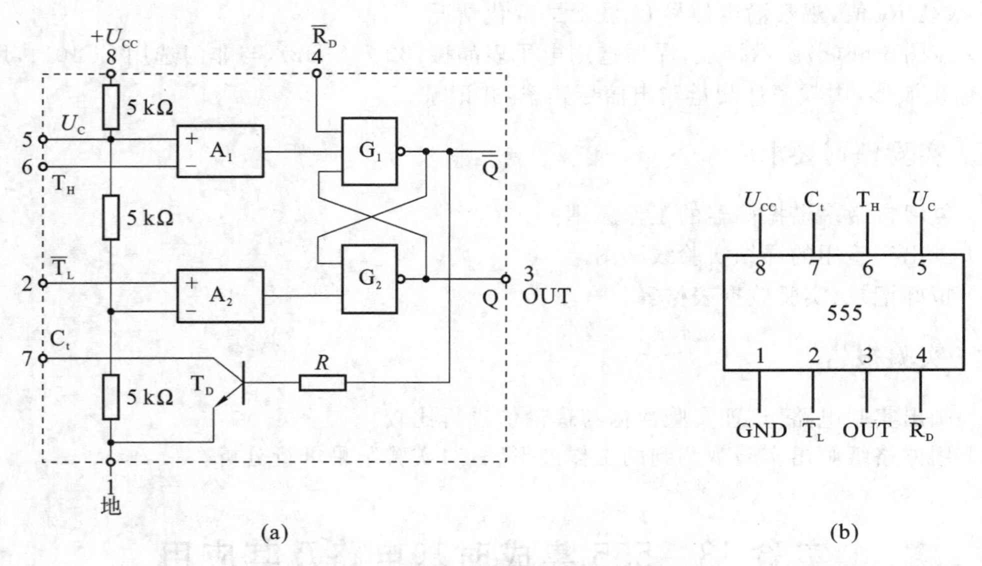

(a)　　(b)

图 3-67　555 定时器内部框图及引脚排列

$\overline{R}_D$ 是复位端(4 脚)，当 $\overline{R}_D=0$，555 输出低电平。平时 $\overline{R}_D$ 端开路或接 U_{CC}。U_C 是控制电压端(5 脚)，平时输出 $\frac{2}{3}U_{CC}$ 作为比较器 A_1 的参考电平，当 5 脚外接一个输入电压，即改变了比较器的参考电平，从而实现对输出的另一种控制，在不接外加电压时，通常接一个 0.01 μF 的电容器到地，起滤波作用，以消除外来的干扰，以确保参考电平的稳定。

T_D 为放电管，当 T_D 导通时，将给接于脚 7 的电容器提供低阻放电通路。

555 定时器主要是与电阻、电容构成充放电电路，并由两个比较器来检测电容器上的电压，以确定输出电平的高低和放电开关管的通断。这就很方便地构成从数微秒到数十分钟的延时电路，可方便地构成单稳态触发器、多谐振荡器、施密特触发器等脉冲产生或波形变换电路。

2. 555 定时器的典型应用

(1) 组成单稳态触发器。

图 3-68(a)所示为由 555 定时器和外接定时元件 R、C 构成的单稳态触发器。触发电路由 C_1、R_1、D 构成，其中 D 为钳位二极管，稳态时 555 电路输入端处于电源电平，内部放电开关管 T_D 导通，输出端 F 输出低电平。当有一个外部负脉冲触发信号经 C_1 加到 2 端，并使 2 端电位瞬时低于 $\frac{1}{3}U_{CC}$ 时，低电平比较器动作，单稳态电路即开始一个暂态过程，电容 C 开始充电，U_C 按

指数规律增长。当 U_C 充电到 $\frac{2}{3}U_{CC}$ 时，高电平比较器动作，比较器 A_1 翻转，输出 U_o 从高电平返回低电平，放电开关管 T_D 重新导通，电容 C 上的电荷很快经放电开关管放电，暂态结束，恢复稳态，为下个触发脉冲的到来作好准备。波形如图 3-68(b)所示。

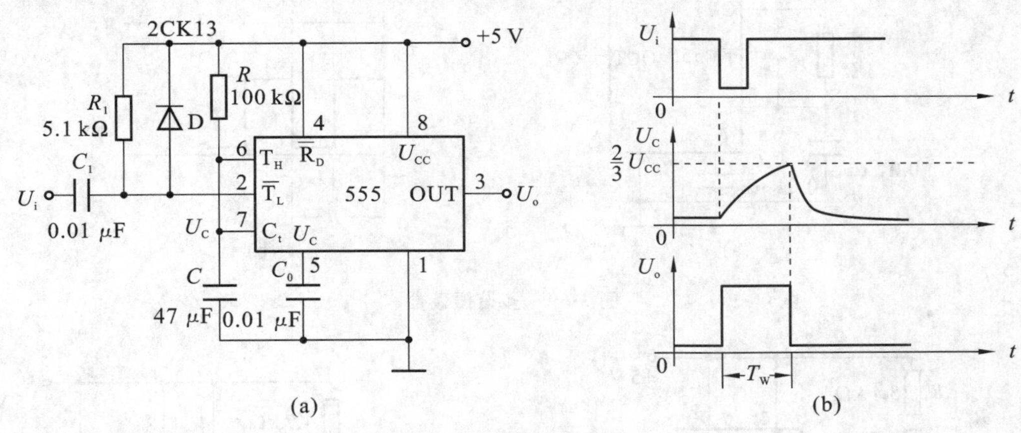

图 3-68　单稳态触发器

暂稳态的持续时间 t_W（即延时时间）取决于外接元件 R、C 值的大小，即

$$t_W = 1.1RC$$

通过改变 R、C 的大小，可使延时时间在几微秒到几十分钟之间变化。当这种单稳态电路作为计时器时，可直接驱动小型继电器，并可以使用复位端（4 脚）接地的方法来中止暂态，重新计时。此外，还需用一个续流二极管与继电器线圈并接，以防止继电器线圈反电势损坏内部功率管。

(2) 组成多谐振荡器。

如图 3-69(a)所示，由 555 定时器和外接元件 R_1、R_2、C 构成多谐振荡器，脚 2 与脚 6 直接相连。电路没有稳态，仅存在两个暂稳态，电路也不需要外加触发信号，利用电源通过 R_1、R_2 向 C 充电，以及 C 通过 R_2 向放电端 C_t 放电，使电路产生振荡。电容 C 在 $\frac{1}{3}U_{CC}$ 和 $\frac{2}{3}U_{CC}$ 之间充电和放电，其波形如图 3-69(b)所示。输出信号的时间参数是

$$T = t_{W1} + t_{W2}, \quad t_{W1} = 0.7(R_1 + R_2)C, \quad t_{W2} = 0.7R_2C$$

555 定时器要求 R_1、R_2 均应大于或等于 1 kΩ，但 $R_1 + R_2$ 应小于或等于 3.3 MΩ。

外部元件的稳定性决定了多谐振荡器的稳定性，555 定时器配以少量的元件即可获得较高精度的振荡频率和具有较强的功率输出能力。因此这种形式的多谐振荡器应用很广。

(3) 组成占空比可调的多谐振荡器。

电路如图 3-70 所示，它比图 3-69 所示电路增加了一个电位器和两个导引二极管。D_1、D_2 用来决定电容充、放电电流流经电阻的途径（充电时 D_1 导通，D_2 截止；放电时 D_2 导通，D_1 截止）。

占空比

$$P = \frac{t_{W1}}{t_{W1} + t_{W2}} \approx \frac{0.7R_AC}{0.7C(R_A + R_B)} = \frac{R_A}{R_A + R_B}$$

可见，若取 $R_A = R_B$，电路即可输出占空比为 50% 的方波信号。

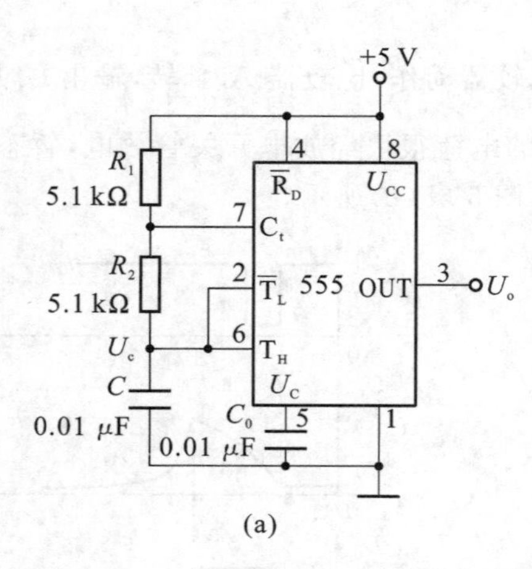

(a)

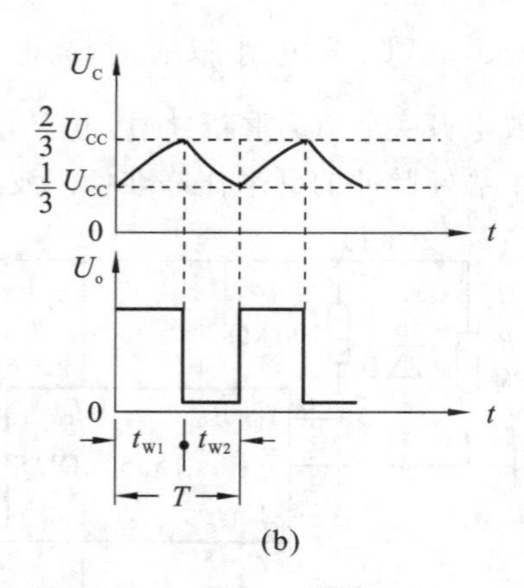

(b)

图 3-69 多谐振荡器

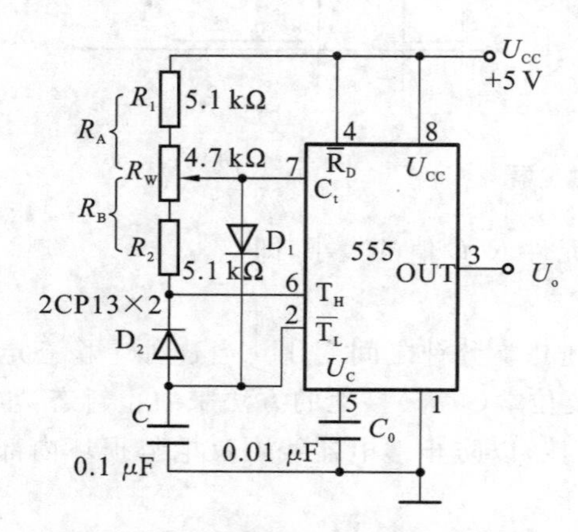

图 3-70 占空比可调的多谐振荡器

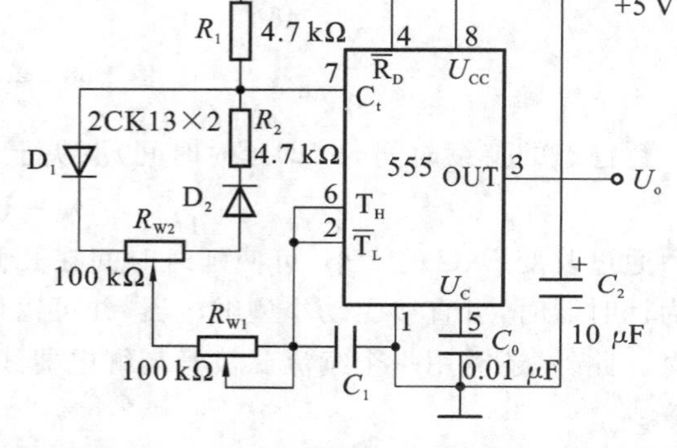

图 3-71 占空比与频率均可调的多谐振荡器

(4) 组成占空比连续可调并能调节振荡频率的多谐振荡器。

电路如图 3-71 所示。对 C_1 充电时,充电电流通过 R_1、D_1、R_{W2}、R_{W1},放电时通过 R_{W1}、R_{W2}、D_2、R_2。当 $R_1=R_2$,R_{W2} 调至中心点,因充放电时间基本相等,其占空比约为 50%,此时调节 R_{W1} 仅改变频率,占空比不变。如果 R_{W2} 调至偏离中心点,再调节 R_{W1},不仅振荡频率改变,而且对占空比也有影响。R_{W1} 不变,调节 R_{W2},仅改变占空比,对频率无影响。因此,当接通电源后,应首先调节 R_{W1} 使频率至规定值,再调节 R_{W2},以获得需要的占空比。若频率调节的范围比较大,还可以用波段开关改变 C_1 的值。

(5) 组成施密特触发器。

电路如图 3-72(a)所示,只要将脚 2、6 连在一起作为信号输入端,即得到施密特触发器。波形图如图 3-72(b)所示。

设被整形变换的电压为正弦波 U_s,其正半波通过二极管 D 同时加到 555 定时器的 2 脚和 6 脚,得 U_i 为半波整流波形。当 U_i 上升到 $\frac{2}{3}U_{CC}$ 时,U_o 从高电平翻转为低电平;当 U_i 下降到 $\frac{1}{3}U_{CC}$ 时,U_o 又从低电平翻转为高电平。电路的电压传输特性曲线如图 3-73 所示。回差电压 $\Delta U=\frac{2}{3}U_{CC}-\frac{1}{3}U_{CC}=\frac{1}{3}U_{CC}$。

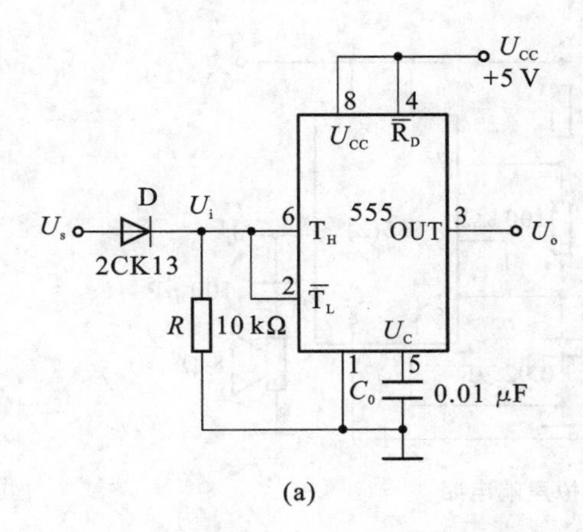

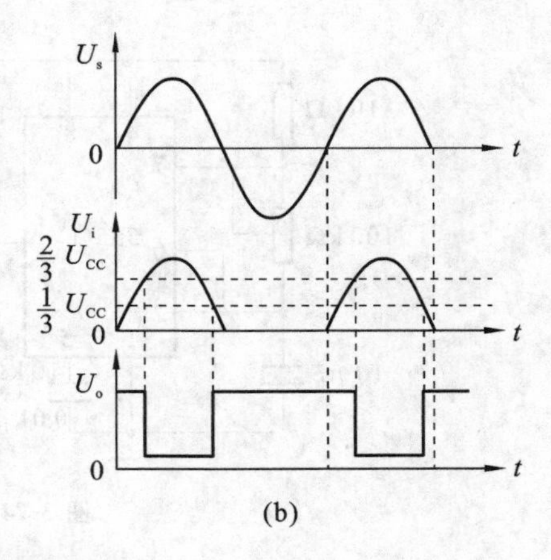

图 3-72　施密特触发器

三、实验设备与器件

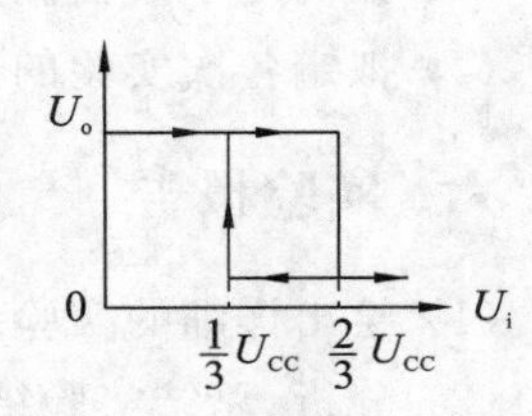

图 3-73　电压传输特性曲线

数字电路学习机，双踪示波器，数字频率计，音频信号源，555，2CK13，电位器、电阻、电容若干。

四、实验内容

1. 单稳态触发器

(1) 按图 3-68 所示电路连线，取 $R=100\ \text{k}\Omega$，$C=47\ \mu\text{F}$，输入信号 U_i 由单次脉冲源提供，用双踪示波器观测 U_i、U_C、U_o波形。测定幅度与暂稳时间。

(2) 将 R 改为 1 kΩ，C 改为 0.1 μF，输入端加 1 kHz 的连续脉冲，观测波形 U_i、U_C、U_o，测定幅度及暂稳时间。

2. 多谐振荡器

(1) 按图 3-69 所示电路接线，用双踪示波器观测 U_C、U_o的波形，测定频率。

(2) 按图 3-70 所示电路接线，组成占空比为 50% 的方波信号发生器。观测 U_C、U_o波形，测定波形参数。

(3) 按图 3-71 所示电路接线，通过调节 R_{W1}、R_{W2}来观测输出波形。

3. 施密特触发器

按图 3-72 所示电路接线，输入信号由音频信号源提供，预先调好 U_s的频率为 1 kHz，接通电源，逐渐加大 U_s的幅度，观测输出波形，测绘电压传输特性，算出回差电压 ΔU。

4. 模拟声响电路

按图 3-74 所示电路接线，组成两个多谐振荡器，调节定时元件，使 555(1)输出较低频率，555(2)输出较高频率，接通电源，试听音响效果。调换外接阻容元件，再试听音响效果。

五、实验预习要求

(1) 复习有关 555 定时器的工作原理及其应用内容。

(2) 拟定实验中所需的数据、表格等。

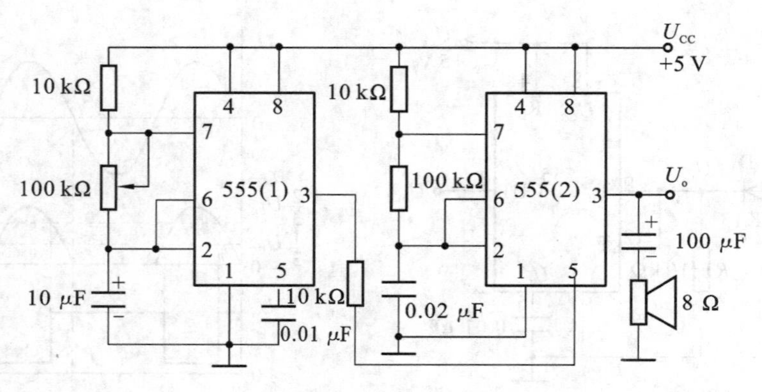

图 3-74　模拟声响电路

(3) 如何用示波器测定施密特触发器的电压传输特性曲线?

(4) 拟定各次实验的步骤和方法。

六、实验报告

(1) 绘出详细的实验线路图,定量绘出观测到的波形。

(2) 分析、总结实验结果。

七、思考题

(1) 在实验内容 2 中,改变电容 C 的大小能够改变振荡器输出电压的周期和占空系数吗?试说明要想改变占空系数,必须改变哪些电路参数。

(2) 能否将实验内容 2 中多谐振荡器的输出波形作为实验内容 1 单稳电路的输入波形?

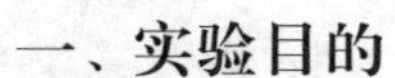

实验 14　同步时序电路的设计

一、实验目的

掌握同步时序电路的功能测试方法,学会自行设计同步时序电路。

二、实验原理

本实验通过图 3-75 所示的同步时序电路设计过程,用尽可能少的时钟触发器和门电路来实现待设计的时序电路。

三、实验设备与器件

(1) 数字电路学习机。

(2) 74LS112(双下降沿 JK 触发器),74LS00(二输入四与非门),74LS86(二输入四异或门),74LS51(2 路 3-3 输入,2 路 2-2 输入与或非门)。

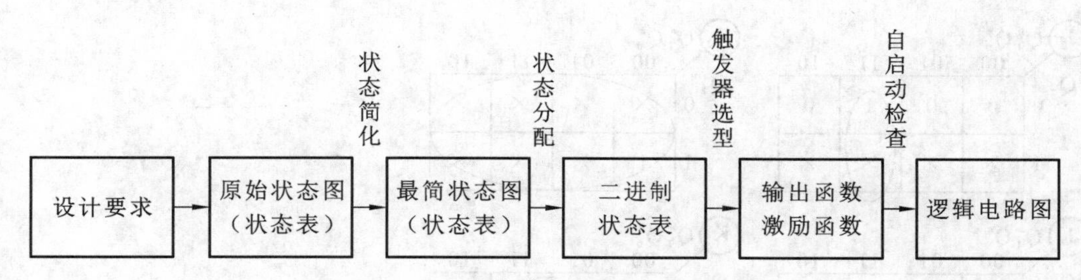

图 3-75　同步时序电路设计过程

四、实验内容

同步时序电路的设计

例 1　设计一个同步五进制加法计数器。

(1) 根据设计要求，设定状态，画出状态转换图，如图 3-76 所示。该状态图无须简化。

(2) 状态分配，列状态转换编码表，如表 3-44 所示。

(3) 选择触发器，选用 JK 触发器。

(4) 求各触发器的驱动方程和进位输出方程。

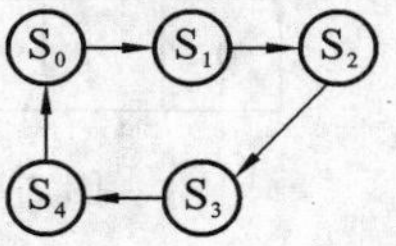

$S_0 \rightarrow S_1 \rightarrow S_2 \rightarrow S_3 \rightarrow S_4 \rightarrow S_0$

图 3-76　状态转换图

表 3-44　状态转换编码表

状　态	现　态			次　态			输　出
	Q_2^n	Q_1^n	Q_0^n	Q_2^{n+1}	Q_1^{n+1}	Q_0^{n+1}	Y
S_0	0	0	0	0	0	1	0
S_1	0	0	1	0	1	0	0
S_2	0	1	0	0	1	1	0
S_3	0	1	1	1	0	0	0
S_4	1	0	0	1	1	1	1

列出 JK 触发器的驱动表，如表 3-45 所示。画出电路的次态卡诺图，如图 3-77 所示。

表 3-45　JK 触发器的驱动表

$Q^n \rightarrow Q^{n+1}$		J	K
0	0	0	×
0	1	1	×
1	0	×	1
1	1	×	0

Q_2^n \ $Q_1^n Q_0^n$	00	01	11	10
0	001	010	100	011
1	000	×	×	×

图 3-77　次态卡诺图

根据次态卡诺图和 JK 触发器的驱动表可得各触发器的驱动卡诺图，分别如图 3-78 和图 3-79所示。

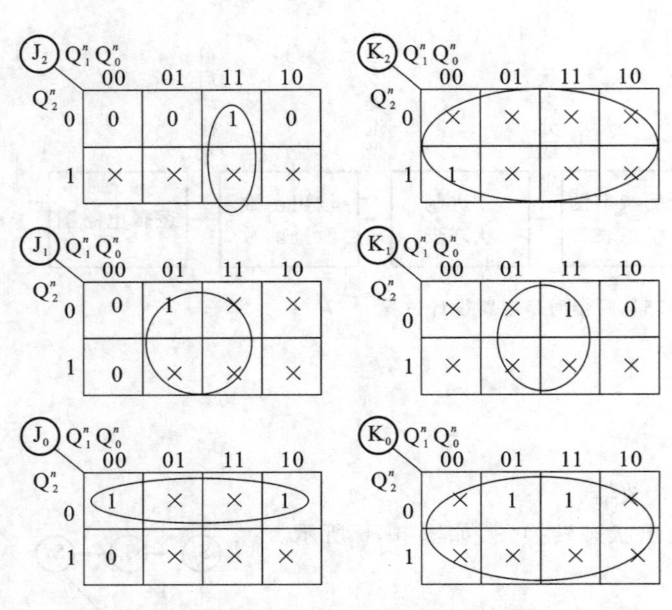

图 3-78　各触发器的次态卡诺图

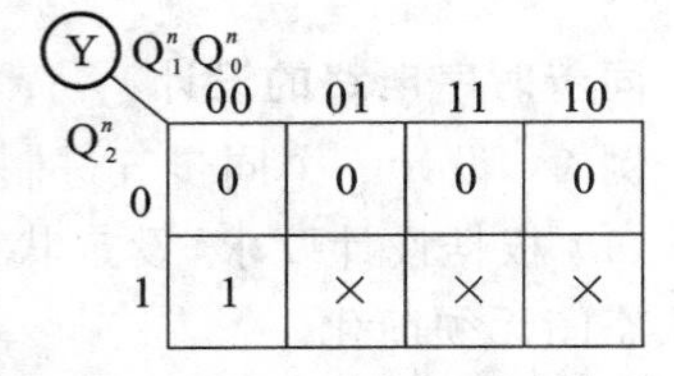

图 3-79　输出 Y 的卡诺图

（5）将各驱动方程归纳如下。

$$J_0=\overline{Q}_2, K_0=1; J_1=Q_0, K_1=Q_0; J_2=Q_0Q_1, K_2=1$$

（6）画逻辑图，如图 3-80 所示。

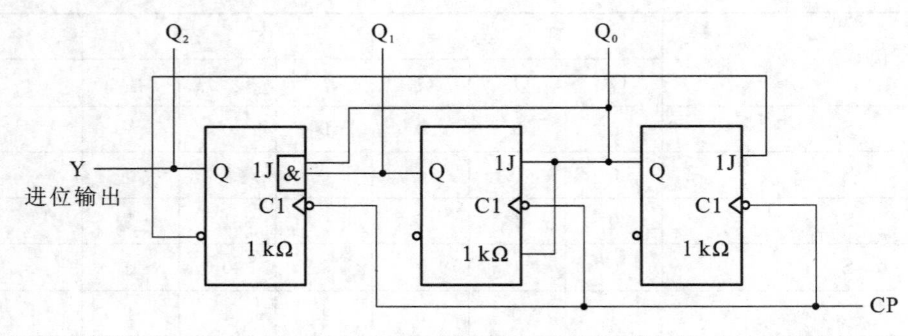

图 3-80　例 1 逻辑图

（7）检查能否自启动。

利用逻辑分析的方法画出电路完整的状态图，如图 3-81 所示。可见，如果电路进入无效状态 101、110、111 时，在 CP 脉冲作用下，分别进入有效状态 010、010、000，所以电路能够自启动。

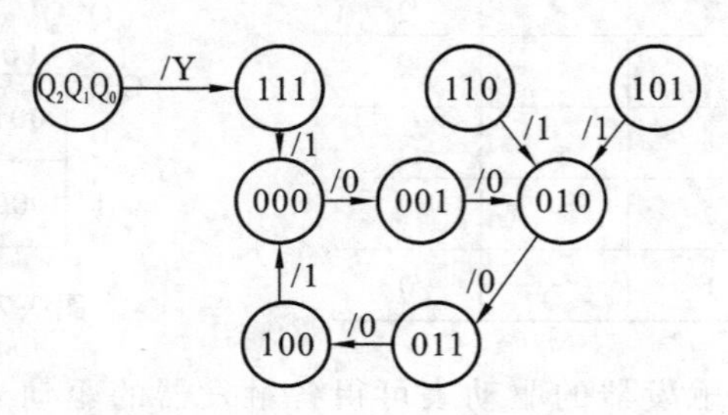

图 3-81　例 1 电路完整的状态图

例 2　设计一个六进制电路，状态图如图 3-82 所示。

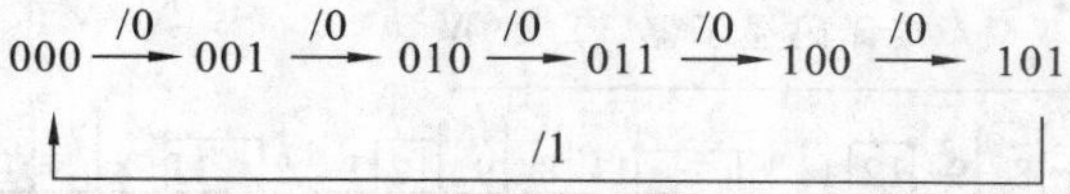

$000 \xrightarrow{/0} 001 \xrightarrow{/0} 010 \xrightarrow{/0} 011 \xrightarrow{/0} 100 \xrightarrow{/0} 101$（101 经 /1 返回 000）

图 3-82　例 2 六进制电路的状态图

五、实验预习要求

(1) 同步时序电路的特点是什么？在测试其功能时，和一般的计数器相比有什么不同？若仅在电路的 CP 端加脉冲，电路的状态和输出都不变化，是否能确定该电路此时一定处在无效状态情况下？

(2) 同步时序电路在设计时，怎么确定电路的状态编码？

六、实验报告

(1) 绘出详细的实验线路图。

(2) 分析、总结实验结果。

第 2 部分　综合性实验

实验 15　电子秒表

一、实验目的

(1) 学习数字电路中基本 RS 触发器、单稳态触发器、时钟发生器及计数、译码显示等单元电路的综合应用。

(2) 学习电子秒表的调试方法。

二、实验原理

图 3-83 所示为电子秒表电路。按功能分成四个单元电路进行分析。

1. 基本 RS 触发器

图 3-83 中，单元 I 为用集成与非门构成的基本 RS 触发器，属低电平直接触发的触发器，有直接置位、复位的功能。

它的一路输出 $\overline{Q}$ 作为单稳态触发器的输入，另一路输出 Q 作为与非门 5 的输入控制信号。

按动按钮开关 S_2（接地），则门 1 输出 $\overline{Q}=1$；门 2 输出 $Q=0$，S_2 复位后 Q、$\overline{Q}$ 状态保持不变。再按动按钮开关 S_1，则 Q 由“0”变为“1”，门 5 开启，为计数器启动作好准备。$\overline{Q}$ 由“1”变“0”，送出负脉冲，启动单稳态触发器工作。

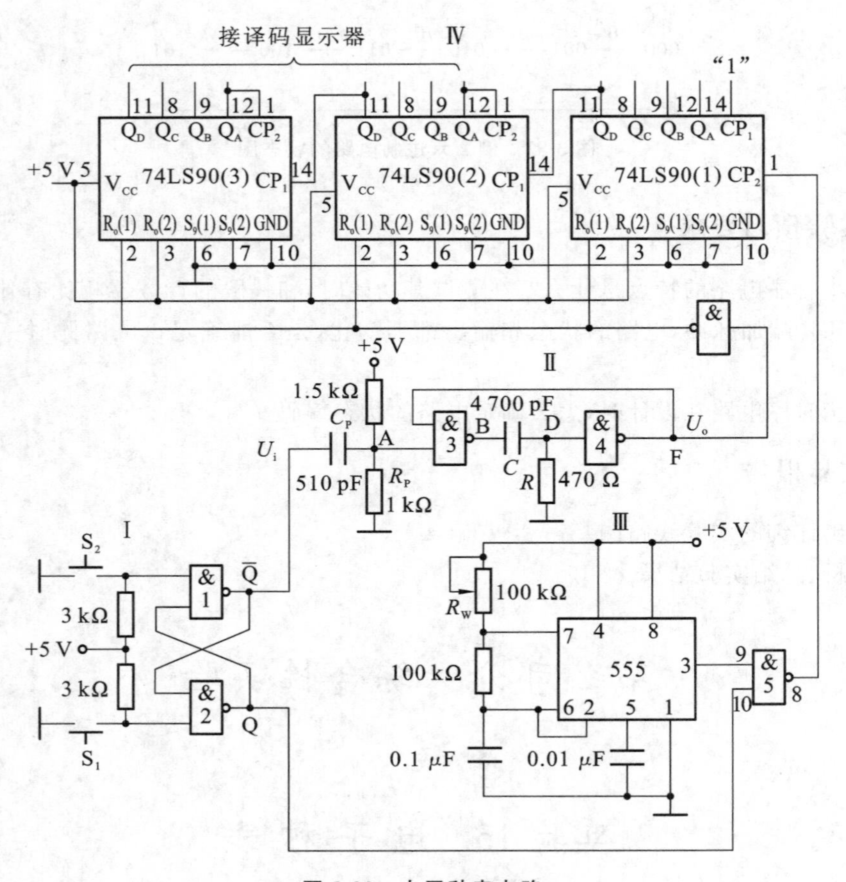

图 3-83　电子秒表电路

基本 RS 触发器在电子秒表中的职能是启动和停止秒表的工作。

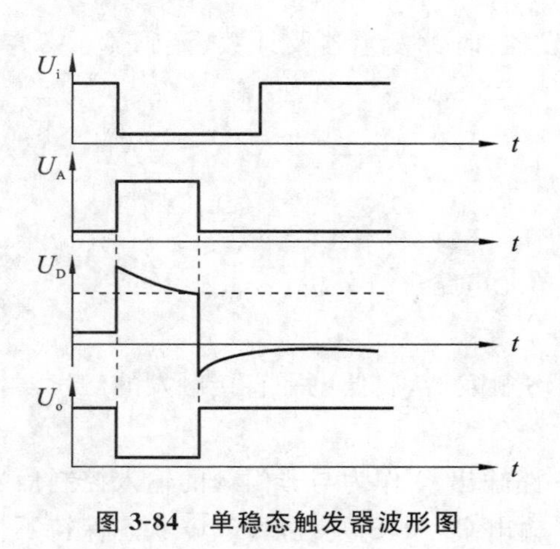

图 3-84　单稳态触发器波形图

2. 单稳态触发器

图 3-83 中，单元 Ⅱ 为用集成与非门构成的微分型单稳态触发器，图 3-84 所示为其波形图。

单稳态触发器的输入触发负脉冲信号 U_i 由基本 RS 触发器 $\overline{Q}$ 端提供，输出负脉冲 U_o 通过非门加到计数器的清除端 R。

静态时，门 4 应处于截止状态，故电阻 R 必须小于门的关门电阻 R_{off}。定时元件 RC 取值不同，输出脉冲宽度也不同。当触发脉冲宽度小于输出脉冲宽度时，可以省去输入微分电路的 R_P 和 C_P。

单稳态触发器在电子秒表中的职能是为计数器提供清零信号。

3. 时钟发生器

图 3-83 中，单元Ⅲ为用 555 定时器构成的多谐振荡器，是一种性能较好的时钟源。

调节电位器 R_W，使在输出端 3 获得频率为 50 Hz 的矩形波信号，当基本 RS 触发器 Q=1 时，门 5 开启，此时 50 Hz 脉冲信号通过门 5 作为计数脉冲加于计数器(1)的计数输入端 CP_2。

4. 计数及译码显示

二-五-十进制加法计数器 74LS90 构成电子秒表的计数单元，如图 3-83 中单元Ⅳ所示。其中计数器(1)接成五进制形式，对频率为 50 Hz 的时钟脉冲进行五分频，在输出端 Q_D 取得周期为 0.1 s 的矩形脉冲，作为计数器(2)的时钟输入。计数器(2)及计数器(3)接成 8421 码十进制形式，其输出端与实验装置上译码显示单元的相应输入端连接，可显示 0.1～0.9 秒；1～9.9 秒计时（注：集成异步计数器 74LS90）。

74LS90 是异步二-五-十进制加法计数器，它既可以作二进制加法计数器，又可以作五进制和十进制加法计数器。图 3-85 所示为 74LS90 引脚排列，表 3-46 所示为其功能表。

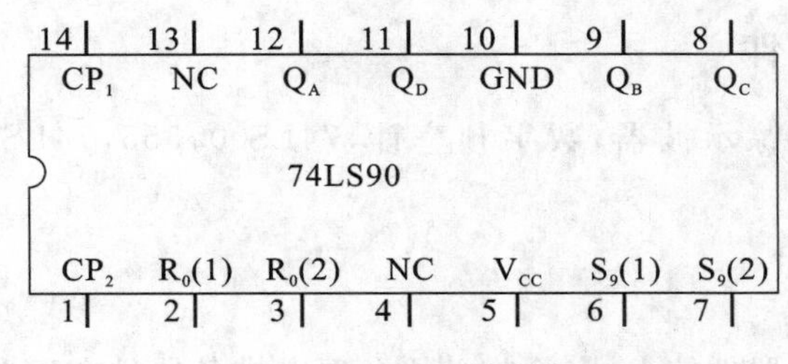

图 3-85　74LS90 引脚排列

表 3-46　74LS90 功能表

输入			输出	功能
清零	置“9”	时钟		
$R_0(1)$、$R_0(2)$	$S_9(1)$、$S_9(2)$	CP_1　CP_2	Q_D Q_C Q_B Q_A	
1　1	0　× ×　0	×　×	0 0 0 0	清零
0　× ×　0	1　1	×　×	1 0 0 1	置“9”
0　× ×　0	0　× ×　0	↓　1	Q_A 输出	二进制计数
		1　↓	$Q_D Q_C Q_B$ 输出	五进制计数
		↓　Q_A	$Q_D Q_C Q_B Q_A$ 输出 8421BCD 码	十进制计数
		Q_D　↓	$Q_A Q_D Q_C Q_B$ 输出 5421BCD 码	十进制计数
		1　1	不　变	保　持

通过不同的连接方式，74LS90 可以实现四种不同的逻辑功能；而且还可借助 $R_0(1)$、$R_0(2)$

对计数器清零,借助 $S_9(1)$、$S_9(2)$将计数器置“9”。其具体功能详述如下。

(1) 计数脉冲从 CP_1 输入,Q_A 作为输出端,为二进制计数器。

(2) 计数脉冲从 CP_2 输入,$Q_DQ_CQ_B$ 作为输出端,为异步五进制加法计数器。

(3) 若将 CP_2 和 Q_A 相连,计数脉冲由 CP_1 输入,Q_D、Q_C、Q_B、Q_A 作为输出端,则构成异步8421 码十进制加法计数器。

(4) 若将 CP_1 与 Q_D 相连,计数脉冲由 CP_2 输入,Q_A、Q_D、Q_C、Q_B 作为输出端,则构成异步5421 码十进制加法计数器。

(5) 清零、置“9”功能。

① 异步清零:当 $R_0(1)$、$R_0(2)$均为“1”;$S_9(1)$、$S_9(2)$中有“0”时,实现异步清零功能,即 $Q_DQ_CQ_BQ_A=0000$。

② 置“9”功能:当 $S_9(1)$、$S_9(2)$均为“1”;$R_0(1)$、$R_0(2)$中有“0”时,实现置“9”功能,即 $Q_DQ_CQ_BQ_A=1001$。

三、实验设备及器件

数字电路学习机,双踪示波器,数字频率计,74LS00,555,74LS90,电位器、电阻、电容若干。

四、实验内容

由于实验电路中使用器件较多,实验前必须合理安排各器件在实验装置上的位置,使电路逻辑清楚,接线较短。

实验时,应按照实验任务的次序,将各单元电路逐个进行接线和调试,即分别测试基本 RS 触发器、单稳态触发器、时钟发生器及计数器的逻辑功能,待各单元电路工作正常后,再将有关电路逐级连接起来进行测试……直到测试电子秒表整个电路的功能。

这样的测试方法有利于检查和排除故障,保证实验顺利进行。

1. 基本 RS 触发器的测试

测试方法参考前面相关内容。

2. 单稳态触发器的测试

(1) 静态测试:用直流数字电压表测量 A、B、D、F 各点电位值,并记录。

(2) 动态测试:输入端接 1 kHz 连续脉冲源,用示波器观察并描绘 D 点(U_D)、F 点(U_o)波形,如嫌单稳输出脉冲持续时间太短,难以观察,可适当加大微分电容 C 的值(如改为 0.1 μF)。待测试完毕,再恢复 4 700 pF。

3. 时钟发生器的测试

测试方法参考前面相关内容。用示波器观察输出电压波形并测量其频率,调节 R_W,使输出矩形波频率为 50 Hz。

4. 计数器的测试

(1) 计数器(1)接成五进制形式,$R_0(1)$、$R_0(2)$、$S_9(1)$、$S_9(2)$接逻辑开关输出插口,CP_2 接单次脉冲源,CP_1 接高电平“1”,$Q_D \sim Q_A$ 接实验设备上译码显示输入端 D、C、B、A,按图 3-83 所示测试其逻辑功能,并记录。

(2) 计数器(2)(3)接成8421码十进制形式,同内容(1)进行逻辑功能测试,并记录。

(3) 将计数器(1)(2)(3)级联,进行逻辑功能测试,并记录。

5. 电子秒表的整体测试

各单元电路测试正常后,按图3-83所示把几个单元电路连接起来,进行电子秒表的总体测试。

先按一下按钮开关 S_2,此时电子秒表不工作,再按一下按钮开关 S_1,则计数器清零后便开始计时。观察数码管显示计数情况是否正常,如不需要计时或暂停计时,按一下开关 S_2,计时立即停止,但数码管保留所计时的值。

6. 电子秒表准确度的测试

利用电子钟或手表的秒计时对电子秒表进行校准。

五、实验报告

(1) 总结电子秒表整个调试过程。

(2) 分析调试中发现的问题及故障排除方法。

六、预习报告

(1) 复习RS触发器、单稳态触发器、时钟发生器及计数器等部分内容。

(2) 除了本实验中所采用的时钟源外,选用另外两种不同类型的时钟源,可供本实验用。画出电路图,选取元器件。

(3) 列出电子秒表单元电路的测试表格。

(4) 列出调试电子秒表的步骤。

实验16 $3\frac{1}{2}$位直流数字电压表

一、实验目的

(1) 了解双积分A/D转换器的工作原理。

(2) 熟悉 $3\frac{1}{2}$位A/D转换器CC14433的性能及其引脚功能。

(3) 掌握用CC14433构成直流数字电压表的方法。

二、实验原理

直流数字电压表的核心器件是一个间接型A/D转换器,它首先将输入的模拟电压信号变换成易于准确测量的时间量,然后在这个时间宽度里用计数器计时,计数结果就是正比于输入模拟电压信号的数字量。

1. 双积分A/D转换器

图3-86所示为双积分A/D转换器原理图。它由积分器(包括运算放大器 A_1 和 RC 积分网络)、过零比较器 A_2、N 位二进制计数器、开关控制电路、门控电路、参考电压 U_R 与时钟脉冲源

CP 组成。

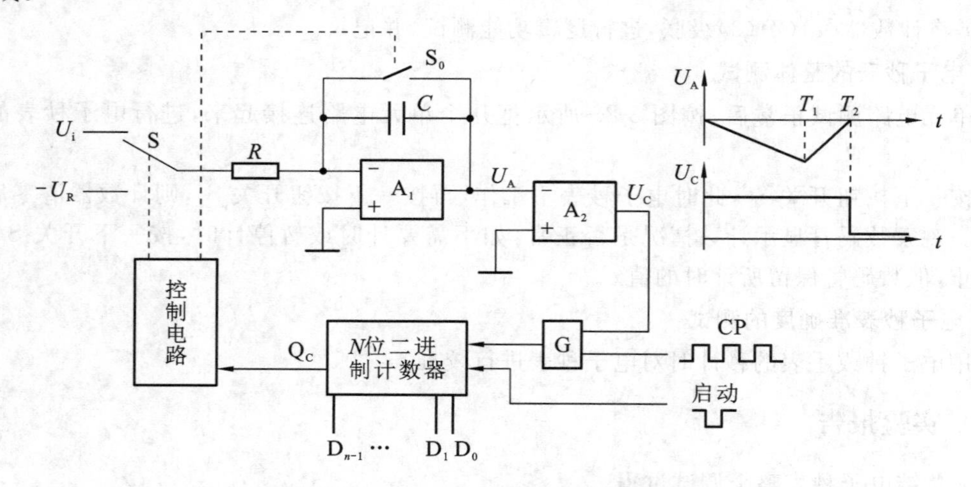

图 3-86　双积分 A/D 转换器原理图

转换开始前，先将计数器清零，并通过控制电路使开关 S_0 接通，将电容 C 充分放电。由于计数器进位输出 $Q_C=0$，控制电路使开关 S 接通 U_i，模拟电压与积分器接通，同时，门 G 被封锁，计数器不工作。积分器输出 U_A 线性下降，经零值比较器 A_2 获得一方波 U_C，打开门 G，计数器开始计数，在输入 2^n 个时钟脉冲后，$t=T_1$，各触发器输出端 $D_{n-1}\sim D_0$ 由 111…1 回到 000…0，其进位输出 $Q_C=1$，作为定时控制信号，通过控制电路将开关 S 转换至基准电压源 $-U_R$，积分器向相反方向积分，U_A 开始线性上升，计数器重新从零开始计数，直到 $t=T_2$，U_A 下降到零为止，比较器输出的正方波结束，此时计数器中暂存的二进制数字就是与 U_i 相对应的二进制数码。

2. $3\frac{1}{2}$ 位双积分 A/D 转换器 CC14433 的性能特点

CC14433 是 CMOS $3\frac{1}{2}$ 位双积分 A/D 转换器，它将构成数字和模拟电路的7700多个 MOS 晶体管集成在一个硅芯片上，其引脚排列如图 3-87 所示。

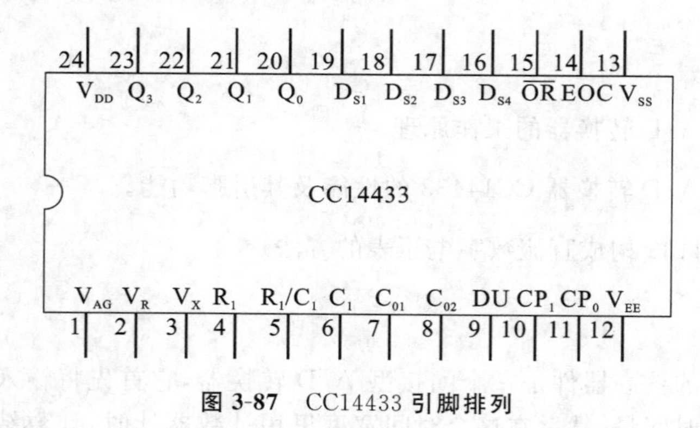

图 3-87　CC14433 引脚排列

引脚功能说明如下。

V_{AG}（1 脚）：被测电压 V_X 和基准电压 V_R 的参考地。

V_R（2 脚）：外接基准电压（2 V 或 200 mV）输入端。

V_X（3 脚）：被测电压输入端。

R_1(4 脚)、R_1/C_1(5 脚)、C_1(6 脚):外接积分阻容元件端。

$C_1=0.1\ \mu F$(聚酯薄膜电容器),$R_1=470\ k\Omega$(2 V 量程)。

$R_1=27\ k\Omega$(200 mV 量程)。

C_{01}(7 脚)、C_{02}(8 脚):外接失调补偿电容端,典型值 0.1 μF。

DU(9 脚):实时显示控制输入端。若与 EOC(14 脚)端连接,则每次 A/D 转换均显示。

CP_1(10 脚)、CP_0(11 脚):时钟振荡外接电阻端,典型值为 470 kΩ。

V_{EE}(12 脚):电路的电源最负端,接-5 V。

V_{SS}(13 脚):除 CP 外所有输入端的低电平基准(通常与 1 脚连接)。

EOC(14 脚):转换周期结束标记输出端,每一次 A/D 转换周期结束,EOC 输出一个正脉冲,宽度为时钟周期的二分之一。

$\overline{OR}$(15 脚):过量程标志输出端,当$|V_X|>V_R$时,$\overline{OR}$输出为低电平。

$DS_4\sim DS_1$(16~19 脚):多路选通脉冲输入端,DS_1对应于千位,DS_2对应于百位,DS_3对应于十位,DS_4对应于个位。

$Q_0\sim Q_3$(20~23 脚):BCD 码数据输出端,DS_2、DS_3、DS_4选通脉冲期间,输出三位完整的十进制数,在DS_1选通脉冲期间,输出千位 0 或 1 及过量程、欠量程和被测电压极性标志信号。

CC14433 具有自动调零、自动极性转换等功能,可测量正或负的电压值。当 CP_1、CP_0端接入 470 kΩ 电阻时,时钟频率约为 66 kHz,每秒钟可进行 4 次 A/D 转换。它的使用调试简便,能与微处理机或其他数字系统兼容,广泛用于数字面板表、数字万用表、数字温度计、数字量具及遥测、遥控系统。

3. $3\frac{1}{2}$位直流数字电压表

$3\frac{1}{2}$位直流数字电压表电路如图 3-88 所示。

(1) 被测直流电压 U_X 经 A/D 转换后以动态扫描形式输出,数字量输出端 Q_0、Q_1、Q_2、Q_3上的数字信号(8421 码)按照时间先后顺序输出。位选信号 D_{S1}、D_{S2}、D_{S3}、D_{S4}通过位选开关 MC1413 分别控制着千位、百位、十位和个位上的四个 LED 数码管的公共阴极。数字信号经七段译码器 CC4511 译码后,驱动四个 LED 数码管的各段阳极。这样就把 A/D 转换器按时间顺序输出的数据以扫描形式在四个数码管上依次显示出来,由于选通重复频率较高,工作时从高位到低位以每位每次约 300 μs 的速率循环显示,即一个四位数的显示周期是 1.2 ms,所以肉眼就能清晰地看到四位数码管同时显示三位半十进制数字量。

(2) 当参考电压 $U_R=2$ V 时,满量程显示为 1.999 V;$U_R=200$ mV 时,满量程显示为 199.9 mV。可以通过选择开关来控制千位和十位数码管的 h 段经限流电阻实现对相应的小数点显示的控制。

(3) 最高位(千位)显示时只有 b、c 两根线与 LED 数码管的 b、c 脚相接,所以千位只显示 1 或不显示,用千位的 g 段来显示模拟量的负值(正值不显示),即由 CC14433 的 Q_2端通过 NPN 晶体管 9013 来控制 g 段。

(4) 精密基准电源 MC1403。A/D 转换需要外接标准电压源作参考电压,标准电压源的精度应当高于 A/D 转换器的精度。本实验采用 MC1403 集成精密稳压源作参考电压,MC1403 的输出电压为 2.5 V,当输入电压在 4.5~15 V 范围内变化时,输出电压的变化不超过 3 mV,一般只有 0.6 mV 左右,输出最大电流为 10 mA。

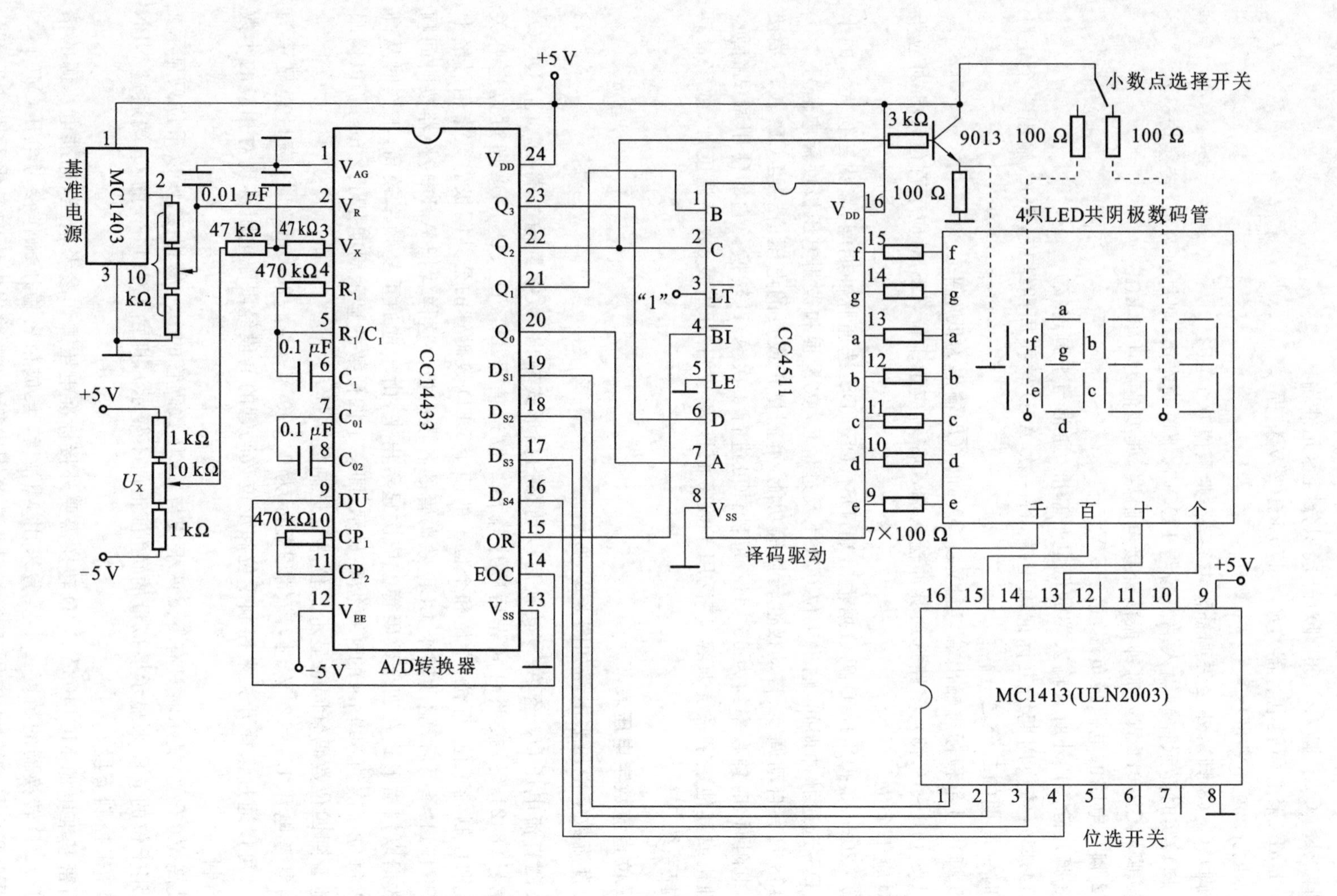

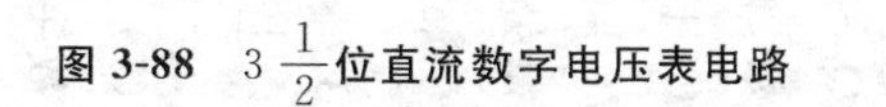
图 3-88 $3\frac{1}{2}$位直流数字电压表电路

MC1403 引脚排列如图 3-89 所示。

(5) 实验中使用 CMOS BCD 七段译码/驱动器 CC4511，参考第 3 篇实验 6 有关部分。

(6) 七路达林顿晶体管列阵 MC1413。MC1413 采用 NPN 达林顿复合晶体管的结构，因此有很高的电流增益和很高的输入阻抗，可直接接受 MOS 或 CMOS 集成电路的输出信号，并把电压信号转换成足够大的电流信号驱动各种负载。该电路内含有 7 个集电极开路反相器(也称 OC 门)。MC1413 电路结构和引脚排列如图 3-90 所示，它采用 16 引脚的双列直插式封装。每一驱动器输出端均接有一释放电感负载能量的二极管。

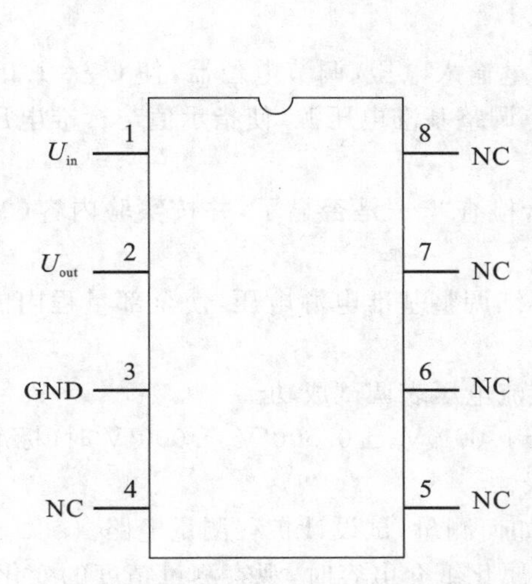

图 3-89　MC1403 引脚排列

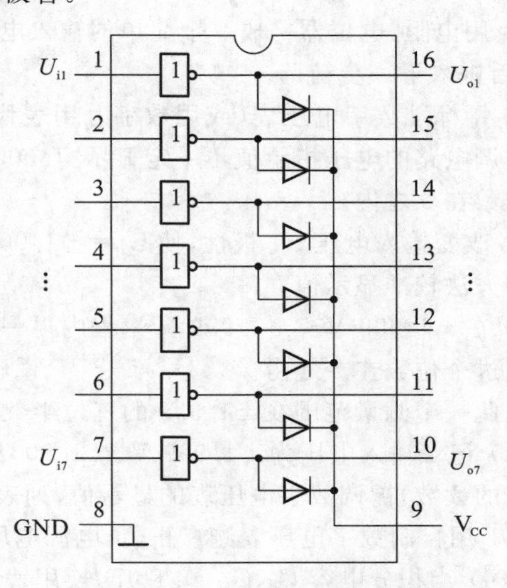

图 3-90　MC1413 电路结构和引脚排列

三、实验设备及器件

数字电路学习机，双踪示波器，直流数字电压表。按图 3-88 要求自拟元器件清单。

四、实验内容

本实验要求按图 3-88 组装并调试好一台 $3\frac{1}{2}$位直流数字电压表，实验时应一步步地进行。

(1) 数码显示部分的组装与调试。

① 建议将四个数码管插入 40P 集成电路插座上，将 4 个数码管同名笔画段与显示译码的相应输出端连在一起，其中最高位只要将 b、c、g 三段接入电路，但暂不插入所有的芯片，备用。

② 插好芯片 CC4511 与 MC1413，并将 CC4511 的输入端 A、B、C、D 接至拨码开关对应的 A、B、C、D 四个插口处，将 MC1413 的 1、2、3、4 脚接至逻辑开关输出插口上。

③ 将 MC1413 的 2 脚置“1”，1、3、4 脚置“0”，接通电源，拨动码盘(按“+”或“−”键)自 0～9 变化，检查数码管是否按码盘的指示值变化。

④ 按实验原理 3 的要求，检查译码显示是否正常。

⑤ 分别将 MC1413 的 3、4、1 脚单独置“1”，重复实验原理 3 的内容。

如果四个数码管显示正常，则去掉数字译码显示部分的电源，备用。

(2) 标准电压源的连接和调整。

插上 MC1403 基准电源，用标准数字电压表检查输出是否为 2.5 V，然后调整 10 kΩ 电位器，使其输出电压为 2.0 V，调整结束后去掉电源线，供总装时备用。

(3) 总装总调。

① 插好芯片 MC14433，接图 3-88 所示接好全部线路。

② 将输入端接地，接通＋5 V、－5 V 电源(先接好地线)，此时显示器将显示"000"值，如果不是，应检测电源正负电压。用示波器测量、观察 D_{S1}～D_{S4}、Q_0～Q_3 波形，判别故障所在。

③ 用电阻、电位器构成一个简单的输入电压 U_X 调节电路，调节电位器，四位数码将相应变化，然后进入下一步精调。

④ 用标准数字电压表(或用数字万用表代)测量输入电压，调节电位器，使 U_X＝1.000 V，这时被调电路的电压指示值不一定显示"1.000"，应调整基准电压源，使指示值与标准电压表误差个位数在 5 之内。

⑤ 改变输入电压 U_X 极性，使 U_i＝－1.000 V，检查"－"是否显示，并按实验内容(3)中④部分的方法校准显示值。

⑥ 在－1.999 V～＋1.999 V 量程内再一次仔细调整基准电源电压，使全部量程内的误差均不超过个位数在 5 之内。

至此一个测量范围在±1.999 的三位半数字直流电压表调试成功。

(4) 记录输入电压为±1.999 V、±1.500 V、±1.000 V、±0.500 V、0.000 V 时(标准数字电压表的读数)被调数字电压表的显示值，列表记录。

(5) 用自制数字电压表测量正、负电源电压。如何测量，试设计扩程测量电路。

*(6) 当积分电容 C_1、C_{02}(0.1 μF)换用普通金属化纸介电容时，观察测量精度的变化。

五、实验预习要求

(1) 本实验是一个综合性实验，应做好充分准备。

(2) 仔细分析图 3-88 各部分电路的连接及其工作原理。

(3) 如果参考电压 U_R 上升，显示值增大还是减小?

(4) 要使显示值保持某一时刻的读数，电路应如何改动?

六、实验报告

(1) 绘制 $3\frac{1}{2}$ 直流数字电压表的电路接线图。

(2) 阐明组装、调试步骤。

(3) 说明调试过程中遇到的问题和解决的方法。

(4) 写下组装、调试数字电压表的心得体会。

实验 17　数字频率计

数字频率计用于测量信号(方波、正弦波或其他脉冲信号)的频率，并用十进制数字显示，它具有精度高、测量迅速、读数方便等优点。

一、工作原理

脉冲信号的频率就是在单位时间内所产生的脉冲个数，其表达式为 $f=N/T$，其中 f 为被测信号的频率，N 为计数器所累计的脉冲个数，T 为产生 N 个脉冲所需的时间。计数器所记录的结果就是被测信号的频率。如在 1 s 内记录 1 000 个脉冲，则被测信号的频率为1 000 Hz。

本实验仅讨论一种简单易制的数字频率计，其原理方框图如图 3-91 所示。晶振产生较高的标准频率，经分频器后可获得各种时基脉冲（1 ms、10 ms、0.1 s、1 s 等），时基信号的选择由开关 S_2 控制。被测频率的输入信号经放大整形后变成矩形脉冲加到主控门的输入端，如果被测信号为方波，放大整形可以不要，将被测信号直接加到主控门的输入端。时基信号经控制电路产生闸门信号至主控门，只有在闸门信号采样期间内（时基信号的一个周期），输入信号才通过主控门。若时基信号的周期为 T，进入计数器的输入脉冲数为 N，则被测信号的频率 $f=N/T$，改变时基信号的周期 T，即可得到不同的测频范围。当主控门关闭时，计数器停止计数，显示器显示记录结果。此时控制电路输出一个置零信号，经延时、整形电路的延时，当达到所调节的延时时间时，延时电路输出一个复位信号，使计数器和所有的触发器置 0，为后续新的一次取样做好准备，即能锁住一次显示的时间，使其保留到接受新的一次取样为止。当开关 S_2 改变量程时，小数点能自动移位。若开关 S_1、S_3 配合使用，可将测试状态转为“自检”工作状态（即用时基信号本身作为被测信号输入）。

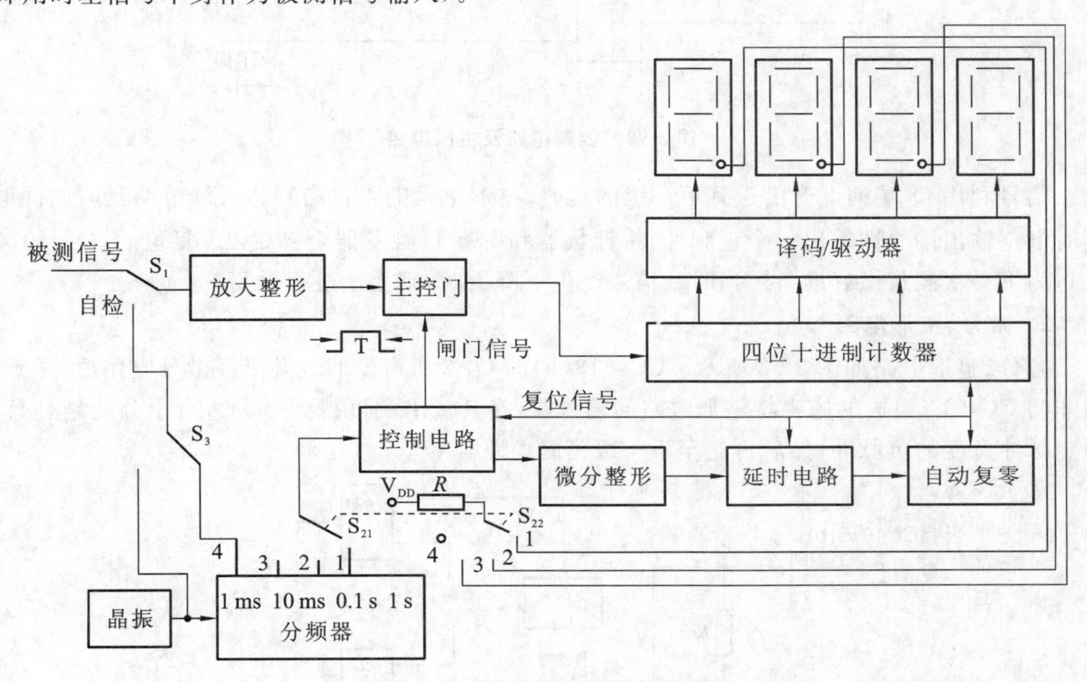

图 3-91　数字频率计原理框图

二、有关单元电路的设计及工作原理

1. 控制电路

控制电路与主控门电路如图 3-92 所示。主控电路由双 D 触发器 CC4013 及与非门

CC4011 构成。CC4013(a)的任务是输出闸门控制信号，以控制主控门(2)的开启与关闭。如果通过开关 S_2 选择一个时基信号，当给与非门(1)输入一个时基信号的下降沿时，门 1 就输出一个上升沿，则 CC4013(a)的 Q_1 端就由低电平变为高电平，将主控门 2 开启。允许被测信号通过该主控门并送至计数器输入端进行计数。相隔 1 s(或 0.1 s、10 ms、1 ms)后，又给与非门 1 输入一个时基信号的下降沿，与非门 1 输出端又产生一个上升沿，使 CC4013(a)的 Q_1 端变为低电平，将主控门关闭，使计数器停止计数，同时 $\overline{Q}_1$ 端产生一个上升沿，使 CC4013(b)翻转成 $Q_2=1$，$\overline{Q}_2=0$，由于 $\overline{Q}_2=0$，它立即封锁与非门 1 不再让时基信号进入 CC4013(a)，保证在显示读数的时间内 Q_1 端始终保持低电平，使计数器停止计数。

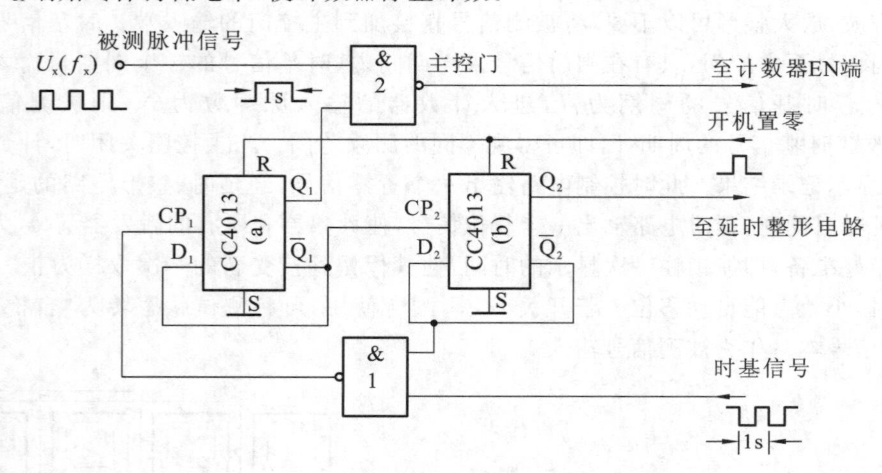

图 3-92　控制电路及主门电路

信号利用 Q_2 端的上升沿送到下一级的延时、整形单元电路。当到达所调节的延时时间时，延时电路输出端立即输出一个正脉冲，将计数器和所有 D 触发器全部置 0。复位后，$Q_1=0$，$\overline{Q}_1=1$，为下一次测量做好准备。当时基信号产生下降沿时，则上述过程重复。

2. 微分、整形电路

微分、整形电路如图 3-93 所示。CC4013(b)的 Q_2 端所产生的上升沿经微分电路后，送到由与非门 CC4011 组成的施密特整形电路的输入端，在其输出端可得到一个边沿十分陡峭且具有一定脉冲宽度的负脉冲，然后再送至下一级延时电路。

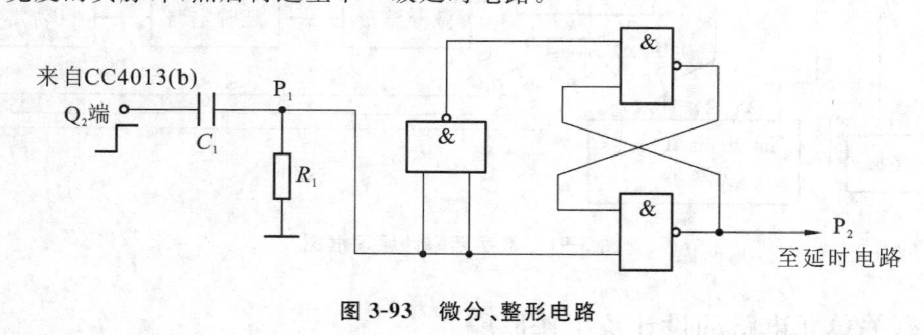

图 3-93　微分、整形电路

3. 延时电路

延时电路由 D 触发器 CC4013(c)、积分电路(由电位器 R_{W1} 和电容器 C_2 组成)、非门(3)以及单稳态电路所组成，如图 3-94 所示。由于 CC4013(c)的 D_3 端接 V_{DD}，因此，在 P_2 点所产生的上升沿作用下，CC4013(c)翻转，翻转后 $\overline{Q}_3=0$，由于开机置“0”时或门(1)(见图 3-97)输出的正脉冲将 CC4013(c)的 Q_3 端置“0”，因此 $\overline{Q}_3=1$，经二极管 2AP9 迅速给电容 C_2 充电，使 C_2 两端的电压达高电平，而此时 $\overline{Q}_3=0$，电容器 C_2 经电位器 R_{W1} 缓慢放电。当电容器 C_2 上的电压放电降至非门(3)的阈值电平 U_T 时，非门(3)的输出端立即产生一个上升沿，触发下一级单稳态电路。此时，P_3 点输出一个正脉冲，该脉冲宽度主要取决于时间常数 R_tC_t 的值，延时时间为上一级电路的延时时间及这一级延时时间之和。

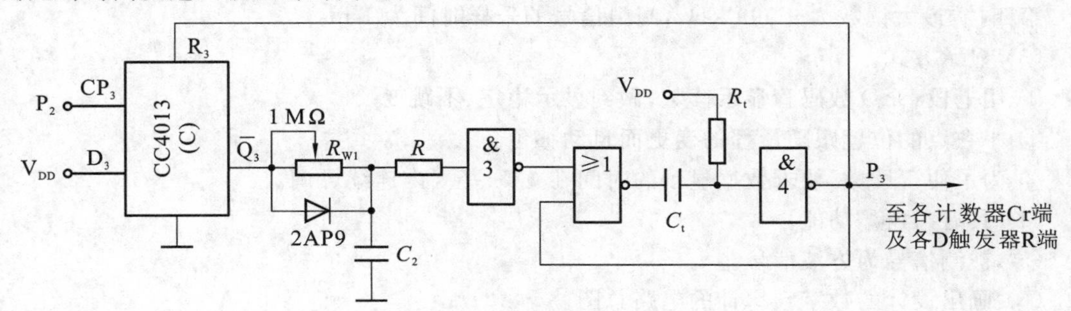

图 3-94　延时电路

由实验求得，如果电位器 R_{W1} 用 510 Ω 的电阻代替，C_2 取 3 μF，则总的延迟时间也就是显示器所显示的时间为 3 s 左右。如果电位器 R_{W1} 用 2 MΩ 的电阻取代，C_2 取 22 μF，则显示时间可达 10 s 左右。可见，调节电位器 R_{W1} 可以改变显示时间。

4. 自动清零电路

P_3 点产生的正脉冲送到图 3-95 所示的或门组成的自动清零电路，将各计数器及所有的触发器置零。在复位脉冲的作用下，$Q_3=0$，$\overline{Q}_3=1$，于是 $\overline{Q}_3$ 端的高电平经二极管 2AP9 再次对电容 C_2 放电，补上刚才放掉的电荷，使 C_2 两端的电压恢复为高电平，又因为 CC4013(b)复位后使 Q_2 再次变为高电平，所以与非门 1 又被开启，电路重复上述变化过程。

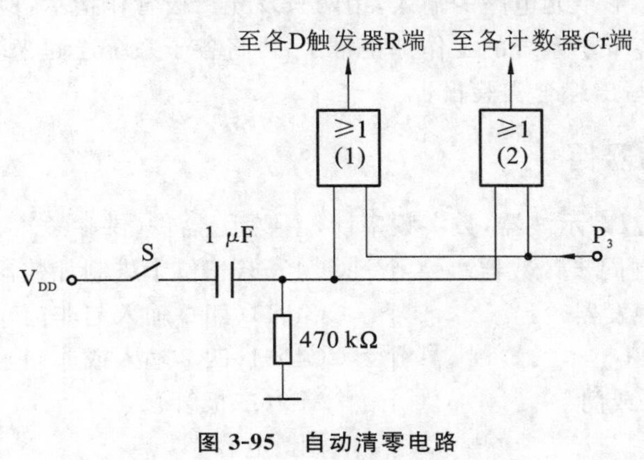

图 3-95　自动清零电路

三、设计任务和要求

使用中、小规模集成电路设计与制作一台简易的数字频率计，应具有下述功能。

(1) 位数。

计四位十进制数。计数位数主要取决于被测信号频率的高低,如果被测信号频率较高,精度又较高,可相应增加显示位数。

(2) 量程。

第一挡:最小量程挡,最大读数是 9.999 kHz,闸门信号的采样时间为 1 s。

第二挡:最大读数为 99.99 kHz,闸门信号的采样时间为 0.1 s。

第三挡:最大读数为 999.9 kHz,闸门信号的采样时间为 10 ms。

第四挡:最大读数为 9 999 kHz,闸门信号的采样时间为 1 ms。

(3) 显示方式。

① 用七段 LED 数码管显示读数,做到显示稳定、不跳变。

② 小数点的位置跟随量程的变更而自动移位。

③ 为了便于读数,要求数据显示的时间在 0.5~5 s 内连续可调。

(4) 具有“自检”功能。

(5) 被测信号为方波信号。

(6) 画出设计的数字频率计的电路总图。

(7) 组装和调试。

① 时基信号通常使用石英晶体振荡器输出的标准频率信号经分频电路获得。为了实验调试方便,可用实验设备上脉冲信号源输出的 1 kHz 方波信号经 3 次 10 分频获得。

② 按设计的数字频率计逻辑图在实验装置上布线。

③ 用 1 kHz 方波信号送入分频器的 CP 端,用数字频率计检查各分频级的工作是否正常。用周期为 1 s 的信号作控制电路的时基信号输入,用周期等于 1 ms 的信号作被测信号,用示波器观察和记录控制电路输入、输出波形,检查控制电路所产生的各控制信号能否按正确的时序要求控制各个子系统。用周期为 1 s 的信号送入各计数器的 CP 端,用发光二极管指示检查各计数器的工作是否正常。用周期为 1 s 的信号作延时、整形单元电路的输入,用两只发光二极管作指示,检查延时、整形单元电路的输入,用两只发光二极管作指示,检查延时、整形单元电路的工作是否正常。若各个子系统的工作都正常了,再将各子系统连起来统调。

(8) 调试合格后,写出综合实验报告。

四、实验设备与器件

数字电路学习机,双踪示波器,数字频率计,主要元、器件(供参考):

器件	数量	器件	数量
CC4518(二-十进制同步计数器)	4 个	CC4553(三位十进制计数器)	2 个
CC4013(双 D 型触发器)	2 个	CC4011(四 2 输入与非门)	2 个
CC4069(六反相器)	1 个	CC4001(四 2 输入或非门)	1 个
CC4071(四 2 输入或门)	1 个	2AP9(二极管)	1 个
电位器(1 MΩ)	1 个	电阻、电容	若干

注意:(1) 若测量的频率范围低于 1 MHz,分辨率为 1 Hz,建议采用如图 3-96 所示的电路,只要选择参数正确,连线无误,通电后即能正常工作,无须调试。有关它的工作原理留给同学们自行研究分析。

(2) CC4553 三位十进制计数器引脚排列及功能如图 3-97 和表 3-47 所示。

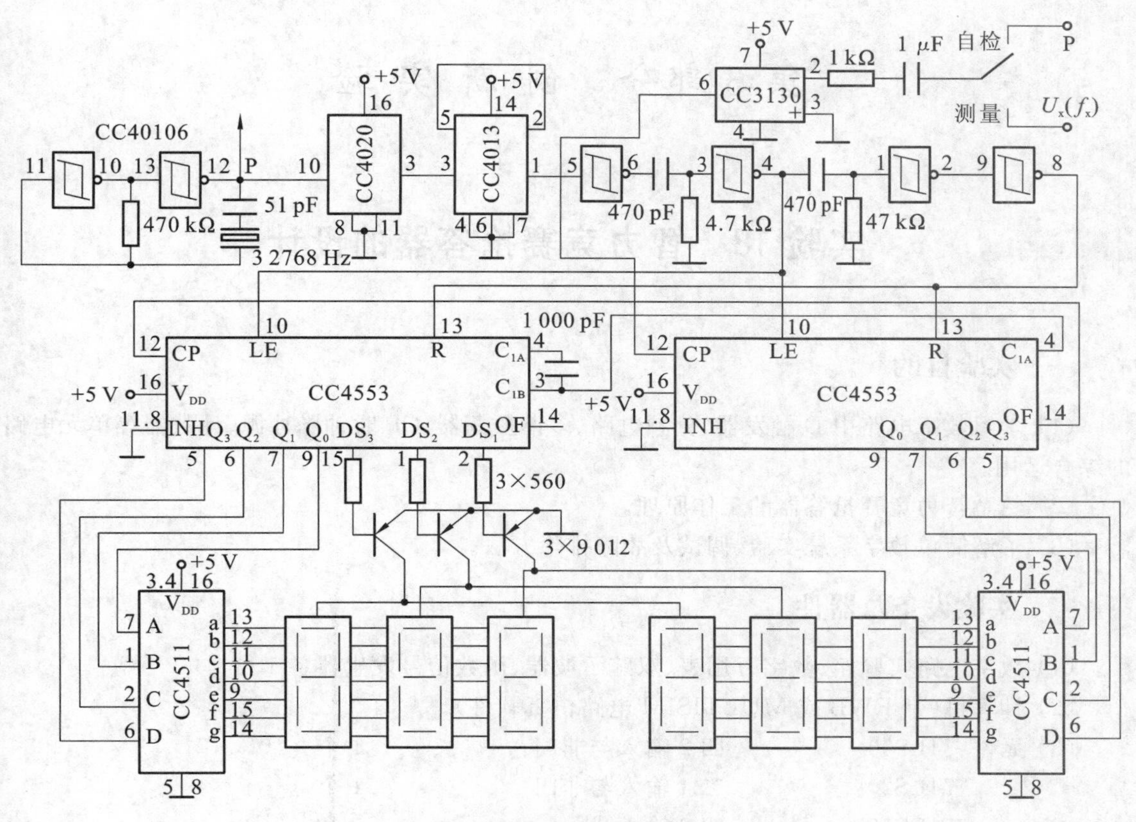

图 3-96　测量电路图

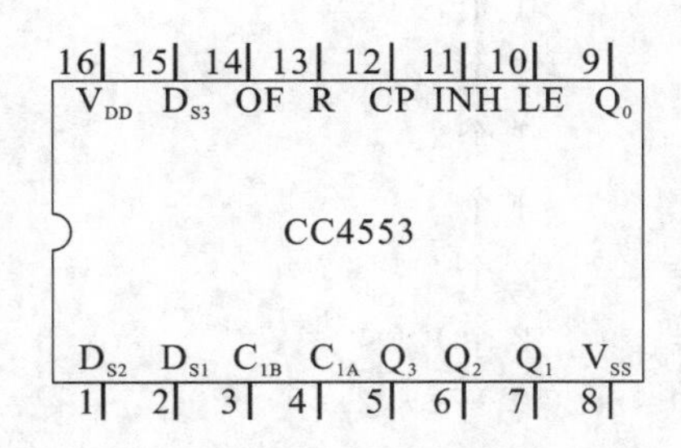

图 3-97　计数器引脚排列及功能

CP：时钟输入端

INH：时钟禁止端

LE：锁存允许端

R：清除端

$D_{S1} \sim D_{S3}$：数据选择输出端

OF：溢出输出端

C_{1A}、C_{1B}：振荡器外接电容端

$Q_0 \sim Q_3$：BCD 码输出端

表 3-47　CC4553 的功能表

输入				输出
R	CP	INH	LE	
0	↑	0	0	不变
0	↓	0	0	计数
0	×	1	×	不变
0	1	↑	0	计数
0	1	↓	0	不变
0	0	×	×	不变
0	×	×	↑	锁存
0	×	×	1	锁存
1	×	×	0	$Q_0 \sim Q_3 = 0$

第3部分　创新实验

实验18　智力竞赛抢答器的设计

一、实验目的

(1) 学习数字电路中D触发器、分频电路、多谐振荡器、CP时钟脉冲源、计数器等单元电路的综合运用。

(2) 熟悉智力竞赛抢答器的工作原理。

(3) 了解简单数字系统实验、调试及故障排除方法。

二、实验设备及器件

(1) 数字电路实验箱、数字万用表、双踪示波器、函数信号发生器各1台。

(2) 计算机(带EWB或MULTISIM电路仿真软件)。

(3) 元件:

型号	说明	数量
74LS00	四2输入与非门	1个
74LS20	二4输入与非门	1个
74LS32	四2输入或门	1个
74LS123	双可重触发单稳态触发器	1个
74LS175	四D触发器	1个
74LS192	十进制计数器	5个
NE555	定时器	1个
CD4078	8输入或/或非门	1个
CD4511	七段式数码显示译码器	2个
(或74LS248	七段式数码显示译码器	2个)
电阻、电容		若干
电位器	5 kΩ	1个
按钮	4 PIN	5个
发光二极管	GREEN	4个
面包板或多功能电路板		1块

三、知识点及预习要求

本实验的知识点为任意进制数加减计数器、D触发器、555定时电路的工作原理,控制逻辑电路的设计等单元电路的设计方法和参数计算、检测、调试。

(1) 复习数字电路中D触发器、时钟发生器及计数器、译码显示器等部分内容。

(2) 分析抢答器电路的组成、各部分功能及工作原理。

（3）列出抢答器电路的测试表格和调试步骤，标出所用芯片引脚号。

（4）用 EWB 或 MULTISIM 设计电路并进行仿真。

四、设计任务

（1）设计一个供四人用的智力竞赛抢答器电路，用以判断抢答优先权，用发光二极管代表相应的选手。

（2）有抢答计时功能，要求计时电路显示时间精确到秒，最多限制为 60 s，一旦超出限时，则取消抢答权。

五、实验原理

图 3-98 所示为智力抢答器电路的逻辑图。按功能分成 4 个单元电路进行分析。

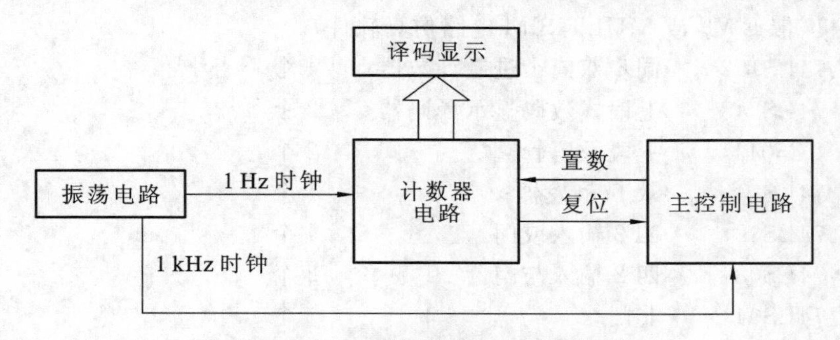

图 3-98　智力抢答器电路的逻辑图

设计提示：

（1）振荡电路应能输出频率分别为 1 kHz 和 1 Hz、幅度为 5 V 的时钟脉冲，秒信号要求误差不超过 0.1 s。可用 555 设计一个输出频率为 1 kHz 的多谐振荡器，再通过 1 000 分频（1 000 进制计数器）而得到 1 Hz 的秒脉冲。

（2）计数器电路应具有 60 s 倒计时（计数范围为 60～0 减计数器）的计时功能，计数到零时停止计数。可用 2 个十进制计数器组成，通过检 0 信号控制秒脉冲输入。

（3）译码显示电路，需 2 片 BCD 译码器和 2 个数码管。

（4）主控制电路用各种门电路和 D 触发器组成，当信号灯某一个输出为“1”时，封锁 D 触发器的 CP 脉冲输入、并通过单稳态触发器实现计数器的置数功能。另外计数器的检 0 通过单稳态触发器使 D 触发器复位，信号灯全部熄灭，表示抢答失效。

（5）用 EWB 或 MULTISIM 设计电路，并实现单元电路的调试。

六、实验报告

（1）分析每个单元的设计要求并用所给的元器件设计出各单元电路和整体电路，并在计算机上进行仿真。

（2）对单元电路进行调试，直到满足设计要求，记录各电路的逻辑功能、波形图等参数。

（3）待各单元电路工作正常后，再将有关电路逐级连接起来，并进行测试。

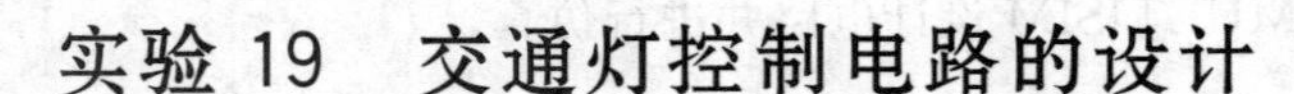

实验 19　交通灯控制电路的设计

一、实验目的

（1）学习触发器、时钟发生器及计数、译码显示、控制电路等单元电路的综合应用。

（2）进一步熟悉进行大中型电路的设计方法，掌握基本的原理及设计过程。

二、实验设备及器件

（1）数字电路实验箱、数字万用表、双踪示波器、函数信号发生器各 1 台。

（2）计算机（带 EWB 或 MULTISIM 电路仿真软件）。

（3）元件：

元件	名称	数量
74LS192	同步双向十进制计数器	4 个
74LS248	七段式数码显示译码器	2 个
LC5011	七段数码管	2 个
74LS74	双 D 触发器	1 个
74LS32	四 2 输入或门	4 个
74LS08	四 2 输入与门	2 个
74LS04	非门	1 个
NE555 定时器		1 个
红、黄、绿发光二极管		各 2 个
电阻、电容		若干
电位器 100 kΩ		1 个
面包板或多功能电路板		1 块

三、知识点及预习要求

本实验的知识点为任意进制数加减计数器，D 触发器，555 定时电路的工作原理，控制逻辑电路的设计等单元电路的设计方法和参数计算、检测、调试。

（1）复习数字电路中 D 触发器、时钟发生器及计数器、译码显示器等部分内容。

（2）分析交通灯控制电路的组成、各部分功能及工作原理。

（3）列出交通灯控制电路的测试表格和调试步骤。标出所用芯片引脚号。

（4）用 EWB 或 MULTISIM 设计电路并进行仿真。

四、设计任务

（1）设计一个十字路口交通灯控制电路，要求主干道与支干道交替通行。主干道通行时，主干道绿灯亮，支干道红灯亮，时间为 60 s。支干道通行时，主干道绿灯亮，主干道红灯亮，时间为 30 s。

（2）每次绿灯变红时，要求黄灯先闪烁 3 s（频率为 5 Hz）。此时另一路口红灯也不变。

（3）在绿灯亮（通行时间内）和红灯亮（禁止通行时间内）均有倒计时显示。

五、实验原理

图 3-99 所示为交通灯控制电路的逻辑图。按功能分成 5 个单元电路进行分析。

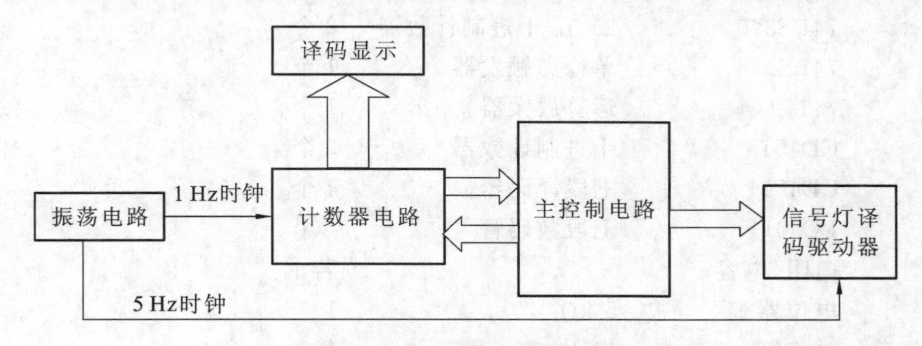

图 3-99　交通灯控制电路逻辑图

设计提示：

(1) 秒振荡电路应能输出频率分别为 1 Hz 和 5 Hz、幅度为 5 V 的时钟脉冲，要求误差不超过 0.1 s。为提高精度，可用 555 设计一个输出频率为 100 Hz 的多谐振荡器，再通过 100 分频(100 进制计数器)而得到 1 Hz 的时钟脉冲，通过 20 分频得到 5 Hz 的时钟脉冲。

(2) 计数器电路应具有 60 s 倒计时(计数范围为 60～1 减计数器)、30 s 倒计时(计数范围为 30～1 减计数器)以及 3 s 计时功能。此三种计数功能可用 2 片十进制计数器组成，再通过主控制电路实现转换。

(3) 各个方向的倒计时显示可共用一套译码显示电路，需 2 片 BCD 译码器和 2 个数码管。

(4) 主控制电路和信号灯译码驱动用各种门电路和 D 触发器组成，应能实现计时电路的转换、各方向信号灯的控制。

六、实验报告

(1) 分析每个单元的设计要求并用所给的元器件设计出各单元电路和整体电路，并在计算机上进行仿真。

(2) 对单元电路进行调试，直到满足设计要求，记录各电路等逻辑功能、波形图等参数。

实验 20　简易数显频率计的设计

一、实验目的

(1) 学习时钟发生器、分频器及放大器、施密特触发器、计数、译码显示、控制电路等单元电路的综合应用。

(2) 进一步熟悉进行大中型电路的设计方法，掌握基本的原理及设计过程。

二、实验设备及器件

(1) 数字电路实验箱、数字万用表、双踪示波器、函数信号发生器各 1 台。

(2) 计算机(带 EWB 或 MULTISIM 电路仿真软件)。

(3) 元件:

NE555	定时器	2 个
74LS390	二-五-十进制计数器	2 个
74LS123	单稳态触发器	1 个
741	运算放大器	1 个
CD4518	十进制计数器	2 个
CD4511	七段译码器	4 个
LC5011	七段数码管	4 个
电阻、电容		若干
电位器	5 kΩ	1 个
二极管	1N4148	1 个
面包板或多功能电路板		1 块

三、知识点及预习要求

本实验的知识点为 555 定时电路的工作原理,计数器、单稳态触发器、运放、计数译码显示等单元电路的设计方法和参数计算、检测、调试。

(1) 复习数字电路中单稳态触发器、时钟发生器及计数器、译码显示器等部分内容。

(2) 分析数显频率计电路的组成、各部分功能及工作原理。

(3) 列出数显频率计电路的测试表格和调试步骤。标出所用芯片引脚号。

(4) 用 EWB 或 MULTISIM 设计电路并进行仿真。

四、设计任务

(1) 设计一个数显频率计电路,要求能够测量 1 Hz～10 kHz 的正弦波、三角波、方波等信号的频率,峰值为 0.5～5 V。

(2) 精度在 1 Hz 以内。

(3) 数码管显示输入信号的频率。

五、实验原理

图 3-100 所示为简易数显频率计电路的逻辑框图。按功能分成 5 个单元电路进行分析。

设计提示:

(1) 秒振荡电路应能输出频率为 1 Hz、幅度为 5 V 的时钟脉冲,要求误差不超过 0.001 s。为提高精度,可用 555 设计一个输出频率为 10 000 Hz 的多谐振荡器,再通过 10 000 分频(10 000 进制计数器)而得到 1 Hz 的时钟脉冲。

(2) 放大整形电路能把最小幅值放大到接近 5 V,并整形为脉冲信号。

(3) 译码显示电路最多显示 9999,需 4 个 BCD 译码器和 4 个数码管。

(4) 主控制电路由两个单稳态触发器组成,能够在 1 s 内完成计数器的复位、锁存控制。

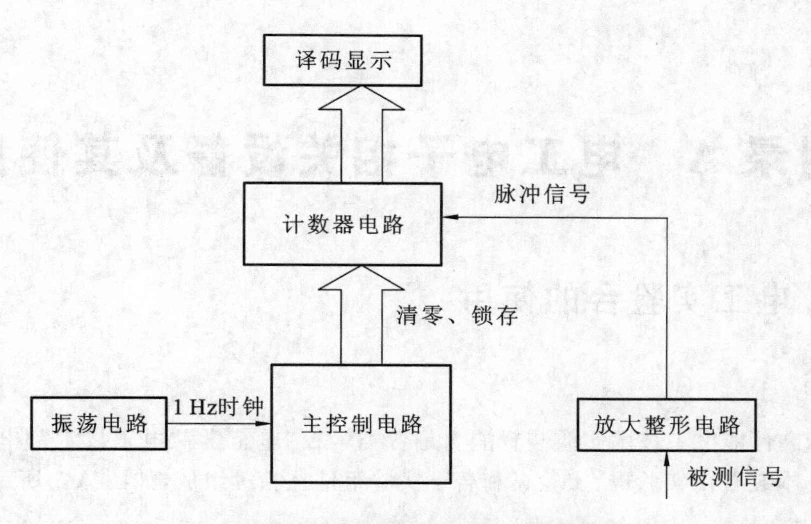

图 3-100　简易数显频率计电路的逻辑框图

六、实验报告

（1）分析每个单元的设计要求并用所给的元器件设计出各单元电路和整体电路，并在计算机上进行仿真。

（2）对单元电路进行调试，直到满足设计要求，记录各电路等逻辑功能、波形图等参数。

（3）各单元电路工作正常后，再将有关电路逐级连接起来，并进行测试。

（4）写出实验报告。

附录A 电工电子相关设备及其使用

A.1 电工实验台的使用

一、概述

DGJ-1 型高性能电工技术实验装置能满足各类学校“电工学”“电工技术”“电力拖动”课程的实验要求。本装置由实验屏、实验桌和若干实验组件挂箱等组成，如图 A-1 所示。

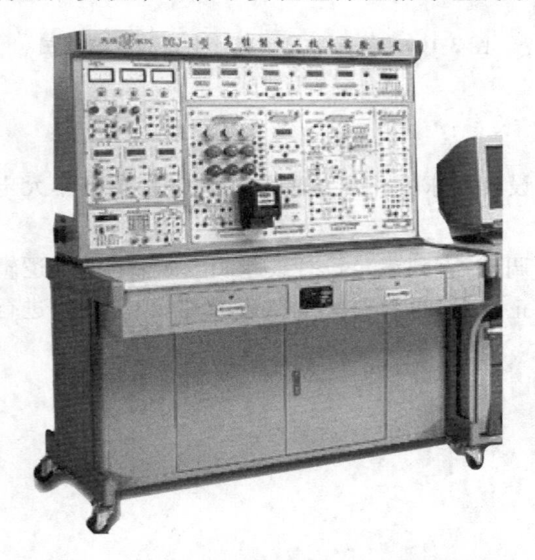

图 A-1 DGJ-1 型高性能电工技术实验装置

二、实验屏的操作和使用说明

实验屏上固定装置着交流电源的启动控制装置、三相电源电压指示切换装置、高压直流电源、低压直流稳压电源、恒流源、受控源、函数信号发生器以及等精度数字频率计和各类测量仪表等。

1. 交流电源的启动

(1) 将实验的一根三相四芯电源线(三相四芯插头)插入 380 V 交流电。

(2) 调节左侧面的三相自耦调压器的旋转手柄，按逆时针方向旋至零位。

(3) 将三相电压表指示切换开关置于左侧(三相电网输入)。

(4) 开启钥匙式三相电源总开关，“停止”按钮灯亮(红色)，三只电压表(0～450 V)指示出输入的三相电源线电压之值。

(5) 按下“启动”按钮(绿色)，红色按钮灯灭，绿色按钮灯亮，同时可听到屏内交流接触器的瞬间吸合声，面板按 U1 、V1 和 W1 上的黄、绿、红三个 LED 指示灯亮。至此，实验屏启动完毕，此时，实验屏左侧的单相二芯 220 V 电源插座和三相四芯 380 V 电源插座处以及右侧的单相三芯 220 V 电源插座处均有相应的交流电压输出。

2. 三相可调交流电源输出电压的调节

(1) 将三相“电压指示切换”开关置于右侧(三相调压输出)，三个电压表指针回到零位。

(2) 按顺时针方向缓缓旋转三相自耦调压器的旋转手柄，三个电压表将随之偏转，即指示出屏上三相可调电压输出端 U、V、W 两两之间的线电压之值，直至调节到某实验内容所需的电压值。实验完毕，将旋柄调回零位。并将“电压指示切换”开关拨至左侧。

3. 直流电压源、电流源的输出与调节

(1) 直流电压源的输出及其调节。

DGJ-1 型高性能电工技术实验装置有两组电压源，分别开启“可调稳压电源”开关，红色指示灯亮。调节“输出调节”旋钮，数码管即显示可调稳压电源输出值，顺时针旋转输出电压增大，逆时针方向旋转输出电压减小。输出电压范围 0～30 V。

(2) 电流源的输出及其调节。

将负载接到“恒流输出”两端，调节“输出粗调”旋钮，选择量程(0～2 mA、2～20 mA、20～200 mA)，开启“恒流源”开关，指示灯亮，数码管显示输出恒流电流值。调节“输出细调”旋钮，改变恒定电流输出值。电流输出范围 0～200 mA。

(3) 实验完毕，务必关闭各电源开关，以免长时间通电损坏设备。

4. 智能直流电压表的使用

(1) 智能直流电压表表头显示共 5 位：第 1 位(最左边一位)为功能显示位，其余 4 位为数据显示位。它有 5 个功能键开关。

① “功能”键：用来选择功能，其选择的相应功能在功能显示位上显示。目前共设 4 个功能。

a. “存储”功能：功能显示位为“S”，把当前的测量值保存下来，并且掉电不丢失，共 16 组(0～F)。

b. “查寻”功能：功能显示位为“L”，把以前保存下来的测量值依次显示出来。

c. “超量程报警”功能：当前测量值若超过设定的报警点，电压表自动报警，并有控制端输出，用于自动控制其他电路，报警点在功能显示位为“b”时由用户自己设定。

d. “挡位校正”：当功能显示位为“J”时，用户可用“功能”“数位”“数据”键进行量程的校正。

② “数位”键：在校正和设定参数时，用来改变设定数据位的位置，选中的位，其小数点将点亮。本按钮仅在报警点设定时和各量程校准时有效。

③ “数据”键：可用来调整有待校准、设定数据的大小。本按钮在报警点设定时和各量程校准时有效，和“数位”键配合使用。除此以外，在存储数据时用来选择要被替换的记录。

④“确认”键：在各个功能都有效。用来确认进入、退出该功能。

⑤“复位”键：在任何状态按此键，均将使电压表返回初始测量状态。“量程自动切换”：电压表共分三个量程：0～9.999 V，10.00～99.99 V，100.0～999.9 V。

(2) 智能直流电压表使用方法。

① 打开电源后，进入电压测量状态(U)，加入被测电压，电压表显示为当前的被测电压值。如图 A-2 所示，被测电压值为 9.110 V。

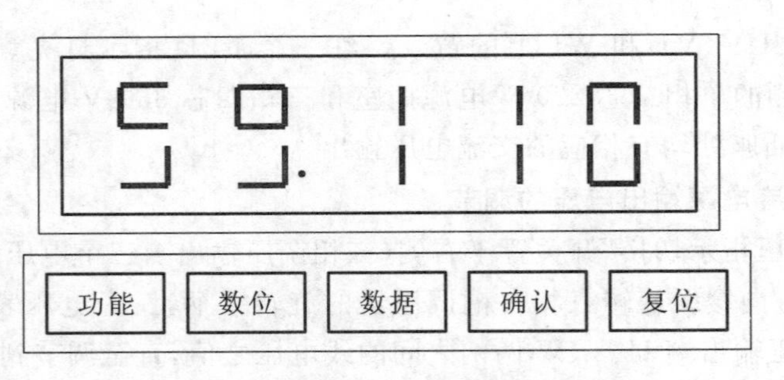

图 A-2　电压表显示当前信号的电压值

② 在此状态下，按一下“功能”键，则进入保存测量结果的状态(S)，电压表显示仍为当前信号的电压值，并进行正常的测量值刷新，如图 A-2 所示。

a. 按“确认”键，功能状态显示位为“0”，此时如继续按“确认”键，则将保存当前测得的电压值为第 0 个数据记录，同时功能状态显示为“1”，若继续按“确认”键，则将数据依次保存为第 1 个、第 2 个、第 3 个……总共可保存 16 个数据记录。

b. 如果将当前数据保存为指定的某个记录，如第 10 个记录，则在当功能状态显示为“0”时，按“数据”键，每按一次“数据”键，功能状态显示位的值将加 1，同时将该次记录显示出来，当其显示为“A”时，按一下“确认”键，则将当前测得的数据保存为第 10 个数据记录。

③ 在初始测量状态下，连续按两下“功能”键，功能显示位为“L”，如图 A-3 所示，则当前状态为“记录查寻”状态，在此状态下连续按“确认”键，则可查出保存的各次数据记录的值，相应数据记录的序号在功能显示位上显示出来。如图 A-4 所示，表示第 7 个数据记录的值为 9.110(V)。

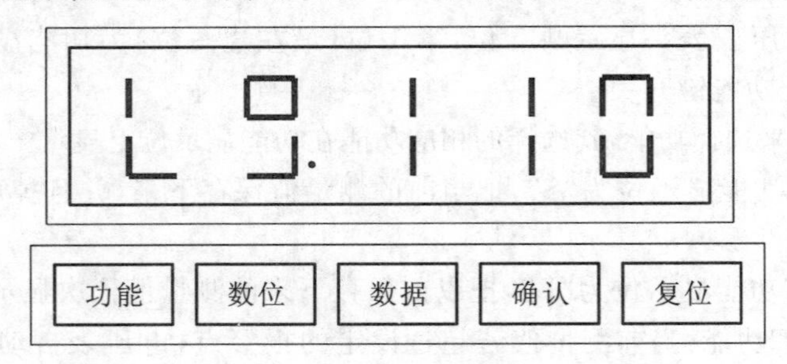

图 A-3　电压表功能显示为“L”

④ 在初始测量状态下，连续按三下“功能”键，当功能显示位为“b”时，再按一下“确认”键，即可进入“报警点设定”状态，在 4 个数据显示位显示出的是目前的报警点，如图 A-5 所示，当前

图 A-4　相应数据记录的序号在功能显示位上显示

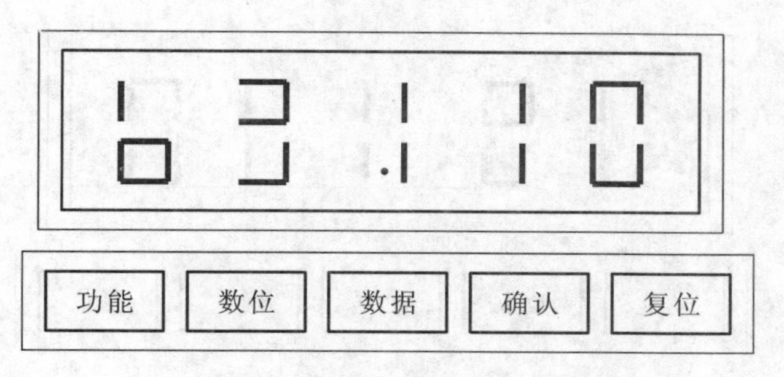

图 A-5　显示位显示出的目前的报警点

报警点为 3.110(V),同时可对此报警点进行修改。

⑤“数位”键用于对 4 位数据位的循环选择,某位被选中与否,以该位的小数点点亮与否为标志。选中一位后,再连续按“数据”键,则该位的值将在“0”到“9”之间循环,将一位的值调到合适的位置后,按“数位”键以选择下一位,并进行调整。当 4 位的值都设定以后,按“数位”键将小数点调整到正确的位置,按“确认”键,电压表显示返回测量初始状态,表示报警点已经重新设定。

⑥ 在初始测量状态下,连续按四下“功能”键,当功能显示位为“J”时,再按一下“确认”键,当前状态为出厂前调试所用。

⑦ 挡位校正举例(以电压表为例)。

a. 在初始测量状态下,连续按四下“功能”键,当功能显示位为“J”时,再按一下“确认”键,则当前状态即为挡位校正状态,如图 A-6 所示。电压表有三个量程,每个量程应分别进行调试。

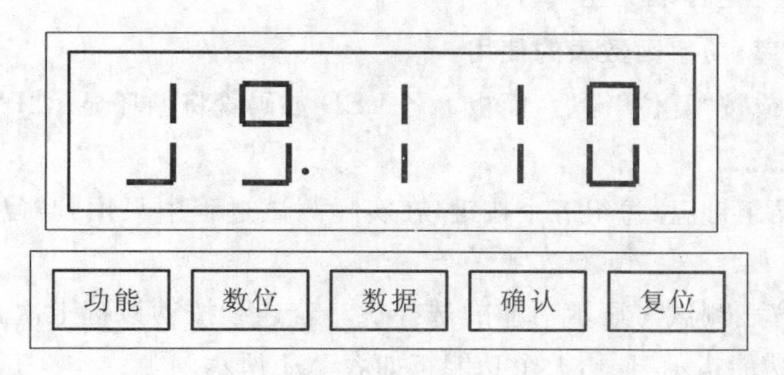

图 A-6　当前状态即为挡位校正状态

(0.000～9.999(V)量程的调试状态)

b. “数位”键用于在三个量程之间的循环选择。

如图 A-6 所示为 0.000～9.999(V)量程的调试状态。

如图 A-7 所示为 10.00～99.99(V)量程的调试状态。

如图 A-8 所示为 100.0～999.0(V)量程的调试状态。

c. 在选定被校正的挡位后,加入一定被测信号,就可以进行调试了,按“功能”键,则表头显示值逐渐减小,按“数据”键,则表头显示值逐渐增大,当表头显示值与标准表的值相等时,以上两键按一次,内部测量系数变化一步,当按下约 0.5 s 时,内部矫正系数将进行连续的加减,直到显示的测量结果与校正表的显示结果相同为止,放开上述按键,按“确认”键,则电压表显示返

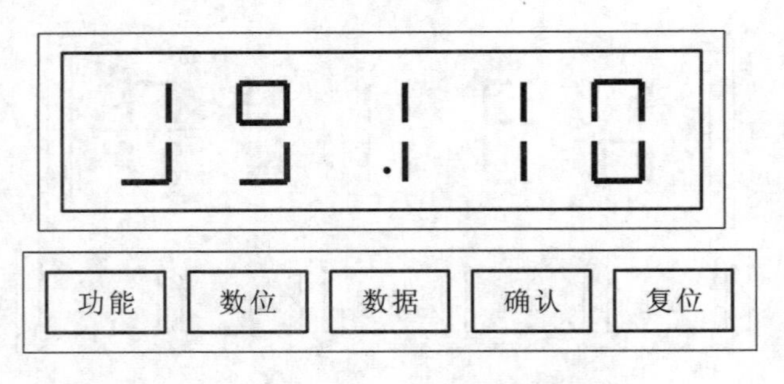

图 A-7 10.00～99.99(V)量程的调试状态

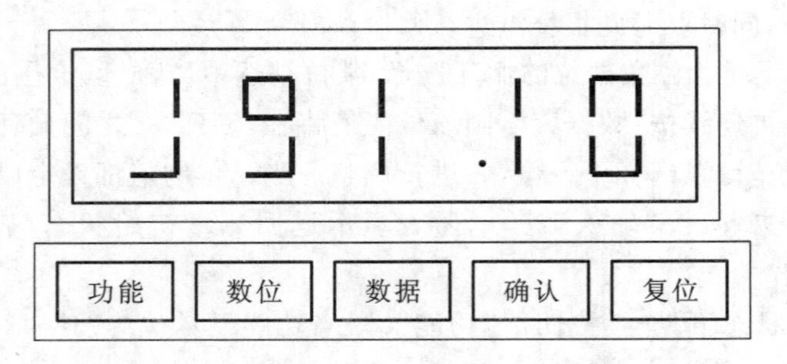

图 A-8 100.0～999.0(V)量程的调试状态

回测量状态初始值，表示该量程已经调试完毕。

5. 智能直流毫安表的使用

在使用方法上，与电压表完全一样。

6. 单相智能功率、功率因数表的使用

(1) 接通电源，或按"复位"键后，面板上各 LED 数码管将循环显示"P"，表示测试系统已准备就绪，进入初始状态。

(2) 面板上有两组键盘，每组五个按键，在实际测试过程中只用到"复位""功能""确认"三个键。

① "功能"键：仪表测试与显示功能的选择键。若连续按动该键七次，则五个 LED 数码管将显示七种不同的功能指示符号，七个功能符如表 A-1 所示。

表 A-1 LED 数码管的功能符

次数	1	2	3	4	5	6	7
显示	P.	COS.	FUC.	CCP.	□dA. CO	dSPLA.	PC.
含义	功率	功率因数及负载性质	被测信号频率	被测信号周期	数据记录	数据查询	升级后使用

② "确认"键：在选定上述前六个功能之一后，按一下"确认"键，该组显示器将切换显示该功能下的测试结果数据。

③ "复位"键：在任何状态下，只要按一下此键，系统便恢复到初始状态。

(3) 具体操作过程如下。

① 接好线路→开机(或按“复位”键)→选定功能(前四个功能之一)→按“确认”键→待显示的数据稳定后,读取数据(功率单位为 W,频率单位为 Hz,周期单位为 ms)。

② 选定 dA. CO 功能→按“确认”键→显示 1(表示第一组数据已经储存好)。如重复上述操作,显示器将顺序显示 2、3、…、E、F,表示共记录并储存了 15 组测量数据。

③ 选定 dSPLA 功能→按“确认”键→显示最后一组储存的功率值→再按“确认”键,显示最后一组储存的功率因数值及负载性质(闪动位表示储存数据的组别;第二位显示负载性质,C 表示容性,L 表示感性;后三位为功率因数值)→再按“确认”键→显示倒数第二组的功率值……(显示顺序为从第 F 组到第一组)。可见,在需要查询结果数据时,每组数据需分别按动两次“确认”键,以分别显示功率和功率因数值及负载性质。

7. 多功能数控智能函数信号发生器的使用

多功能数控智能函数信号发生器可输出正弦波、三角波、锯齿波、矩形波、四脉方列和八脉方列等六种信号波形,通过面板上键盘的简单操作,就可以很方便地连续调节输出信号的频率,并用绿色 LED 数码管直接显示出输出信号的频率值、矩形波的占空比及内部基准幅值。本仪器还兼有频率计的功能,可精确地测定各种周期信号的频率。

(1) 主要技术指标。

① 输出频率范围:正弦波为 1 Hz～150 kHz,矩形波为 1 Hz～150 kHz,三角波和锯齿波为 1 Hz～10 kHz,四脉方列和八脉方列固定为 1 kHz。频率调整步幅:1 Hz～1 kHz 为1 Hz,1 kHz～10 kHz 为 10 Hz,10 kHz～150 kHz 为 100 Hz。

② 输出脉宽调节:占空比固定为 1∶1、1∶3、1∶5 和 1∶7 四挡。输出脉冲前后沿时间:小于 50 ns。

③ 输出幅度调节范围:A 口 15 mV～17 V,B 口 0～4 V。

④ 输出阻抗:大于 50 kΩ。

⑤ 频率测量范围:1 Hz～200 kHz。

(2) 使用操作说明。

① 操作键盘和数码显示屏如图 A-9 和图 A-10 所示。

② 输入、输出接口:模拟信号(包括正弦波、三角波和锯齿波)从 A 口输出,脉冲信号(包括矩形波、四脉方列和八脉方列)从 B 口输出。

③ 开机后的初始状态:选定为正弦波形,相应的红色 LED 指示灯亮;输出频率显示为 1 kHz;内部基准幅度显示为 5 V。

④ 按键操作:包括输出信号的选择、频率的调节、脉冲宽度的调节、测频功能的切换等操作。

d1 按“A 口”、“B 口/B↑或 B 口/B↓”,选择输出端口。

d2 操作“波形”、“A 口”及“B 口/B↑(或 B 口/B↓)”键,选择波形输出,六个 LED 发光二极管将分别指示当前输出信号的类型。

d3 在选定矩形波后,按“脉宽”键,可改变矩形波的占空比。此时,图 A-10 中用于显示占空比的数码管将依次显示 1∶1、1∶3、1∶5、1∶7。

d4 按“测频/取消”键,本仪器的频率显示窗便转换为频率计的功能。

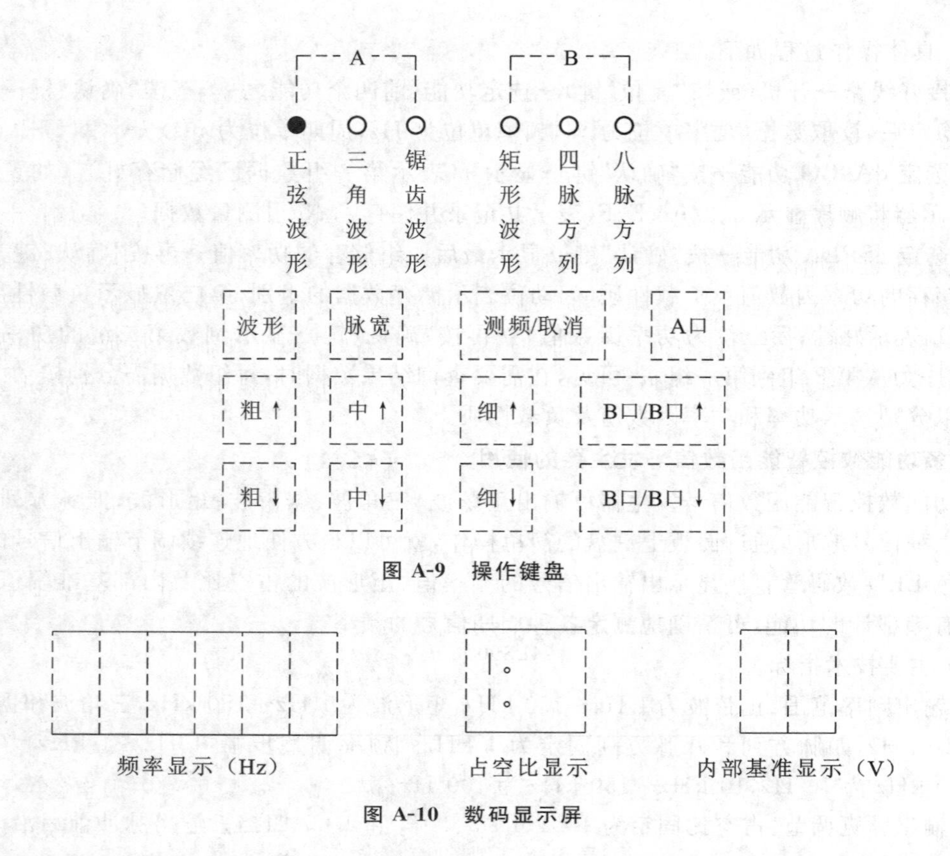

图 A-9　操作键盘

图 A-10　数码显示屏

d5 按“粗↑”键或“粗↓”键，可单步改变(调高或调低)输出信号频率值的最高位。

d6 按“中↑”键或“中↓”键，可连续改变(调高或调低)输出信号频率值的次高位。

d7 按“细↑”键或“细↓”键，可连续改变(调高或调低)输出信号频率值的第二次高位。

⑤ 输出幅度调节。

e1 A 口幅度调节：顺时针旋转面板上幅度调节旋钮，将连续增大输出幅度；逆时针旋转面板上幅度调节旋钮，将连续减小输出幅度。幅度调节精度为 1 mV。

e2 B 口幅度调节：按 B 口/B↑键将连续增大输出口幅度；按 B 口/B↓键将连续减小输出口幅度。

8. 定时兼报警记录仪的使用

定时兼报警记录仪是专门为学生实验考试及考核而设置，可以调整考试时间，到达定时时间时可自动断开电源，保证考试时间的准确性；可累计记录操作过程中的报警次数，以考察学生的实验质量。

定时兼报警记录仪能记录三个方面的报警次数：强电输出及实验过程中漏电报警(属电压型告警)次数；指针式电压表、电流表超量程报警次数；电枢高压电源过压、过流及短路报警次数。所显示的报警次数即三项报警次数的总和。

(1) 操作步骤如下。

① 打开钥匙开关，报警器开始计时 00、00、01(2、3)。

② 设置数据：按功能键，数码显示器最后一位显示 6 时，按数位键并按紧不动，使小数点连

续闪烁，放开后，间断的按数位键，使小数点在你所要的后三位输入××9（"×"表示0、1、2、…、9中的任意值）。设好后，按确认，显示器的首位显示6，再按复位即可。

③ 输入密码：按功能键，使显示器最后一位显示1。按数位键并按紧不动，使小数点连续闪烁后，放开后，间断按数位键，使小数点在数显器的最后三位输入前面所设置的数据（与前面设置的三位数字一样），按确认后显示1。

④ 设置定时：按功能键，使显示器最后一位显示2，按同样的操作方法在前四位数输入您所需要的时间（时、分），在最后一位输入1，确认后，显示当前输入的时间并在最后一位显示C，此即是所设置的时间。按同样的操作方法在所设置的时间上加上考试时间，在最后一位输入9、确认后显示报警时刻。注意报警时间不能设置在所设时间的前面，否则无效。

⑤ 清除报警：按功能键，使显示器最后一位显示3，按确认，即清除以前所有的报警次数。

⑥ 定时时间：按功能键，使最后一位显示4，按确认后，显示定时时刻。

⑦ 询问报警：按功能键，使显示器最后一位显示5，按确认，查询报警次数。

⑧ 显示当前时间：按功能键，使数显最后一位显示7，按确认，显示当前时钟的时刻，此时所有操作结束。

（2）到达定时时间后，蜂鸣器会鸣叫一分钟再过4 min后，切断电源，显示器熄灭。若想打开电源，必须按复位，同时蜂鸣器再响1 min，报警时间会在原来所设置的时间上再加上5 min。若继续同样操作，可再加5 min。

（3）控制屏挂件处凹槽底部设有5处信号插座，在按钮"关"红灯亮或按钮"开"绿灯亮时，插座后方两针均有32 V交流电源输出。与指针式仪表相连，对仪表进行供电。当仪表超量程时，输出信号，切断电源，对仪表起到可靠的保护作用。

（4）实验毕，按下"关"按钮，绿色指示灯灭，红色指示灯亮，然后关闭三相电源钥匙，红色指示灯灭，最后再检查一下各开关是否都恢复到"关"的位置，三相调压器是否在零位。

（5）三相电源主电路中设有3 A带灯熔断器，若某相短路（或负载过大等），则熔断器指示灯亮，表明缺相，要及时更换熔管，同时要检查一下问题所在；三相可调交流电源输出处设有3个3 A熔断器，若某相无输出，检查一下熔管是否断及问题所在，在长时间运行时，输出电流不得超出2 A，实际上实验也无此必要，否则会损坏三相自耦调压器；控制回路（接触器控制回路，日光灯照明电路，控制屏内外漏电保护装置供电电路，信号插座供电电路及屏右侧面单相三芯插座供电等）设有1.5 A熔断器，如控制回路失灵，检查熔管是否完好及故障所在。

A.2　交流毫伏表的使用

一、面板操作键

交流毫伏表的前面板如图A-11所示。

（1）电源（POWER）开关：将电源开关按键弹出即为"关"位置，将电源线接入，按电源开关以接通电源。

（2）显示窗口：表头指示输入信号的幅度。对于SG2171电路交流毫伏表，黑色指针指示。

（3）零点调节：开机前，如表头指针不在机械零点处，用小一字起将其调至零点。

（4）量程旋钮：开机前，首先应将量程旋钮调至最大量程处，然后将输入信号送至输入端后，调节量程旋钮，使表头指针指示在表头的适当位置。

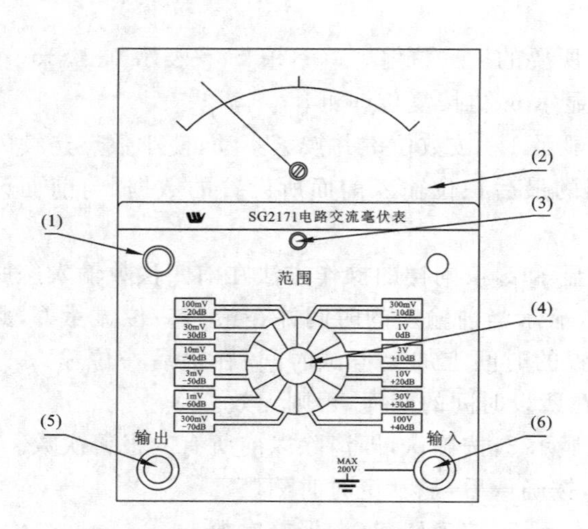

图 A-11 交流毫伏表的前面板

(5) 输出(OUTPUT)端口:输出信号由此端口输出。

(6) 输入(INPUT)端口:输入信号由此端口输入。右边为输入,左边为输出。

二、基本操作方法

打开电源开关首先检查输入的电压,将电源线插入后面板上的交流插孔,打开电源。

(1) 将输入信号由输入(INPUT)端口送入交流毫伏表。

(2) 调节量程旋钮,使表头指针位置在大于或等于满度的1/3处。

(3) 将交流毫伏表的输出用探头送入示波器的输入端,当表针指示位于满刻度时,其输出应满足指标。

A.3 用万用表对常用电子元器件检测

用万用表可对晶体二极管、三极管、电阻、电容等进行粗测。万用表电阻挡等值电路如图A-12所示,其中R_0为等效电阻,E_0为表内电池,当万用表处于$R\times1\ \Omega$、$R\times10\ \Omega$、$R\times100\ \Omega$、$R\times1\ k\Omega$挡时,$E_0=1.5$ V,而处于$R\times10$ K挡时,$E_0=15$ V。测试电阻时要记住红表笔接在表内电池负端(表笔插孔标"+"号),黑表笔接在正端(表笔插孔标以"-"号)。

一、晶体二极管管脚极性、质量的判别

晶体二极管由一个PN结组成,具有单向导电性,其正向电阻小(一般为几百欧)而反向电阻大(一般为几十千欧至几百千欧),利用此点可进行判别。

1. 管脚极性的判别

将万用表拨到$R\times100\ \Omega$(或$R\times1\ k\Omega$)挡,把二极管的两只管脚分别接到万用表的表笔上,如图A-13所示。如果测出的电阻较小(约几百欧),则与万用表黑表笔相接的一端是正极,另一端就是负极。相反,如果测出的电阻较大(约几千欧),那么与万用表黑表笔相连接的一端是负极,另一端就是正极。

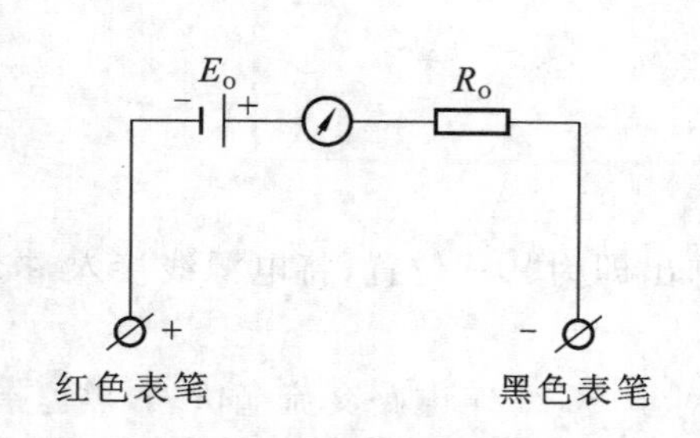

图 A-12 万用表电阻挡等值电路

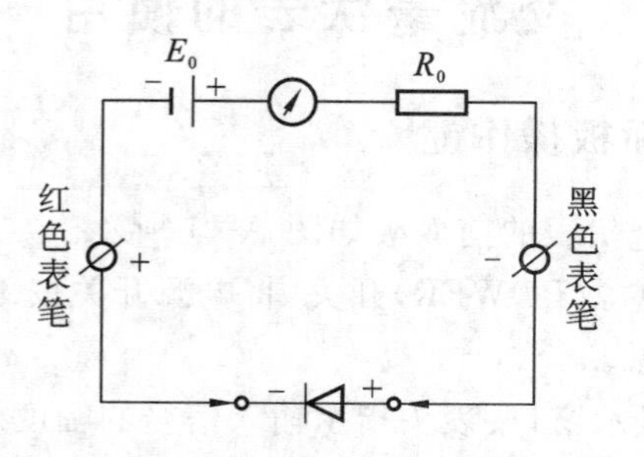

图 A-13 判断二极管极性

2. 二极管质量的判别

一个二极管的正、反向电阻差别越大,其性能就越好。如果双向电阻值都较小,则二极管质

量差，不能使用；如果双向阻值都为无穷大，则说明该二极管已断路。如双向阻值均为零，则二极管已被击穿。

用数字万用表的二极管挡也可判别正、负极，此时红表笔（插在"V · Ω"插孔）带正电，黑表笔（插在"COM"插孔）带负电。两支表笔分别接触二极管两个电极，若显示值在 1 V 以下，则管子处于正向导通状态，红表笔接的是正极，黑表笔接的是负极。若显示溢出符号"1"，则管子处于反向截止状态，黑表笔接的是正极，红表笔接的是负极。

二、晶体三极管管脚、质量的判别

可以把晶体三极管的结构看作是两个背靠背的 PN 结，对 NPN 型来说基极是两个 PN 结的公共阳极，对 PNP 型管来说基极是两个 PN 结的公共阴极，分别如图 A-14 所示。

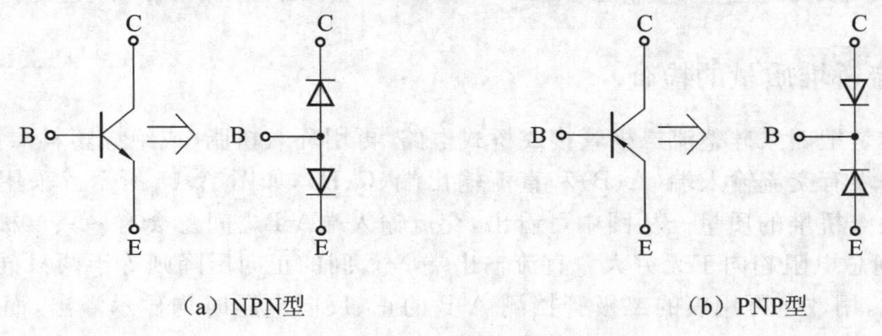

（a）NPN型　　（b）PNP型

图 A-14　晶体三极管结构示意图

1. 管型与基极的判别

万用表置电阻挡，量程选 $R\times1$ kΩ（或 $R\times100$ Ω）挡，将万用表任一表笔先接触某一个电极—假定的公共极，另一表笔分别接触其他两个电极，当两次测得的电阻均很小（或均很大），则前者所接电极就是基极，如两次测得的阻值一大、一小，相差很多，则前者假定的基极有错，应更换其他电极重测。根据上述方法，可以找出公共极，该公共极就是基极 B，若公共极是阳极，该管属 NPN 型管，反之则是 PNP 型管。

2. 发射极与集电极的判别

为使三极管具有电流放大作用，发射结需加正偏置，集电结加反偏置。如图 A-15 所示。当三极管基极 B 确定后，便可判别集电极 C 和发射极 E，同时还可以大致了解穿透电流 I_{CEO} 和电流放大系数 β 的大小。

以 PNP 型管为例，若用红表笔（对应表内电池的负极）接集电极 C，黑表笔接 E 极（相当 C、E 极间电源正确接法），如图 A-16 所示，这时万用表指针摆动很小，它所指示的电阻值反映管子穿透电流 I_{CEO} 的大小（电阻值大，表示 I_{CEO} 小）。如果在 C、B 间跨接一个 $R_B=100$ kΩ 电阻，此时万用表指针将有较大摆动，它指示的电阻值较小，反映了集电极电流 $I_C=I_{CEO}+\beta I_B$ 的大小，且电阻值减小越多表示 β 越大。如果 C、E 极接反（相当于 C-E 间电源极性反接）则三极管处于倒置工作状态，此时电流放大系数很小（一般小于 1）于是万用表指针摆动很小。因此，比较 C-E 极两种不同电源极性接法，便可判断 C 极和 E 极了。同时还可大致了解穿透电流 I_{CEO} 和电流放大系数 β 的大小，如万用表上有 h_{FE} 插孔，可利用 h_{FE} 来测量电流放大系数 β。

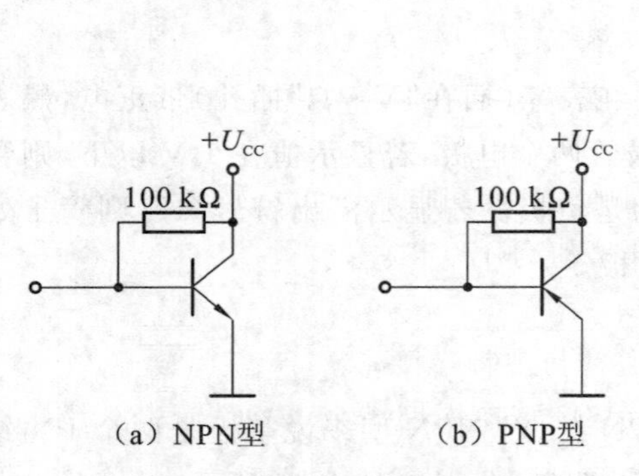

图 A-15 晶体三极管的偏置情况

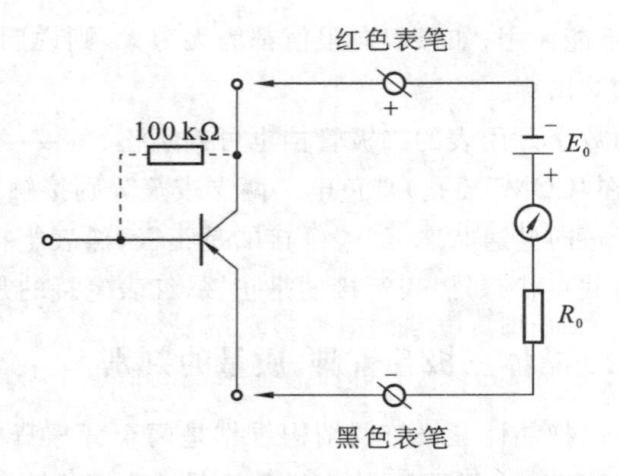

图 A-16 晶体三极管集电极 C、发射极 E 的判别

三、整流桥堆质量的检查

整流桥堆是把四只硅整流二极管接成桥式电路，再用环氧树脂(或绝缘塑料)封装而成的半导体器件。桥堆有交流输入端(A、B)和直流输出端(C、D)，如图 A-17 所示。采用判定二极管的方法可以检查桥堆的质量。从图中可看出，交流输入端A-B之间总会有一只二极管处于截止状态使 A-B 间总电阻趋向于无穷大。直流输出端 D-C 间的正向压降则等于两只硅二极管的压降之和。因此，用数字万用表的二极管挡测 A-B 的正、反向电压时均显示溢出，而测 D-C 时显示大约 1 V，即可证明桥堆内部无短路现象。如果有一只二极管已经击穿短路，那么测 A-B 的正、反向电压时，必定有一次显示 0.5 V 左右。

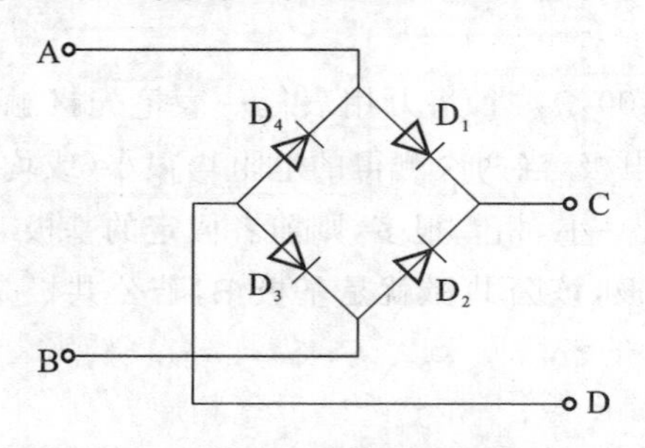

图 A-17 整流桥堆管脚及质量判别

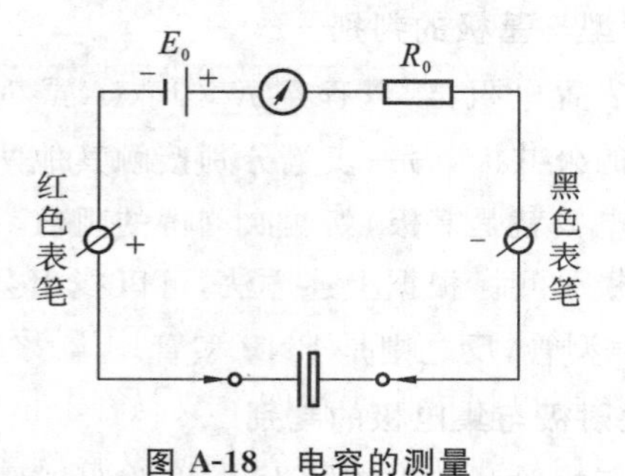

图 A-18 电容的测量

四、电容的测量

电容的测量一般借助于专门的测试仪器。通常用电桥，用万用表仅能粗略地检查一下电解电容是否失效或漏电情况。测量电路如图 A-18 所示。

测量前应先将电解电容的两个引出线短接一下，使其上所充的电荷释放。然后将万用表置于 1 kΩ 挡，并将电解电容的正、负极分别与万用表的黑表笔、红表笔接触。在正常情况下，可以看到表头指针先是产生较大偏转(向 0 Ω 处)，以后逐渐向起始零位(高阻值处)返回。这反映了电容器的充电过程，指针的偏转反映电容器充电电流的变化情况。

一般说来，表头指针偏转越大，返回速度越慢，则说明电容器的容量就越大，若指针返回到接近零位(高阻值)，说明电容器漏电阻很大，指针所指示电阻值，即为该电容器的漏电阻。对于合格的电解电容器而言，该阻值通常在 500 kΩ 以上。电解电容在失效时(电解液干涸，容量大幅度下降)表头指针就偏转很小,甚至不偏转。已被击穿的电容器,其阻值接近于零。对于容量较小的电容器(云母、瓷质电容等),原则上也可以用上述方法进行检查,但由于电容量较小,表头指针偏转也很小,返回速度又很快,实际上难以对它们的电容量和性能进行鉴别,仅能检查它们是否短路或断路。这时选用 $R\times 10\ \Omega$ 挡测量。

A.4　电阻器的标称值及精度色环标志法

色环标志法是用不同颜色的色环在电阻器表面标称阻值和允许偏差。

一、两位有效数字的色环标志法

普通电阻器用四条色环表示标称阻值和允许偏差,其中三条表示阻值,一条表示偏差,如图 A-19 所示。

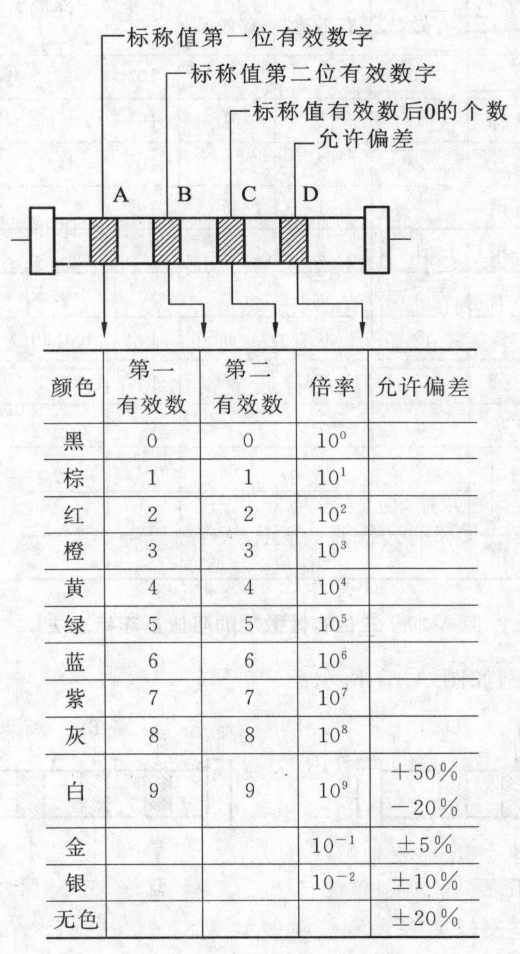

颜色	第一有效数	第二有效数	倍率	允许偏差
黑	0	0	10^0	
棕	1	1	10^1	
红	2	2	10^2	
橙	3	3	10^3	
黄	4	4	10^4	
绿	5	5	10^5	
蓝	6	6	10^6	
紫	7	7	10^7	
灰	8	8	10^8	
白	9	9	10^9	+50% −20%
金			10^{-1}	±5%
银			10^{-2}	±10%
无色				±20%

图 A-19　两位有效数字的阻值色环标志法

二、三位有效数字的色环标志法

精密电阻器用五条色环表示标称阻值和允许偏差,如图 A-20 所示。

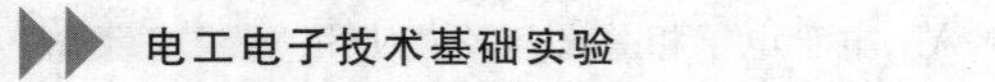

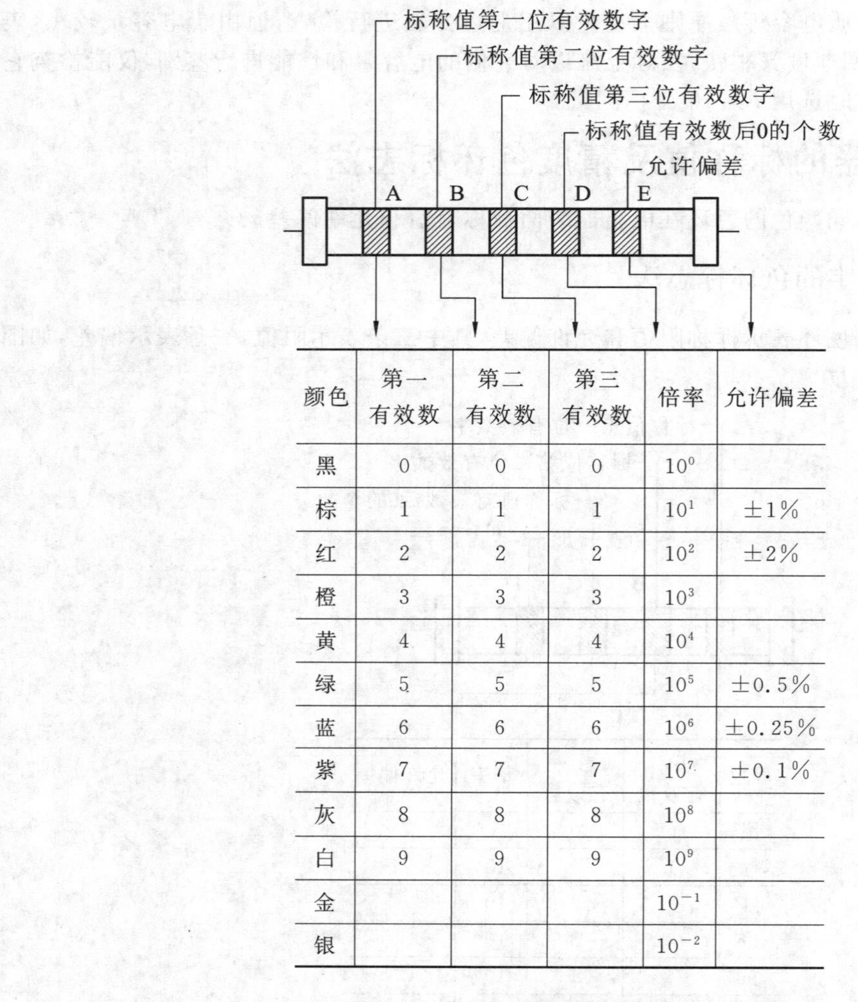

颜色	第一有效数	第二有效数	第三有效数	倍率	允许偏差
黑	0	0	0	10^0	
棕	1	1	1	10^1	±1%
红	2	2	2	10^2	±2%
橙	3	3	3	10^3	
黄	4	4	4	10^4	
绿	5	5	5	10^5	±0.5%
蓝	6	6	6	10^6	±0.25%
紫	7	7	7	10^7	±0.1%
灰	8	8	8	10^8	
白	9	9	9	10^9	
金				10^{-1}	
银				10^{-2}	

图 A-20　三位有效数字的阻值色环标志法

电阻标称值及精度示例如图 A-21 所示。

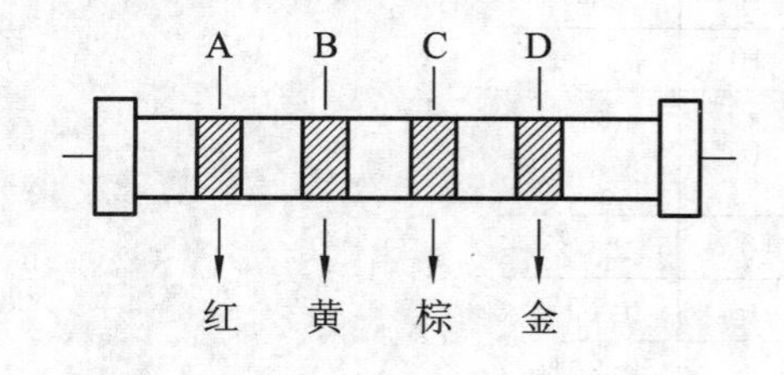

如：色环A—红色；B—黄色；C—棕色；D—金色

该电阻标称值：$24\times10^1=240\ \Omega$

精度：±5%

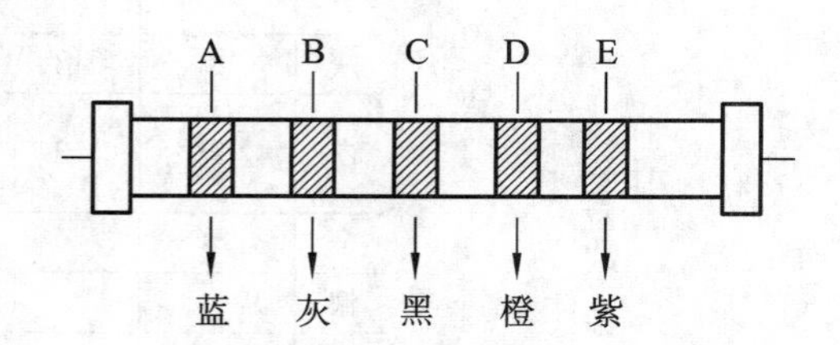

如：色环A—蓝色；B—灰色；C—黑色；D—橙色；E—紫色

该电阻标称值：$680\times10^3=680\ \mathrm{k}\Omega$

精度：±0.1%

图 A-21　电阻标称值及精度示例

A.5　焊接技术

一、正确使用电烙铁

(1) 根据要焊接的元件的大小和导线粗细，选择大小不同功率的电烙铁。一般在焊接晶体管、集成电路和小元件时，选用 15～30 W 电烙铁；焊接大元件、粗导线时，选用 45～100 W 电烙铁。

(2) 根据所需焊接点的不同，加工烙铁头。实验中注意使烙铁头(紫铜棒部分)吃锡部分加工成楔形且光洁。烙铁升温后蘸上松香，再涂上锡。

(3) 烙铁头加热时间长而不用，会使表面氧化发黑，造成“烧死”，所以不用时应断电，必要时调节烙铁头伸出的长短。

二、焊料

常用的焊料为铅锡合金，俗称焊锡。其作用是熔化后把导线和元件连接在一起，因而连接要牢靠，机械强度要好，并有良好的导电性。

三、焊剂

焊剂是焊接时为防止元件加热过程中氧化，提高焊料流动性及元件引线的黏附能力而加的助焊剂。常用松香，其软化的温度约为 52 ℃～83 ℃，加热到 125 ℃时为液态；若将 20%松香，78%酒精，2%的三乙醇配成松香酒精溶液。

四、焊接技术要点

(1) 清洁焊接元件及导线，对焊接质量很重要。一般所焊接引线部分应刮去氧化层，涂上焊剂，再吃上锡，这样可以防止虚焊。

(2) 焊接的温度和时间是影响焊接质量的关键因素，时间短、温度低，焊料的流动性变差，焊电易拉毛，出现“假焊”；焊接时间长、温度高，容易氧化，焊点无光泽，焊料烧成松散硬渣状态，粘附性变差。温度过高也易损坏元件。

(3) 要求焊接时间短(不要超过 3 s)，温度适当。将“吃上锡”的焊点处“预热”，使之所焊部位焊锡完全熔化，并有良好的黏附，冷却后焊点光亮圆滑。

(4) 焊接 MOS 型场效应管、集成电路等元件时烙铁的外壳应有良好的接地，或从电源插座上拔下后再焊接，以防感应电压高而损坏元件。

A.6 常用数字集成电路管脚图(见图 A-22)

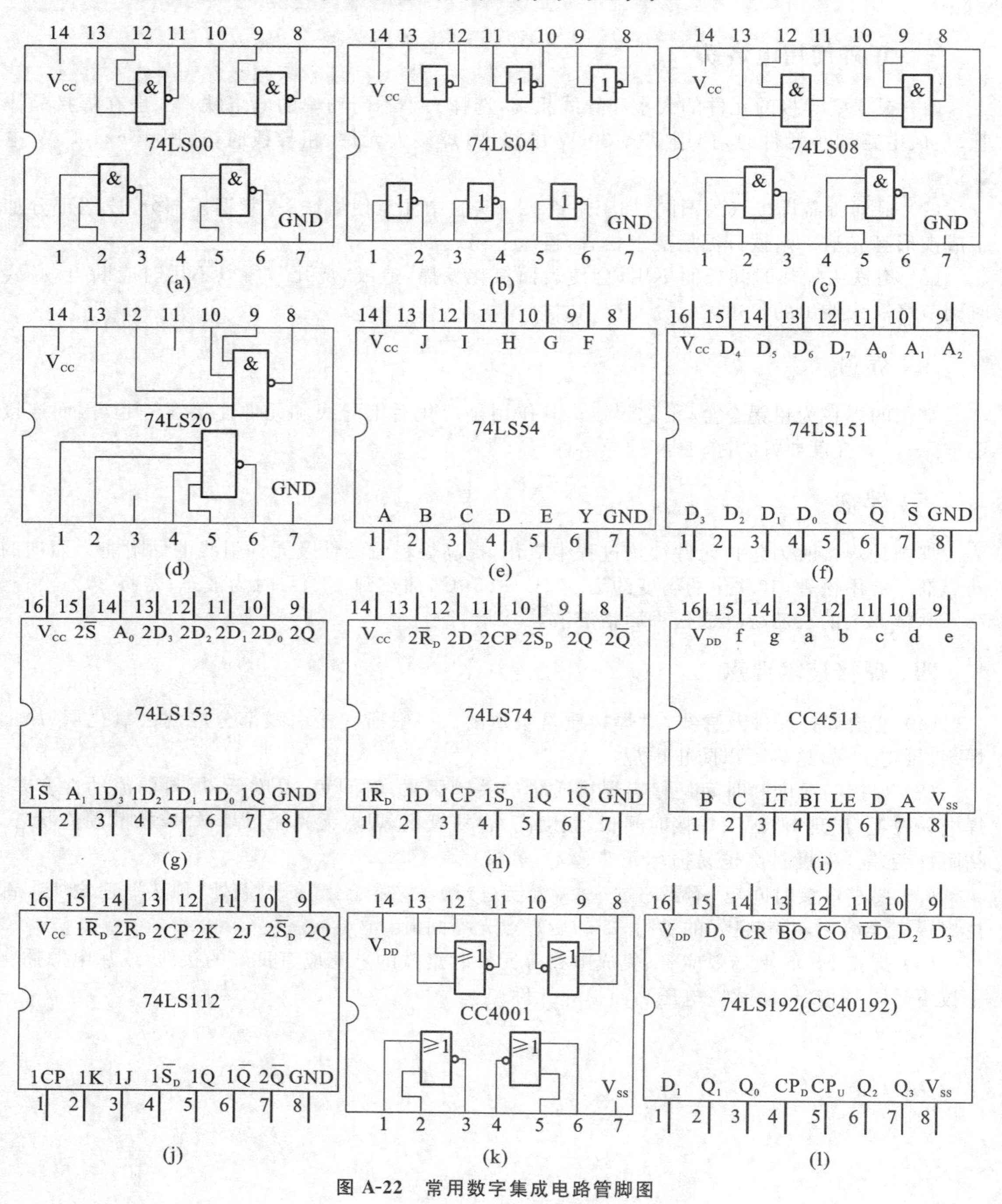

图 A-22 常用数字集成电路管脚图

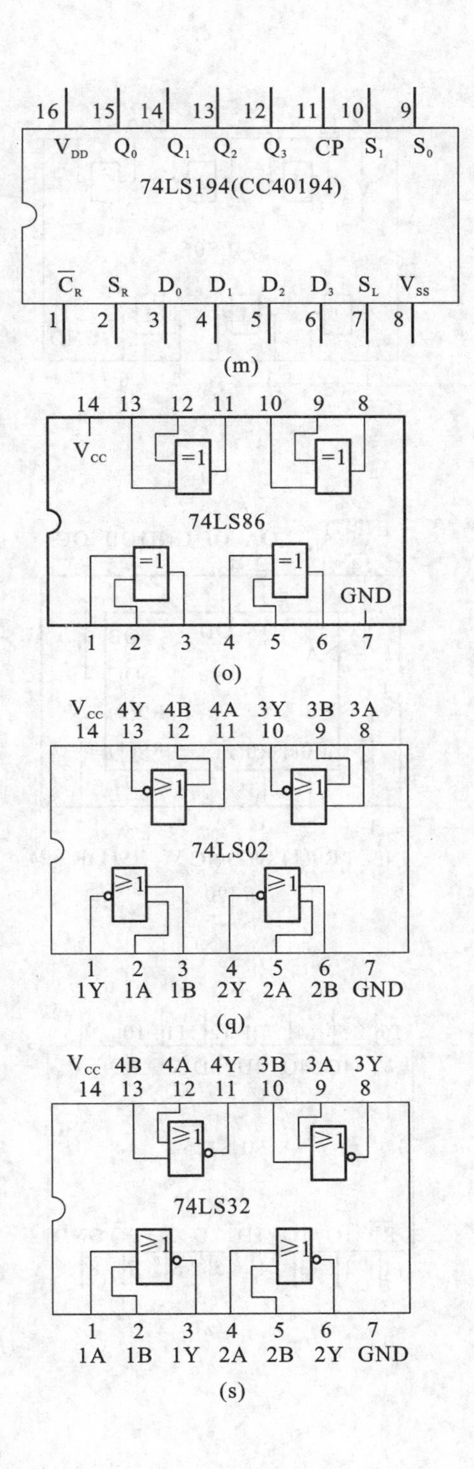
74LS194(CC40194)
(m)
74LS86
(o)
74LS02
(q)
74LS32
(s)

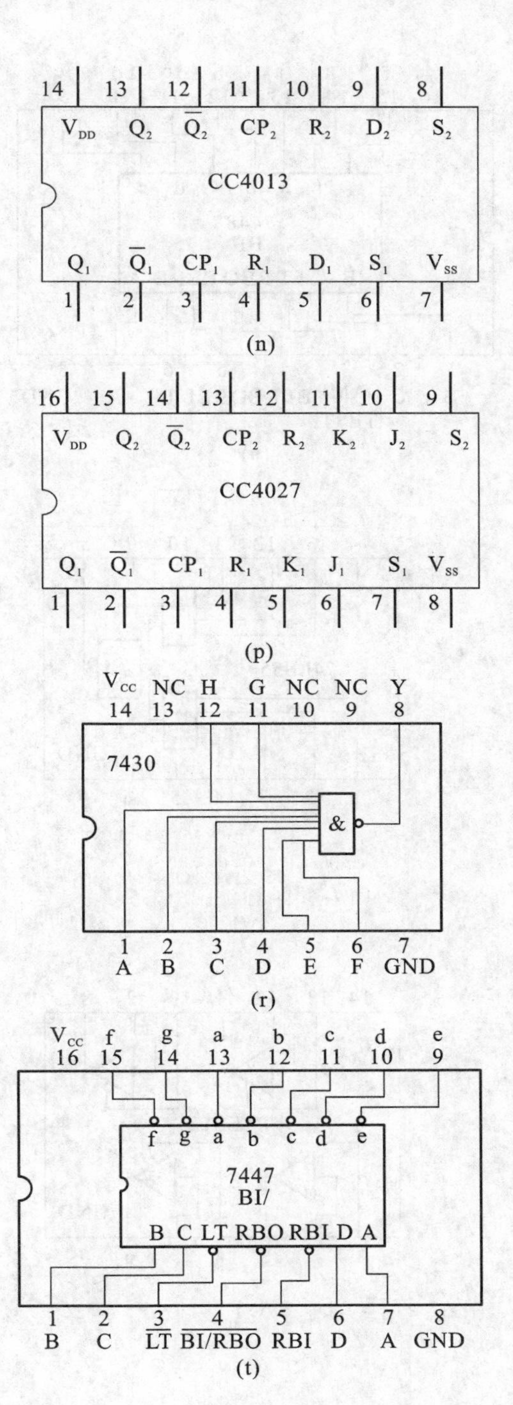
CC4013
(n)
CC4027
(p)
7430
(r)
7447
(t)

续图 A-22

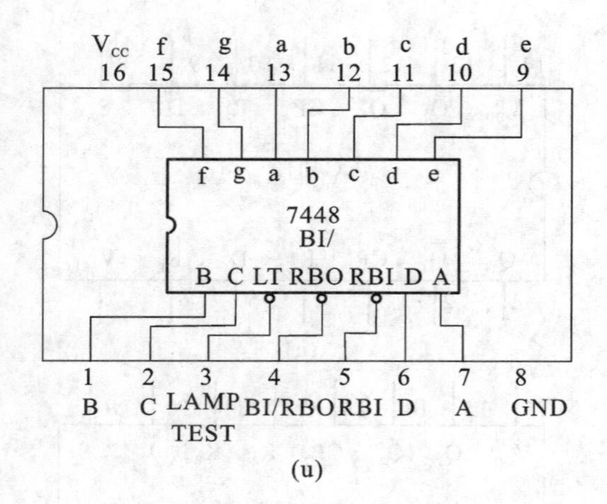

(u)

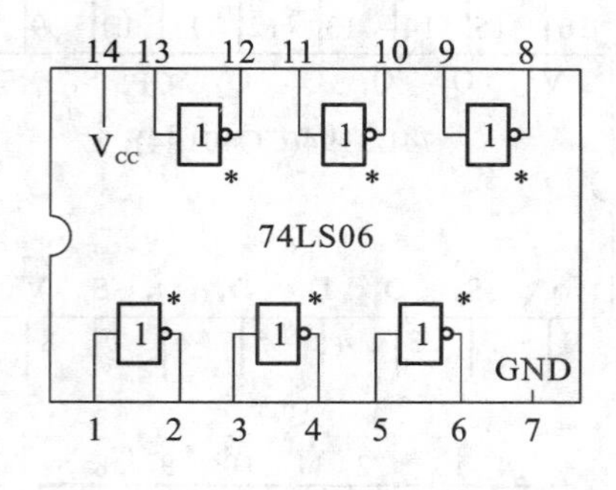

(v)

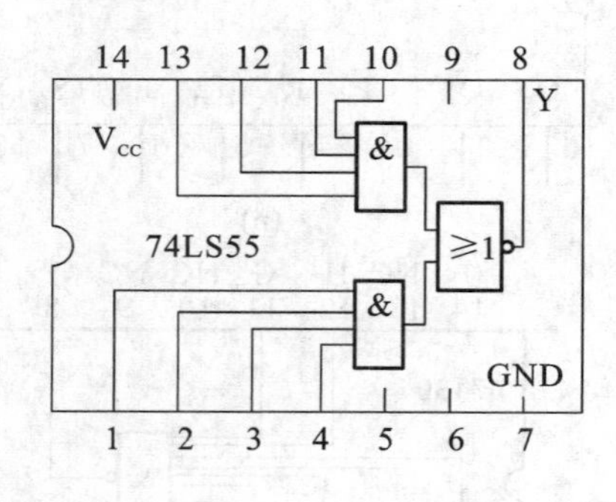

(w)

INPUT A NC QA QD GND QB QC
14 13 12 11 10 9 8
QA QD
QB
A
QC
B
R9(2)
R0(1) R0(2)
R9(1)
1 2 3 4 5 6 7
B INPUT R0(1) R0(2) NC V_{cc} R9(1) R9(2)
7490

(x)

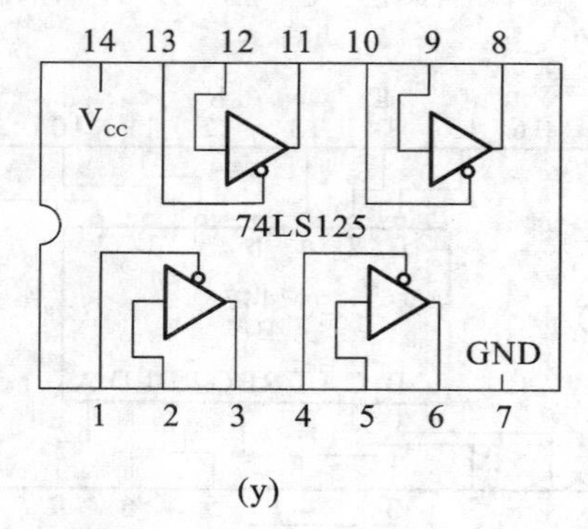

(y)

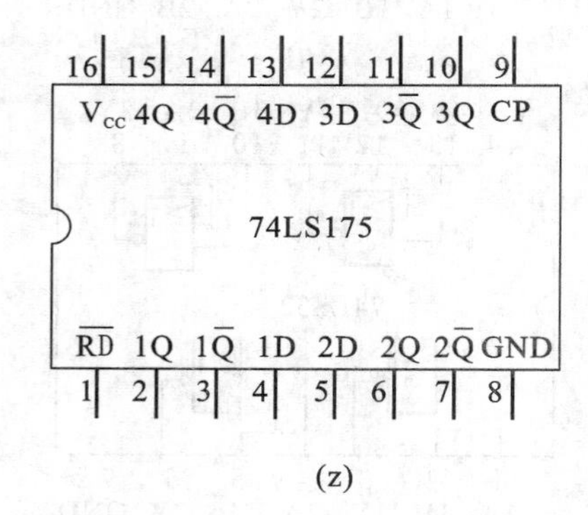

(z)

续图 A-22